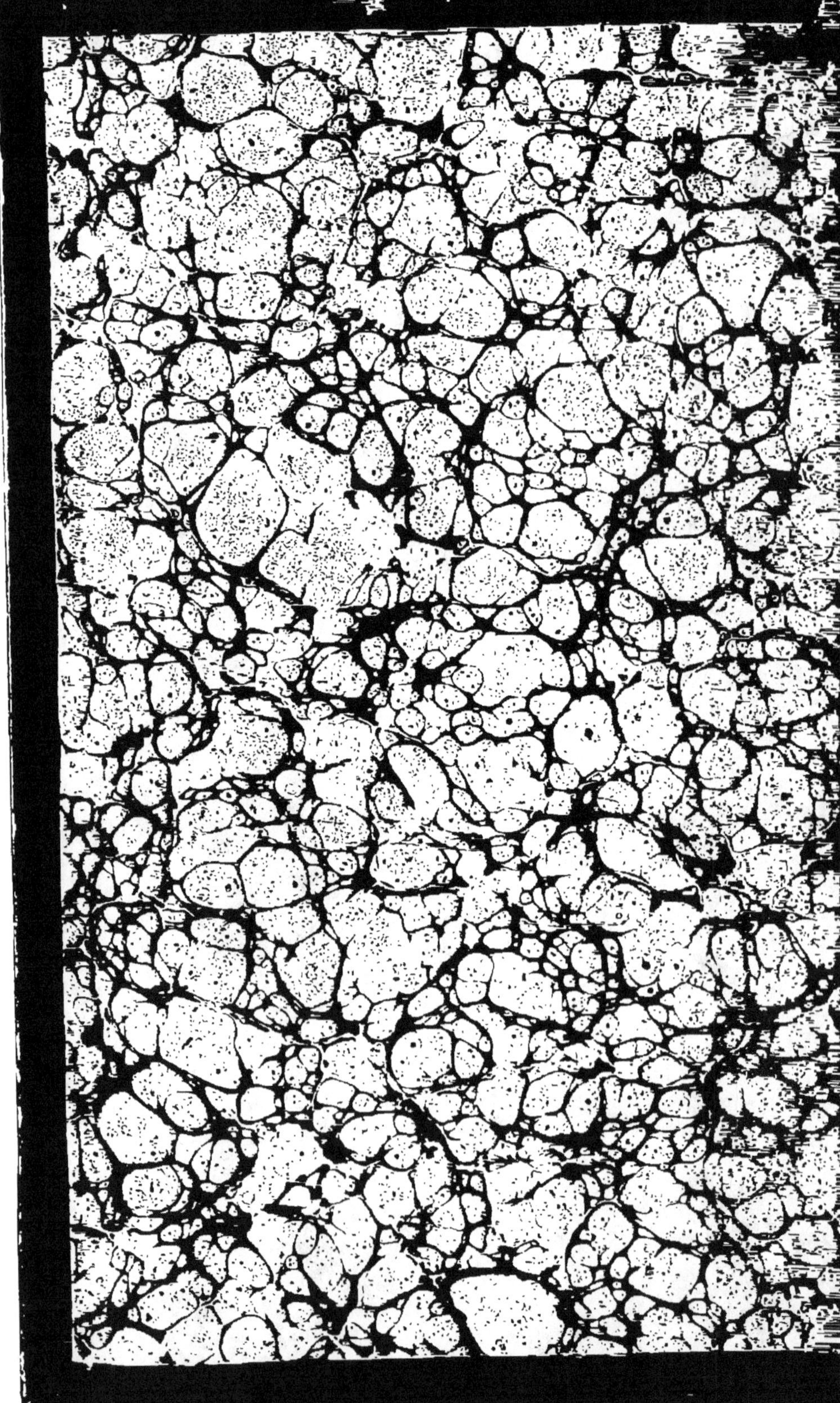

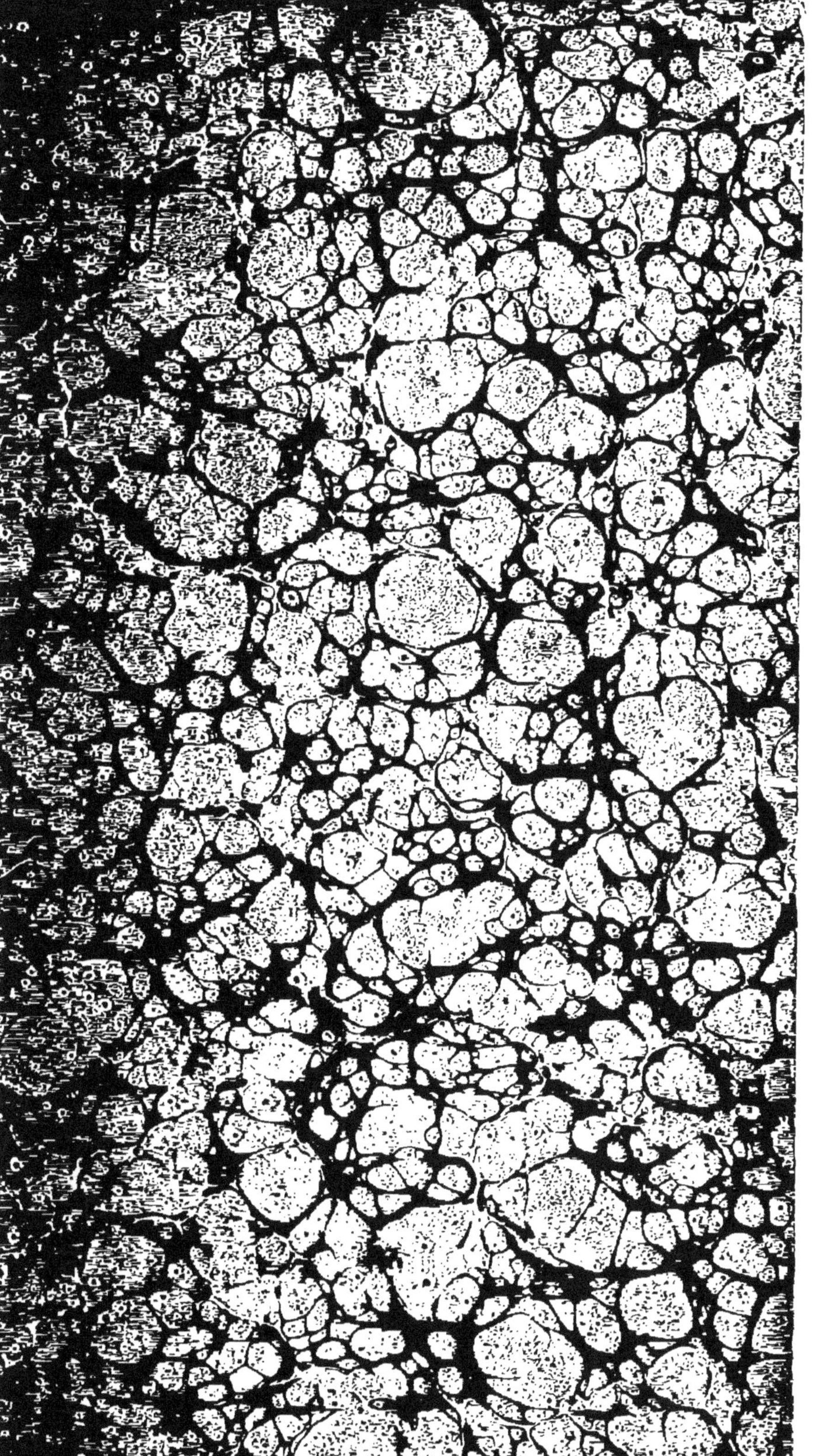

NOTICE

SUR LES

SYSTÈMES DE MONTAGNES.

Au dépôt des publications de la librairie P. Bertrand,

Chez MM. TREUTTEL et WÜRTZ, à Strasbourg.

IMPRIMERIE DE L. MARTINET,
RUE MIGNON, 2

NOTICE

SUR LES

SYSTÈMES DE MONTAGNES,

PAR

L. ÉLIE DE BEAUMONT,
De l'Académie des sciences, Membre du Sénat,
Inspecteur général des Mines, etc.

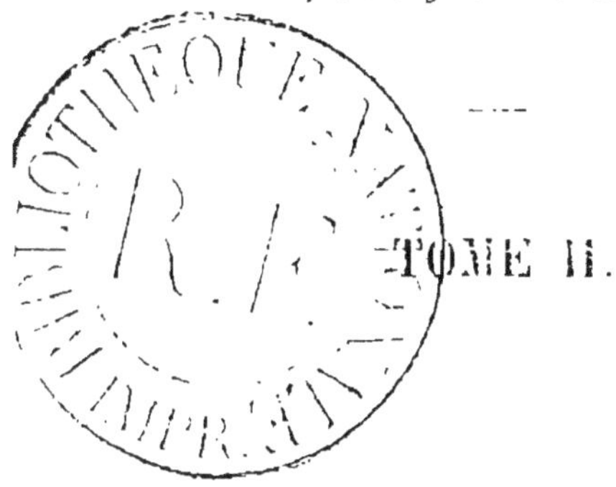

TOME II.

PARIS,
CHEZ P. BERTRAND, LIBRAIRE ÉDITEUR,
RUE SAINT ANDRÉ DES-ARCS, 53.
1852.

Cette détermination n'a rien d'incompatible avec celle que MM. Boblaye et Virlet ont donnée, en termes à la vérité moins précis, de l'âge relatif du *Système de l'Érymanthe*.

M. Raulin a signalé dernièrement dans le midi de la France un accident stratigraphique qui, d'après sa direction et d'après son âge, lui paraît devoir être rapporté au *Système du Sancerrois*. Suivant cet habile géologue, le terrain à nummulites se trouve sur la pente méridionale de la montagne Noire à stratification concordante sous le Système à lignites et à calcaires d'eau douce du terrain miocène inférieur, et tous deux ont été redressés sous des angles de 15 à 60°, suivant une direction générale qui, de Saint-Chinian à Carcassonne, court à très peu près de l'E. 25° N. à l'O. 25° S., c'est-à-dire parallèlement à celle du Sancerrois. Au sud des basses montagnes formées par ces deux terrains, M. Raulin a vu, de Bize à Béziers, un bas plateau formé par la mollasse coquillière marine du terrain miocène supérieur qui, d'après lui, s'est évidemment déposée après le redressement des couches plus anciennes (1).

Peut-être des observations plus étendues

(1) *Bulletin de la Société géolog. de France*, séance du 4 juin 1849.

feront-elles découvrir sur la surface de l'Europe d'autres accidents orographiques et stratigraphiques appartenant au même Système.

Je dois ajouter en terminant que c'est *sous toutes réserves* que je propose de réunir le *Système de l'Érymanthe* et le *Système du Sancerrois*. Ni l'un ni l'autre de ces systèmes n'est établi d'après des observations qui me soient propres ; mais je regarde comme très probable, ainsi que je l'ai annoncé depuis longtemps dans l'extrait de mes recherches sur quelques unes des révolutions de la surface du globe, qui a été imprimé dans la traduction française du *Manuel géologique de M. de la Bèche* (1), qu'*un Système de montagnes* doit correspondre à la ligne de démarcation qui sépare le terrain d'eau douce supérieur du bassin de Paris des faluns de la Touraine.

Ce *Système* et le *Système du Tatra* diviseront le terrain miocène en trois étages distincts, de sorte que le nom de *terrain miocène* exprimera une collection de trois terrains (dont un seul à la vérité renferme presque toute la faune marine regardée comme caractéristique de la période miocène); de même que le nom de *terrain éocène* exprimera une collection de deux

(1) Traduction française du *Manuel géologique de M. de la Bèche*, p. 647 (1833).

terrains, si on y comprend le terrain nummulitique méditerranéen. Ces noms, dérivés du grec, paraîtront peut-être un jour moins heureux et moins utiles qu'ils n'ont paru dans l'origine; et qu'on me pardonne de répéter ce que j'ai déjà dit précédemment en d'autres termes, si des *mots*, même des *mots grecs*, se trouvent en désaccord avec des *Systèmes de montagnes* bien déterminés, le tort ne pourra être que du côté des mots, (quelque tenaces qu'ils soient de leur naturel), car un *Système de montagnes* ne peut avoir tort d'exister.

Système N. 8° E. de M. Gras (*Système du Vercors*), *d'une date encore indéterminée.*

Ce Système domine dans le nord du département de la Drôme (1). « Tout le pays » élevé, comprenant autrefois le *Vercors*, se » compose, dit M. Gras, d'une série de vallées » sensiblement parallèles. La plus basse, au » fond de laquelle coule la rivière de Vernai- » son, renferme les villages de Rousset et de » Saint-Aignan ; un peu à l'ouest, sur un » plan plus élevé, se trouve celle de la Cha-

(1) S. Gras, *Statistique minéralogique du département de la Drôme*, p. 27.

» pelle et de Vascieux. Une troisième vallée, » qui contient la bergerie de Lente et le » village de Laval, est bornée d'un côté par » les hauteurs qui couvrent les bois de Mon- » toire, et de l'autre par les sommités de » Malatra, qui la séparent de la gorge de » Bouvante. Toutes ces vallées sont longitu- » nales, et font à l'est du méridien un angle » de 7 à 8 degrés.

» Telle est aussi la direction de la mon- » tagne de Raye, qui, commençant aux en- » virons de Combovin, s'élève en forme de » dôme au-dessus de la Beaume-Cornillane, » et va se terminer entre Vaunaveys et » Crest.

» Dans le centre du département, la » montagne de Volevent, et d'autres qui en » sont la continuation, se trouvent sur le » prolongement de la vallée de Rousset, et » courent exactement dans la même direc- » tion, depuis Poyols jusqu'à Remusat, sur » une longueur de près de cinq lieues.

» Le même Système se montre fréquem- » ment dans le département de l'Isère; » c'est lui qui a donné naissance à la chaîne » de montagnes situées entre la vallée de » Lans et celle du Drac, et qui a incliné les » couches d'anthracite d'Huez et du Mont- » de-Lans. »

Je connais moi-même depuis fort longtemps les faits cités par M. Gras, et je puis attester l'exactitude des observations de cet habile ingénieur. J'ajouterai que le *Système de Vercors* me paraît être du nombre de ceux qui se croisent dans le massif du Jura. J'ai été frappé depuis longtemps de la direction nette et distincte des crêtes que traversent les routes du Cuiseaux à Orgelet et de Saint-Amour à Thoirette, et la même remarque n'a échappé ni à M. Boblaye, lorsqu'il a dressé en 1835, comme officier d'état-major, les feuilles de la nouvelle carte de France qui comprennent le haut Jura, ni à M. Boyé, dans les travaux qu'il exécute pour préparer la carte géologique du département du Doubs.

Ainsi qu'on peut le voir sur la carte géologique de la France, ces lignes se dessinent avec une netteté particulière sur les premiers plateaux du Jura, entre Saint-Amour et Saint-Claude, aux environs de Mornay, d'Arinthod, d'Orgelet: elles se distinguent également bien des crêtes presque N.-S. qui appartiennent au *Système des îles de Corse et de Sardaigne* (Colombier de Seyssel), et des crêtes N.-N.-E. (Reculet, ligne du creux du vent à Mont-Sagne (1)), qui appartiennent au *Système*

(1) *Annales des sciences naturelles*, t. XVIII, p. 19. (1829).

des Alpes occidentales, et elles se dirigent elles-mêmes en moyenne vers le N. 6° $\frac{1}{4}$ E. de Cassini, ou, ce qui revient à très peu près au même vers le N. 8° 38′ E. du monde, direction identique, à moins d'un degré près, avec celle que M. Gras a signalée dans le Vercors, et qu'on peut également reconnaître et mesurer sur la carte géologique de la France, et même sur les cartes de Cassini et de Bourcet.

Le *Système du Vercors*, dont le cours rectiligne a déjà été suivi sur près de cent lieues de longueur, a comme système de montagnes une existence beaucoup plus certaine que le *Système du Sancerrois*, et peut-être même que le *Système de l'Erymanthe*; mais son âge relatif n'a pas encore été déterminé avec précision. Ce système est évidemment postérieur à tout le terrain crétacé inférieur. Il est antérieur au terrain des mollasses miocènes, ou tout au moins à la partie supérieure et marine de ce terrain. Son origine doit par conséquent coïncider avec celle de l'une des lignes de démarcation qui existent dans la série si longue et si complexe des terrains crétacé supérieur, épicrétacé, éocène et miocène, série dont toutes les solutions de continuité ne sont pas encore mises en rapport avec des systèmes de montagnes bien nettement déterminés.

Quoi qu'il en soit, la série des révolutions auxquelles correspondent les intervalles de cette longue série a été close par une révolution plus considérable que toutes les précédentes, celle qui a donné naissance au *Système des Alpes occidentales*.

XVIII. Système des Alpes occidentales.

On est généralement habitué à considérer comme un tout unique la réunion de montagnes qu'on désigne sous le nom unique d'*Alpes*; mais on peut aisément reconnaître que cette vaste agglomération résulte du croisement de plusieurs systèmes indépendants les uns des autres, distincts à la fois par leur direction et par leur âge, et dont l'apparition successive a chaque fois considérablement modifié le relief antérieur. Il résulte de là qu'au premier abord la structure des Alpes paraît très embrouillée lorsqu'on la compare à celle de telle chaîne où, comme dans les Pyrénées, par exemple, un seul soulèvement a produit les grands traits du tableau, et dont le relief actuel est pour ainsi dire d'un seul jet.

Dans une grande partie de leur étendue, et surtout dans leurs parties orientale et méridionale, on reconnaît encore des traces de nombreux chaînons de montagnes, dirigés dans le même sens que les crêtes neigeuses des *Pyrénées*, et soulevés de même avant le dépôt du terrain tertiaire inférieur du bassin de Paris. Dans les Alpes de la Provence et du Dauphiné, on voit se dessiner fortement les chaînons du *Système du mont Viso*, soulevés avant le dépôt du terrain crétacé supérieur. Dans les montagnes qui lient les Alpes au Jura, on reconnaît des traces du *Système des îles de Corse et de Sardaigne*, soulevé avant le dépôt des mollasses. La formation du *Système du Tatra, du Rilo-Dagh et de l'Hœmus*, en élevant quelques parties de l'emplacement actuel des Alpes, en a abaissé le pourtour et a permis aux lacs et aux mers où se sont déposées les mollasses de l'embrasser beaucoup plus étroitement que n'avaient pu faire les mers de la période éocène parisienne. Le *Système du Vercors* a aussi laissé en beaucoup de points de l'intérieur des Alpes des traces profondes et faciles à reconnaître; mais presque partout ces traces de dislocations, comparativement anciennes, sont sujettes à être masquées par des dislocations d'une date plus récente.

Le relief actuel des parties les plus hautes et les plus compliquées des Alpes, de celles qui avoisinent le Mont-Blanc, le Mont-Rose, les Finster-Aar-Horn, résulte principalement du croisement de deux systèmes récents qui se rencontrent sous un angle de 45° à 50°, et qui se distinguent des Systèmes qui viennent d'être mentionnés par leur direction comme par leur âge. Par suite de la disposition croisée de ces deux systèmes, les Alpes font un coude à la hauteur du Mont-Blanc, et après s'être dirigées depuis l'Autriche jusqu'au Valais, suivant une direction peu éloignée de l'E. $\frac{1}{4}$ N.-E. à l'O. $\frac{1}{4}$ S.-O., elles tournent brusquement pour se rapprocher de la ligne N.-N.-E., S.-S.-O. S'il n'y avait là qu'une inflexion pure et simple dans une chaîne de montagnes d'un seul jet, qui vient simplement à s'arquer, on verrait peu à peu la direction des couches et des crêtes s'infléchir pour passer de la direction de l'un des systèmes à celle de l'autre, et aucune d'elles ne pourrait être poursuivie en ligne droite au delà du point d'inflexion ; tandis qu'on voit, au contraire, le plus souvent, les directions des couches et des crêtes se rattacher assez distinctement tantôt à l'un, tantôt à l'autre, et se poursuivre en ligne droite jusqu'en dehors du massif montagneux. Les deux systèmes se pénètrent comme on conçoit qu'ils doivent le faire, s'ils sont le résultat de deux phénomènes entièrement distincts.

Le croisement de ces grands accidents de la croûte terrestre présente souvent une circonstance qui mérite que nous nous y arrêtions un instant.

D'après les observations de M. le professeur Hoffmann, les vallées de soulèvement plus ou moins exactement circulaires, dans lesquelles sourdent les sources acidules du nord de l'Allemagne, sont placées aux points de rencontre de dislocations de directions diverses. Quelque chose d'analogue à ces vallées circulaires s'observe aussi dans les Alpes, aux points où se croisent les grandes lignes de dislocation. Je citerai, comme exemple de ce fait, le cirque de Louëche, dont font partie les escarpements célèbres de la Gemmi; celui de Derbarens, couronné par les cimes neigeuses des Diablerets, et surtout la grande vallée circulaire dans laquelle s'élève le Mont-Blanc, à la rencontre des deux crêtes les plus saillantes des Alpes, celle qui sépare le Valais de la vallée d'Aoste, et celle qui s'étend de la montagne de Taillefer dans l'Oisans, à la pointe d'Ornex au-dessus de Martigny.

Les escarpements du Buet, des rochers des Fis, du Cramont, forment des parties détachées d'un vaste cirque, au milieu duquel s'élève la masse pyramidale du Mont-Blanc, qui rappelle ainsi, par la disposition du cortége qui l'accompagne, la cime trachytique de l'Elbrouz (le Mont-Blanc du Caucase), et même jusqu'à un certain point le cône du pic de Ténériffe (1).

Le peu d'ancienneté relative de la forme actuelle des Alpes est certainement au nombre des vérités les plus incontestables que les géologues aient constatées. Le point de vue d'après lequel M. Jurine avait donné le nom de *protogine* à la roche granitoïde qui domine dans le massif du Mont-Blanc a été *tacitement* abandonné aussitôt qu'on a reconnu que les couches les plus tourmen-

(1) Les hauteurs des trois pyramides sont :

Mont-Blanc.	4,811 mètres.	
Elbrouz	5,009	—
Pic de Teyde	3,710	—

Les hauteurs des bords des cirques qui les entourent en partie sont :

Le Buet	3,109 mètres.	
Inal, Kanjal, Barmamouc (environ 10,000 pieds) .	3,248	—
Los Adulejos	2,865	—

La comparaison de ces diverses hauteurs donne lieu aux rapports suivants, dont la ressemblance est remarquable :

Mont-Blanc . .	:	Buet. . . .	::	1	:	0,646
Elbrouz . . .	:	Inal. . . .	::	1	:	0,648
Pic de Teyde .	:	Los Adulejos.	::	1	:	0,772

tées des Alpes, celles mêmes qui couronnent les escarpements qui regardent le Mont-Blanc, appartiennent à des formations de sédiment très récentes. Lorsqu'on observe d'un œil attentif l'ensemble des montagnes dont le Mont-Blanc forme l'axe; lorsqu'on suit, par exemple, la couche mince remplie de fossiles du terrain crétacé inférieur et d'une constance de caractères si remarquable, qui de Thonne et de la vallée du Reposoir s'élève à la crête des Fis (2,700 mètres), on ne peut s'empêcher d'y reconnaître, sur une échelle gigantesque, des traces de soulèvement encore plus certaines peut être que celles que Saussure a signalées plus près de la base du Mont-Blanc, dans les couches presque verticales du poudingue de Valorsine MM. Brongniart et Buckland ont regardé comme l'effet d'un soulèvement la position à la hauteur des neiges perpétuelles des fossiles récents des Diablerets. MM. Backewell, Boué, Kefferstein, Lil de Lilienbach, et plusieurs autres géologues, ont signalé des phénomènes du même genre dans beaucoup d'autres points des Alpes. Le nagelflue, qui fait partie du deuxième étage tertiaire, s'élève, au Rigi, à la hauteur de 1,875 mètres au-dessus du niveau de la mer.

Ce genre de phénomènes distingue les Alpes d'une grande partie des montagnes qui les entourent. Près de Lyon, les couches de la molasse coquillière s'étendent horizontalement sur les roches primitives du Forez, tandis que ces mêmes couches s'élèvent et se redressent de toutes parts en approchant des Alpes. MM. Sedgwick et Murchison ont de même observé que les couches crayeuses et tertiaires qui s'étendent horizontalement au pied du Böhmerwald-Gebirge se relèvent sur la rive opposée du Danube en entrant dans les Alpes. MM. Murchison et Lyell ont indiqué une disposition analogue dans les terrains tertiaires de l'Italie.

On ne s'est pas occupé aussi fréquemment, ni depuis aussi longtemps, de passer de ces aperçus généraux aux recherches nécessaires pour fixer l'âge relatif des différents Systèmes de dislocation, dont la superposition a donné naissance à la masse en apparence si informe des Alpes.

Ces différents Systèmes se croisent d'une manière souvent fort compliquée, et je rappellerai ici, en passant, que mon excellent ami M. Fournet, professeur de géologie à la Faculté des sciences de Lyon, à qui on doit des travaux remarquables sur les différents *axes de soulèvement* des contrées qui entourent sa résidence, a mis très clairement en évidence les croisements qui s'observent en Valais, dans les diagrammes joints à ses Mémoires publiés dans le *Recueil de la Société d'agriculture de Lyon*.

Dans les Alpes occidentales, c'est-à-dire à l'ouest de la Carinthie, dans le Tyrol, la Suisse et particulièrement dans les montagnes de la Savoie et du Dauphiné, la plupart des grands accidents du sol se rattachent à celui des deux principaux Systèmes d'accidents mentionnés ci-dessus, dont la direction moyenne est du N.-N-E. au S.-S.-O., ou plus exactement, en Dauphiné et dans l'O. de la Savoye, du N. 26° E. au S. 26° O.

La prédominance d'une direction constante, dans ces montagnes, a été remarquée depuis longtemps par de Saussure, et plus récemment par M. Brochant, et ils en ont conclu avec raison que, dans toutes les parties où cette direction domine, le redressement des couches (ou du moins la partie aujourd'hui la plus influente de ce redressement) doit être attribué à une seule opération de la nature.

La date géologique de cet événement est facile à déterminer : il suffit, pour y parvenir, d'examiner quelles sont les formations dont les couches en ont été affectées, et quels sont au contraire les dépôts qui se sont étendus horizontalement sur les tranches des couches qui avaient subi la dislocation.

Dans l'intérieur du Système de rides dont se composent principalement les Alpes occidentales, on n'aperçoit pas de couches plus récentes que la craie et le terrain nummulitique, parce que ces rides se sont formées sur un sol qui, déjà devenu montueux au moment du soulèvement du *Système du Mont-Viso*, avait été tout à fait élevé au-dessus des mers, au moment du soulèvement du *Système des Pyrénées*. Mais sur les bords, ainsi qu'aux deux extrémités de l'espace occupé par les rides auxquelles les Alpes occidentales doivent leur principal caractère, on voit les dislocations qui déterminent la forme et la saillie de ces rides, se transmettre aux couches tertiaires de l'étage moyen (à la molasse coquillière), aussi bien qu'aux couches secondaires qui les supportent; d'où il suit que le redressement de couches propre au *Système des Alpes occidentales* a eu lieu après le dépôt de l'étage tertiaire moyen.

Ainsi les couches de la molasse coquillière se trouvent également redressées à la colline de Supergue, près de Turin, et au pied occidental des montagnes de la Grande-Chartreuse, près de Grenoble. Ce dernier exemple est surtout très frappant, parce que les couches de molasse qu'on voit se redresser jusqu'à la verticale, à l'approche des escarpements alpins, s'étendent horizontalement jusqu'au pied des montagnes granitiques du Forez, qui viennent border le Rhône de Lyon à Saint-Vallier. Il résulte de cette circonstance une opposition non moins frappante entre les âges qu'entre les formes des montagnes arrondies du Forez et des crêtes alpines qui terminent si majestueusement vers l'E.-S.-E. l'horizon des rives du Rhône.

Aux deux extrémités du groupe des grosses rides alpines, la molasse coquillière se trouve aussi redressée dans leur direction, notamment d'une part au milieu de la Suisse, dans l'Entlibuch, et de l'autre au milieu de la Provence, près de Manosque, entre Volonne et le pertuis de Mirabeau, dans la vallée de la Durance. Il est même digne de remarque, quoique sans doute le hasard y entre pour quelque chose, que les directions moyennes de ces deux groupes de couches redressées sont presque dans le prolongement mathématique l'une de l'autre, et que leur ligne de direction va rencontrer, d'une part, la butte volcanique de Hohentwiel au N.-O. de Constance, et de l'autre la petite île de Riou, qui s'avance dans la Méditerranée, en avant de l'angle saillant que forme la côte du département des Bouches-du-Rhône entre Marseille et Cassis. Cette même ligne traverse les Alpes, en passant entre le Mont-Blanc et le Mont-Rose, parallèlement aux énormes escarpements que ces deux masses colossales présentent l'une et l'autre du côté de l'E.-S.-E., et elle sert en même temps pour ainsi dire de limite occidentale à la région des roches de serpentine. Les deux accidents du sol auxquels elle se termine, l'île de Riou et la butte volcanique de Hohentwiel, présentent l'une et l'autre des traces de dislocations antérieures auxquelles la nouvelle ligne de fracture semble s'être arrêtée. L'île de Riou, mal figurée par Cassini, est allongée dans le sens des Pyrénées; la butte de Hohentwiel s'aligne avec les autres buttes volcaniques du Hegau suivant la direction du *Système du Mont-Viso*. J'ai aussi quelquefois indiqué comme représentant la direction du *Système des Alpes occidentales* l'arc du grand cercle qui joint Marseille à Zurich, arc qui s'écarte très peu du précédent et dont les points extrêmes sont plus habituellement marqués sur les cartes que l'île de Riou et Hohentwiel.

En résolvant quelques triangles sphériques on trouve que l'arc de grand cercle qui joint Marseille (lat. 43° 17' 50" N., long. 3° 1' 54" E.) à Zurich (lat. 47° 22' 31" N., long. 6° 12' 47" E.) est orienté à Marseille vers le N. 27° 37' 7" E., et à Zurich vers le N. 29° 52' 59" E. ; et que l'arc de grand cercle qui joint l'île de Riou (lat. 43° 10' 16" N., long. 3° 1' 54" E.) à Hohentwiel (lat. 47° 46' N., long. 6° 28' 21" E.) est orienté à l'île de Riou vers le N. 26° 42' 7" E., et à Hohentwiel vers le N. 29° 3' 48" E. On voit aisément d'après cela que les deux arcs de grand cercle dont il s'agit s'écartent réellement assez peu l'un de l'autre (de moins d'un degré), mais que le second est un peu moins oblique que le premier par rapport aux méridiens qu'ils traversent. Le second se rapproche par cela même davantage des directions partielles que j'ai déterminées depuis longtemps par un grand nombre de tâtonnements graphiques, et il est peut-être même encore un peu plus oblique par rapport aux méridiens que ne le sont généralement ces dernières ; mais la différence est très légère et je crois que ce grand cercle peut être conservé, au moins provisoirement, comme *grand cercle de comparaison du Système des Alpes occidentales.*

Le Mont-Blanc est situé par 45° 49′ 59″ de lat. N., et par 4° 31′ 45″ de long. E. de Paris. La résolution d'un nouveau triangle sphérique montre que l'arc de grand cercle qui joint l'île de Riou à Hohentwiel, coupe le parallèle du Mont-Blanc à 1° 43′ 28″ à l'E. de sa cime, c'est-à-dire par 6° 15′ 13″ de long. E. de Paris, et qu'il est orienté au point d'intersection vers le N. 28° 3′ 27″ E. Une parallèle à ce grand cercle, menée par le Mont-Blanc, y serait orientée vers le N. 26° 49′ E. Les tâtonnements graphiques dont j'ai déjà parlé m'ont indiqué le N. 26° E. comme l'orientation habituelle du *Système des Alpes occidentales* en Dauphiné, dans le Jura et dans les parties de la Savoye situées à l'O. du Mont-Blanc. Des parallèles au grand cercle de comparaison que je viens d'indiquer, menées par ces diverses localités, seraient orientées au N. 26° et quelques minutes E.: la différence est peu considérable.

A la cime du Mont-Blanc l'orientation de Cassini fait un angle de 3° 15′ 7″, avec l'orientation astronomique. Il en résulte qu'à la cime du Mont Blanc la parallèle au grand cercle de comparaison du *Système des Alpes occidentales* se dirige (en négligeant les secondes), au N. 23° 34′ E. de Cassini.

Pour une grande partie de la France, c'est à peu près là l'orientation, par rapport aux lignes de Cassini, du *Système des Alpes occidentales*.

On peut vérifier cette orientation sur un grand nombre d'accidents stratigraphiques figurés sur la carte géologique de la France : je citerai ici, entre beaucoup d'autres, la grande faille de la vallée de la Linth, qui court du lac de Wallenstadt à Ivrée en Piémont, du N. 23° 30' E. au S. 23° 30' O. de Cassini. La différence est de 4 *minutes !*

Une parallèle au grand cercle de comparaison du *Système des Alpes occidentales*, menée par Strasbourg, est orientée au N. 28° 15' E. Le *Système du Rhin* étant orienté à Strasbourg au N. 21° E., on voit que les directions des deux systèmes forment entre elles un angle de 7° 15' seulement.

Une parallèle au grand cercle de comparaison du *Système des Alpes occidentales*, menée par le Binger-Loch, est orientée vers le N. 28° 19' E. Mais nous avons vu précédemment, p. 129, que le grand cercle de comparaison du *Système du Longmynd* est orienté au Binger-Loch vers le N. 30° 15' E. La différence n'est que de 1° 56'. On voit par là que l'orientation du *Système des Alpes occidentales* tombe entre celle du *Système du Longmynd* et celle du *Système du Rhin*, mais beaucoup plus près de la première que de la seconde. Le *Système des Alpes occidentales* reproduit la direction du *Système du Longmynd* presque aussi exactement que le *Système du Tatra* reproduit celle du *Système des Pays-Bas*.

Une parallèle au grand cercle de comparaison du *Système des Pyrénées*, menée par l'île de Riou, est orientée vers l'O. 21° 13′ N. Le grand cercle de comparaison du *Système des Alpes occidentales* étant orienté à l'île de Riou, vers le N. 26° 42′ 7″ E., on voit que les directions du *Système des Alpes occidentales* et du *Système des Pyrénées* sont perpendiculaires l'une à l'autre, à 5° 29′ près, environ. Le pôle boréal est compris dans l'angle obtus que forment les deux directions.

Le *Système des Pyrénées* approche beaucoup plus d'être perpendiculaire au système du Rhin : il ne s'en faut que de 1° 46′ que la perpendicularité soit exacte, et le pôle boréal est compris dans l'angle aigu que forment les deux directions.

Les grands lacs de l'Italie septentrionale remplissent des fonds de vallées dont les directions sont sensiblement parallèles au *grand cercle de comparaison du système des Alpes occidentales.* Une parallèle à ce grand cercle, menée par Brixen, en Tyrol, représente la direction de parties fort étendues des vallées de l'Eisack et de l'Adige, celles du lac de Guarda, de la vallée de Fassa et de beaucoup d'accidents orographiques du N.-E. du Tyrol et du Pays de Saltzbourg. On retrouve cette même direction sur les confins de la Moravie et de la Hongrie; on la voit reparaître aussi en Italie, dans les Alpes apuennes qui se trouvent à peu près dans le prolongement des accidents stratigraphiques des bords du lac de Guarda et de la vallée de Fassa, et au pied desquelles sont redressées les couches de lignites miocènes de Caniparola. En Italie, et particulièrement en Toscane, comme dans toutes les contrées fortement accidentées, on trouve plusieurs systèmes de dislocations d'âges et de directions différentes. Stenon, en 1669, en avait déjà indiqué six en Toscane (*Sex diversæ Etruriæ facies ex præsenti facie Etruriæ collectæ*) (1).

Les accidents du système des Alpes occidentales s'étendent ainsi des plaines de la

(1) Nicolai Stenonis *De solido intra solidum contento dissertationis Prodromus* (voyez l'extrait que j'en ai publié dans les *Annales des sciences naturelles*, t. XXV, p. 337 (1832).

Pologne couvertes de dépôts erratiques aux rivages de la Méditerranée. Mais les contrées voisines des Alpes ne sont pas la seule partie de l'Europe méridionale dans laquelle les terrains tertiaires de l'étage moyen aient été affectés par des dislocations dirigées à peu près parallèlement au *grand cercle de comparaison du Système des Alpes occidentales*. Aux environs de Narbonne commence une série de dislocations qui affecte les mêmes terrains, et qui, courant sensiblement dans le même sens, détermine la direction générale de la côte d'Espagne jusqu'au cap de Gates. Les chaînes de montagnes qui, dans l'empire de Maroc, commencent au cap Tres-forcas, paraissent en être le prolongement. La Calabre, la Sicile et la régence de Tunis présentent un grand nombre de dislocations et de crêtes dirigées de la même manière, et M. Christie, que le climat meurtrier de l'Inde a enlevé depuis lors aux sciences d'une manière si prématurée, a jugé qu'en Sicile ces dislocations sont contemporaines de celles des Alpes occidentales.

Une parallèle au *grand cercle de comparaison du Système des Alpes occidentales*, menée par Corinthe, est orientée vers le N. 38° 25′ E. Elle ne s'écarte que de 1° 35′

de la direction N. 40° E. du *Système dardanique* de MM. Boblaye et Virlet, et ces savants géologues ont, en effet, trouvé que leur *Système dardanique* peut être rapporté par son âge comme par sa direction au système des Alpes occidentales (1).

Les lignes du *Système dardanique* que MM. Boblaye et Virlet ont principalement considérées sont celles qui bordent le canal des Dardanelles et qui en déterminent la direction. Ces lignes, prolongées vers, le N.-E. au delà de la mer Noire, traversent la Crimée. Une parallèle du grand cercle de comparaison du *Système des Alpes occidentales*, menée par Sevastopol en Crimée (lat. 44° 36′ 22″ N., long. 31° 11′ 9″ E. de Paris), est orientée vers le N. 48° 48′ E. Cette ligne, construite sur la belle Carte géologique de la Russie méridionale, par M. X. Hommaire de Hell, représente, avec une exactitude frappante, la direction générale de la bande de terrains crétacés qui, du cap Fiolente à Simpheropol et au delà, se redressent contre le pied des montagnes de la côte S.-E. de la Crimée. Ces terrains, que recouvre en stratification à peu près concordante le terrain nummulitique, servent de limite aux

(1) Boblaye et Virlet, *Expédition scientifique de Morée*, t. II, 2e partie, p. 35.

dépôts tertiaires récents et horizontaux des steppes qui s'étendent au N.-O., ce qui permet de placer leur redressement à la fin de la période miocène. Il est vraisemblable, d'après cela, que le *Système des Alpes occidentales* est un de ceux auxquels se rapporte l'élévation du massif montagneux de la Crimée, couronné par le Tchatir-Dagh, élevé de 1580 mètres au-dessus de la mer Noire.

Une parallèle au grand cercle de comparaison du *Système des Alpes occidentales*, menée par l'île de Rhodes, traverse l'Asie mineure en se dirigeant à peu près vers le cap Indje, près de Sinope. Elle est parallèle à divers accidents orographiques, dont l'île de Rhodes elle-même est le premier chaînon, et qui pourraient bien se rapporter aussi au *Système des Alpes occidentales*, ou *Système Dardanique*.

Les rides du *Système des Alpes occidentales* se propagent à l'O. du grand cercle de comparaison que nous avons choisi à une distance presque aussi grande que celle à laquelle nous venons de les suivre vers l'est.

M. L. Frapolli qui a étudié, d'une manière aussi consciencieuse qu'approfondie, les collines subhaerciniennes, a signalé dans ces collines et même dans le massif du Hartz, un système de fentes et de failles dont la direction oscille entre le N.-E. et le N.-N.-E. L'orientation et l'origine moderne de ces dislocations tendraient également à les faire rapporter au *Système des Alpes occidentales* (1).

Ainsi que MM. Fournet et Rozet l'ont judicieusement remarqué, la direction du *Système des Alpes occidentales* se retrouve dans l'orientation et dans les alignements de quelques uns des accidents orographiques des contrées volcaniques du Cantal et du Mont-Dore.

Les environs de Nogent-le-Rotrou et les coteaux du Perche, dans les départements de la Sarthe, d'Eure-et-Loir et de l'Orne, présentent quelques accidents stratigraphiques d'une faible saillie qui affectent tous les terrains de la contrée depuis le calcaire jurassique, jusques et y compris le terrain d'argile rouge de sable granitique et de silex qui représente le terrain d'eau douce supérieur des environs de Paris. Ces accidents stratigraphiques sont orientés vers le N. 23 à 24° E. de la projection de Cassini; de sorte que leur direction, comme leur âge relatif, conduit à les rapporter au *Système*

(1) L. Frapolli, *Carte géologique des collines subhercyniennes. Bulletin de la Société géologique de France*, 2e série, t. IV, p. 758 (séance du 3 mai 1847).

des Alpes occidentales. La prolongation de leur direction traverse le pays de Bray et le Bas-Boulonnais, ce qui peut concourir à expliquer la grande hauteur que le terrain d'argiles rouges et de silex atteint sur quelques points de leurs contours.

Ces trois directions prolongées traversent la Norwége et la Suède, un peu à l'est de l'axe général de la grande chaîne des Alpes scandinaves et parallèlement à sa direction.

« Si l'on jette les yeux sur des cartes suffisamment détaillées de la Norwége et de la Suède, on reconnaît assez aisément, comme je l'ai fait remarquer ailleurs (1), que les principaux traits des montagnes littorales se coordonnent à deux directions différentes, dont la combinaison détermine toutes les formes de la côte.

» La première de ces deux directions, qui s'aperçoit surtout dans la disposition des îles Loffoden, dans celle des bras de mer et des lacs qui avoisinent Trondheim, et dans celle des monts *Dovre-field*, entre Trondheim et Christiania, court entre le nord-est et l'est-nord-est, en coupant le méridien de Christia-

(1) Instructions pour les géologues de l'expédition qui se rend dans le nord de l'Europe (*Comptes rendus hebdomadaires des séances de l'Académie des sciences*, t. VI, p. 555, séance du 23 avril 1838.

nia sous un angle d'un peu plus de 60. Elle est elle-même coupée sous un angle très marqué par les chaînons les plus étendus des Alpes scandinaves. Le plus considérable de ces chaînons, connu sous le nom de Kiölen, partant de l'extrémité nord-est du Dovre-Field, sépare la Suède de la Norwége septentrionale, et après s'être partagé à son extrémité nord-nord-est, entre les différentes baies du Finmarck, il se termine à la mer Glaciale, par le Sverholt, entre le Laxe-Fiord et Porsanger-Fiord, et par le Nord-Kyn, entre cette dernière baie et le Tanna-Fiord.

» L'existence dans la Scandinavie de ces deux directions principales m'a fait conjecturer qu'il doit s'y être opéré deux principales séries de dislocations; la première est celle dont sont affectés dans toute l'Europe les dépôts stratifiés les plus anciens; la seconde, d'après la direction de la chaîne du Kiölen, m'a paru devoir se rapporter à l'époque du soulèvement des Alpes occidentales. »

Je crois cependant qu'elle ne s'y rapporte pas uniquement. Une parallèle au grand cercle de comparaison du *Système des Alpes occidentales*, menée par Trondheim en Norwége (lat. 63° 25′ 50″, long. 8° 3′ 15″ E. de Paris), est orientée au N. 29° 30′ E. Elle s'éloigne de 6° 48' de la parallèle au grand cercle de comparaison du *Système du Rhin*, qui, comme nous l'avons vu ci-dessus, p. 380, est orientée à Trondheim vers le N. 22° 42' E. La parallèle au grand cercle de comparaison du *Système des Alpes occidentales* représente moins exactement la direction de la chaîne du Kiölen que ne fait la parallèle au grand cercle de comparaison du *Système du Rhin*; mais elle représente mieux que cette dernière la direction générale de l'ensemble des Alpes scandinaves; car elle est très sensiblement parallèle à une ligne tirée du cap nord à Egersund, dans le sud-ouest de la Norwége. On peut donc concevoir qu'elle représente le dernier mouvement d'élévation que les Alpes scandinaves ont éprouvé, et qui a complété leur relief actuel déjà façonné dans ses principaux détails par les phénomènes antérieurs. D'après cela, on serait toujours conduit à poser la question de savoir s'il n'y aurait pas eu en Norwége un premier soulèvement de granite très ancien qui aurait donné naissance au premier Système; un dernier soulèvement de roches hypersthéniques, qui aurait produit les derniers traits du relief de la grande chaîne scandinave, et si, dans l'intervalle très long qui les aurait séparés, n'auraient pas apparu les Syénites zirconiennes, les Porphyres, les Mélaphyres, qui ne semblent se rattacher qu'à des accidents orographiques d'un ordre moins important. L'exactitude avec laquelle la direction du *Système du Rhin* se reproduit, comme je l'ai remarqué ci-dessus, p. 380, dans les environs de Christiania, où ces dernières roches jouent un rôle si remarquable, semble annoncer que c'est à l'éruption de quelques unes au moins d'entre elles que se rattachent les orientations parallèles au *Système du Rhin*, qui se montrent dans beaucoup de parties de la Norwége, et cette circonstance rend d'autant plus naturel de conjecturer que les roches hypersthéniques de ces contrées ont éprouvé leur dernier soulèvement à l'époque du *Système des Alpes occidentales*, comme les Euphotides et les Serpentines du Dauphiné et du Piémont.

D'après cela, la Scandinavie, considérée dans son ensemble, serait sillonnée par trois systèmes de dislocations dirigés entre le N.-N.-E. et le N.-E.; savoir : le *Système du Longmynd* (*Voy.* ci-dessus, p. 113); le *Système du Rhin* (p. 380), et le *Système des Alpes occidentales*. Mais quoique ces Systèmes appartiennent à des époques géologiques très différentes, la rareté des dépôts sédimentaires en Scandinavie rend souvent impossible de distinguer les uns des autres les accidents stratigraphiques et orographiques qui leur appartiennent autrement que par leurs directions qui sont elles-mêmes très peu différentes. Ces mêmes contrées présentent aussi deux Systèmes dirigés entre le N.-E. et l'E. ; savoir : le *Système du Finistère* (p. 102), et le *Système du Westmoreland* et du *Hundsrück* (p. 190). Peut-être existe-t-il encore, dans la Norwége, quelques directions N.-S. Quant aux Systèmes dirigés vers la région du N.-O., ils n'ont guère laissé de traces bien apparentes que dans le midi de la Suède et le S.-E. de la Norwége. C'est pour cela que tous les voyageurs qui ont visité la Scandinavie ont remarqué que la stratification y court ordinairement vers la région du N.-E.

Les principaux accidents que présentent les contours des côtes du nord de l'Europe se rattachent à ces différentes directions. Ils s'expliquent par leur combinaison, et la manière même dont ils s'y rattachent montre que les nombres par lesquels j'ai exprimé ces directions doivent être à peu près exacts. Ainsi la différence d'environ 7° que je suis conduit à admettre entre l'orientation du *Système du Rhin* et celle du *Système des Alpes occidentales*, aide à expliquer l'angle rentrant que présentent les côtes de la Norwége à la hauteur de Trondheim.

Une parallèle au *grand cercle de comparaison du Système des Alpes occidentales* menée par le pic de Ténériffe, y est orientée vers le N. 16° 15′ E. à peu près. Cette ligne prolongée rase la côte orientale de l'Irlande, traverse les montagnes de l'Écosse, et laisse un peu à l'O. toutes les côtes de la Scandinavie. Elle représente assez bien la direction de quelques uns des traits remarquables et des alignements que présente le groupe des Canaries et celui de Madère, ainsi qu'on le verra dans le travail que M. Charles Deville a commencé à publier sur ces îles et sur celles du cap Vert.

A partir de la convulsion qui a donné au *Système des Alpes occidentales* son relief actuel, l'Europe semble avoir présenté un grand espace continental. Pendant la période de tranquillité qui a suivi le redressement des couches de ce Système, il ne s'est plus formé de dépôts marins que sur des côtes et dans des golfes éloignés de la partie centrale, comme dans les collines subapennines, dans quelques parties de la Sicile, et en Angleterre, dans les comtés de Suffolk et d'Essex (*Crag* supérieur). Il ne s'est plus accumulé de dépôts de sédiment, à l'intérieur du continent, que dans les vallées des rivières alors existantes, et dans quelques lacs d'eau douce qu'une révolution plus récente a fait disparaître. Ces lacs étaient distribués au pied des montagnes, comme le sont les lacs actuels de la Suisse et de la Lombardie, mais quelques uns étaient beaucoup plus étendus. Un lac de cette espèce couvrait la partie nord-ouest et la moins montueuse du département de l'Isère, ainsi que la plaine de la Bresse, depuis Tullins et Voiron jusqu'à Dijon; un autre couvrait la partie du département des Basses-Alpes comprise entre Digne, Manosque et Barjols; d'autres couvraient en partie la plaine de l'Alsace et les contrées basses qui avoisinent le lac de Constance. Les dépôts très épais qui se sont formés dans ces lacs, et dont les couches horizontales s'étendent sur les tranches des couches de mollasse coquillière marine antérieurement redressées, se composent en grande partie d'assises alternatives de sable mêlé de cailloux roulés et de marne; ils présentent tant de ressemblance avec ceux qui se forment sous nos yeux dans l'intérieur des continents, qu'on en a généralement compris une grande partie dans la classe des terrains qu'on appelle d'attérissement, de transport ou d'alluvion, quoiqu'ils appartiennent évidemment à la troisième période tertiaire.

Dans les dépôts du premier de ces lacs (dans l'Isère, la Bresse, etc.) on trouve de nombreux amas de bois fossile qui paraissent provenir d'espèces d'arbres déjà assez peu différentes de celles de nos contrées ; ils sont accompagnés de nombreuses coquilles d'eau douce.

Sur la surface des terres alors découvertes vivaient l'Hyène et l'Ours des cavernes, l'Éléphant velu, des Mastodontes, des Rhinocéros, des Hippopotames, animaux dont les espèces, aujourd'hui perdues, paraissent avoir été détruites dans les révolutions qui, en changeant en partie la face du *Système des Alpes occidentales*, a donné à la masse des Alpes la forme qu'elle nous présente aujourd'hui, et a presque entièrement achevé de façonner le continent européen.

XIX. Système de la chaine principale des Alpes (depuis le Valais jusqu'en Autriche).

Les vallées de l'Isère, du Rhône, de la Saône et de la Durance, présentent deux terrains d'attérissement ou de transport très distincts l'un de l'autre, entre lesquels on observe un défaut de continuité et une variation brusque de caractères qui constituent une nouvelle interruption dans la série des dépôts de sédiment.

Les eaux qui ont transporté les matériaux du premier de ces deux terrains, lequel appartient, ainsi que je viens de le dire, à la troisième des grandes périodes tertiaires, paraissent avoir été reçues dans les lacs d'eau douce dont j'ai parlé précédemment; tandis que les matériaux du second terrain semblent avoir été entraînés violemment par des courants d'eau passagers qui se sont écoulés dans la Méditerranée. Ces derniers courants sont généralement désignés sous le nom de courants diluviens, quoiqu'ils n'aient rien de commun avec le déluge de l'histoire, et que leur passage ait eu lieu avant le séjour du genre humain sur notre continent, où ils n'ont détruit que ces animaux, aujourd'hui inconnus, que j'ai mentionnés ci-dessus. On discutera peut-être longtemps encore sur leur origine, qui pourrait avoir résulté tout simplement de la fusion des neiges des Alpes occidentales, opérée instantanément au moment du soulèvement de la chaîne principale des Alpes, et du déversement des eaux des lacs dont il vient d'être question (1) ; mais on s'accorde

(1) Je ne puis reproduire ici les développements dans les-

généralement à admettre que le passage de ces courants a suivi immédiatement la dernière dislocation des couches alpines.

En portant un coup d'œil général sur les Alpes et sur les contrées qui les avoisinent, on peut reconnaître que les crêtes de la Sainte-Baume, de Sainte-Victoire, du Leberon, du Ventoux et de la montagne du Poët, dans le midi de la France; la crête principale des Alpes qui court du Valais vers l'Autriche; la crête calcaire qui borde au nord le Valais; la crête moins haute et moins étendue, qui comprend en Suisse le mont Pilate et les deux Myten, etc., sont différents chaînons de montagnes qui, malgré leur inégalité, sont comparables entre eux, à cause de leur parallélisme et des rapports analogues qu'ils présentent avec les accidents appartenant au *Système des Alpes occidentales*. Le parallélisme, l'analogie de rapports dont je viens de parler, présentent à eux seuls de fortes raisons de croire que tous ces chaînons de montagnes ont pris naissance en même temps, et ne sont que différentes parties d'un même tout,

quels je suis souvent entré dans mes cours au sujet de cette hypothèse. On en trouvera une partie dans le *Bulletin de la Société géologique de France*, 2e série, t. IV, p. 1334 (séance du 5 juillet 1847).

d'un Système de fracture unique, opéré en un moment. On pourrait tout au plus concevoir l'idée de les diviser en deux groupes, celui de la Provence et celui des Alpes; mais on en est immédiatement détourné par les rapports analogues qu'on reconnaît entre ces diverses fractures des couches et un mouvement général que le sol d'une partie de la France a éprouvé en contractant une double pente ascendante, d'une part, de Dijon et de Bourges vers le Forez et l'Auvergne, et de l'autre, des bords de la Méditerranée vers les mêmes contrées. Ces deux pentes opposées donnent lieu par leur rencontre à une espèce de ligne de faîte qui est située précisément dans le prolongement de la ligne de soulèvement de la chaîne principale des Alpes. Cette ligne, qu'on voit se suivre ainsi d'une manière plus ou moins marquée depuis les confins de la Hongrie jusqu'en Auvergne, semble être en rapport avec les principales anomalies que les mesures géodésiques et les observations du pendule nous ont dévoilées dans la structure intérieure de notre continent. Il est probable que sa formation a donné pour ainsi dire le signal de l'élévation des cratères de soulèvement du Cantal, du Mont-Dore et du Mézenc, autour desquels se sont groupés depuis les cônes volcaniques de l'Auvergne.

Les deux pentes opposées dont nous venons de parler ne se sont produites qu'après l'existence des lacs dans lesquels s'est accumulé le terrain de transport ancien; car on peut vérifier que le fond de celui de ces deux lacs qui couvrait la Bresse et le nord-ouest du département de l'Isère, a subi un relèvement considérable du Nord vers le Midi, et que le fond du lac qui s'étendait entre Digne, Manosque et Barjols, a subi un relèvement plus considérable encore du Midi vers le Nord.

Les dépôts de transport anciens formés en couches horizontales au fond du second de ces deux lacs, sur la tranche des dépôts tertiaires déjà disloqués lors de la production du *Système des Alpes occidentales*, ont même été disloqués à leur tour près de Mézel (Basses-Alpes), dans une direction conforme à celle des petites chaînes qui sillonnent la Provence, comme le Ventoux, le Leberon, la Sainte-Baume, parallèlement à la chaîne principale des Alpes.

Le dépôt de transport diluvien n'est nulle part affecté par les dislocations du sol; partout il s'étend sur les tranches des couches disloquées, sans présenter d'autre pente que celle que le courant qui le déposait a dû lui faire prendre à son origine. Ainsi, le redressement de couches dont il s'agit a eu lieu nécessairement entre le dépôt du terrain de transport ancien et le passage des courants diluviens qui ont rayonné autour des Alpes.

Les environs de Paris et une partie du nord de la France présentent des traces du passage de puissants courants d'eau venant du sud-est, dont le déversement des eaux du lac de la Bresse, par suite de l'élévation inégale de son fond, fournit l'explication la plus simple et dont il est de même évident que les dépôts n'ont subi aucun dérangement depuis leur origine; circonstance qui, à elle seule, les distinguerait des dépôts tertiaires dans lesquels sont creusées les vallées qui les renferment. La ville de Paris est bâtie en grande partie sur ce dépôt de transport, dont l'origine violente est attestée par la grosseur des blocs qu'il renferme et dont l'ancienneté est prouvée par la découverte qu'on y a faite, près de la gare, d'un squelette d'Éléphant.

En examinant avec soin la disposition des terrains secondaires et tertiaires, depuis la Baltique jusqu'à Gibraltar et en Sicile, celle même des blocs diluviens répandus autour de la Scandinavie et dont le transport est probablement antérieur à celui du diluvium alpin, on y reconnaît de nombreuses traces du mouvement du sol dont j'ai indiqué plus haut les effets dans les Alpes et autour de leur base; mais dans un résumé aussi bref que doit l'être celui-ci, je puis à peine les indiquer.

La surface des terrains tertiaires de l'intérieur de la France, qui, dans l'origine, devait être sensiblement horizontale, va en se relevant (ainsi que l'a remarqué depuis longtemps M. d'Omalius d'Halloy) depuis les bords de la Loire jusqu'à une ligne qui, passant par Compiègne et Laon, et dirigée à peu près parallèlement à la chaîne principale des Alpes, irait traverser la contrée volcanique des bords du Rhin. Dans le voisinage de cette ligne, on voit en plusieurs points, comme à Compiègne, à Chambly, à Vigny, à Beyne, à Meudon même, la craie relever autour d'elle les dépôts tertiaires, et former au pied de leurs escarpements le fond de vallées d'élévation dans lesquelles le seul dépôt diluvien venu du S.-E. présente une position en rapport avec les lignes de niveau actuelles. Les sources thermales du nord de l'Allemagne et de la Bohême, ainsi que les cimes basaltiques de l'Erzgebirge, reposant sur des lignites dont la position élevée indique un soulèvement récent, se trouvent dans le prolongement oriental de cette zone.

Depuis l'entrée de la Manche jusqu'à Memel en Prusse, la direction dominante des rivages dont les falaises sont formées indifféremment pour toutes les couches de sédiment, et même près de Brighton par un dépôt meuble qui contient des restes d'Eléphants, est sensiblement parallèle à la direction de la chaîne principale des Alpes. La grande hauteur à laquelle le dépôt du Crag a été observé sur les falaises situées au sud de l'embouchure de la Tamise, prouve d'ailleurs qu'à l'époque dont je m'occupe en ce moment, le sol du midi de l'Angleterre a subi, comme celui du nord de la France, des mouvements considérables qui se sont superposés à ceux qui ont accompagné la formation du *Système du Tatra*.

Le S.-O. de la France et l'Espagne ont éprouvé, à la même époque, des mouvements beaucoup plus considérables encore. Des masses d'ophites sans nombre perçant le sol de toutes parts y ont relevé autour d'elles tous les dépôts de sédiment, y compris même le sable des landes, qui appartient, comme le crag supérieur et le limon caillouteux de la Bresse, à la troisième période tertiaire. Ces ophites, dont M. Dufrénoy a montré depuis longtemps que le soulèvement est indépendant de celui de la masse des Pyrénées, se sont souvent alignées par files qui suivent les directions de toutes les *anciennes fractures*, *de tous les clivages* plus ou moins oblitérés que présentait le sol qu'elles avaient à percer ; mais, considérées dans leur ensemble, ces masses d'ophites, les masses de dolomie, de gypse et de sel gemme, les sources salées ou thermales qui forment en quelque sorte leur cortége, sont disposées par bandes qui, prenant naissance au milieu des Corbières et des plaines ondulées de la Gascogne, s'enfoncent en Espagne parallèlement à la direction prolongée des lignes de fractures récentes qui traversent la Provence. Les dépôts tertiaires, qui forment en partie la surface de la Vieille-Castille et peut-être celle de la Nouvelle (d'après les observations de M. Le Play), attestent l'élévation récente du sol de l'Espagne; et la direction générale des lignes de faîte et des grands cours d'eau, tels que le Douro, le Tage, la Guadiana, le Guadalquivir, étend à la péninsule entière l'empreinte de l'époque des ophites.

Le sud de l'Italie, la Sicile et les îles qui l'entourent présentent de même un grand nombre d'accidents topographiques parallèles à la direction de la chaîne principale des Alpes, au nombre desquels on peut citer surtout la chaîne qui, traversant le royaume de Naples, aboutit aux montagnes calcaires de Sorente, entre le golfe de Naples et celui de Salerne et à l'île de Capri, la chaîne volcanique des champs phlégréens, la chaîne des îles de Lipari, etc. M. Christie a constaté que la grande chaîne qui borde la côte septentrionale de la Sicile, et qui est le plus important de ces accidents, doit son relief actuel à un soulèvement opéré, comme celui de la chaîne principale des Alpes, à la fin de la période pendant laquelle les Eléphants, les Hippopotames et les autres animaux caractéristiques de la troisième période tertiaire, habitaient le sol de l'Europe (voyez *Annales des sciences naturelles*, tom. XXV, pag. 164). L'Atlas, ainsi que nous le verrons bientôt, appartient à cette vaste série d'accidents stratigraphiques et orographiques qui entoure presque de toutes parts le bassin occidental de la Méditerranée, et à laquelle se rapporte la chaîne, en partie sous-marine, des îles Baléares.

Le *Système de la chaîne principale des Alpes* a sillonné plus largement qu'aucun autre l'Europe méridionale et une grande partie des rivages de la Méditerranée. Agissant sur un sol déjà fortement accidenté, il a produit des accidents orographiques d'une forme grossière et souvent discontinue, mais dont les directions générales concordent entre elles, ainsi qu'on va le voir par des chiffres, avec une étonnante régularité.

A diverses époques et à différents endroits j'ai indiqué en termes divers la direction des accidents stratigraphiques et orographiques du *Système de la chaîne principale des Alpes ;* mais les différentes manières dont je me suis exprimé suivant les accidents que j'avais particulièrement en vue concordent très sensiblement entre elles.

J'ai dit, par exemple, comme ci-dessus, p. 537, que la direction générale de la chaîne principale des Alpes court de l'O. $\frac{1}{4}$ S.-O. à l'E. $\frac{1}{4}$ N.-E., c'est-à-dire de l'O. 11° 15' S. à l'E. 11° 15' N. Cette direction peut être rapportée au milieu de la longueur de la chaîne qui tombe à 40' environ au nord de Trente en Tyrol, par 46° 43' 59'' de lat. N. et 8° 44' 37'' de long. E. de Paris. Transportée à la cime du Mont-Blanc (lat. 45° 49' 59'' N., long. 4° 31' 45'' E. de Paris) cette direction devient E. 14° 18' 20'' N. J'ai indiqué aussi la direction E. 13° N.

Celle-ci se rapporte au massif du Saint-Gothard (lat. 46° 32′ 1″ N., long. 6° 11′ 8″ E. de Paris); transportée au Mont-Blanc, elle devient E. 14° 12′ 3″ N. Enfin, j'ai donné la direction E. 16° N. qui représente surtout les observations que j'ai faites en Provence. Elle peut être rapportée à Marseille (lat. 43° 17′ 50″ N., long. 3° 1′ 54″ E. de Paris); transportée au Mont-Blanc, elle devient E. 14° 56′ 39″ N. On voit que ces trois directions transportées au même point concordent pour les degrés et ne diffèrent que dans les minutes: leur moyenne, qui est E. 14° 28′ 34″ N., représente, je crois, aussi bien que possible, pour la cime du Mont-Blanc, l'ensemble des observations et des tâtonnements graphiques par lesquels j'ai cherché depuis longtemps à déterminer la direction du *Système de la chaîne principale des Alpes*.

D'après mes seules observations j'assignerais cette orientation au grand cercle de comparaison du système, si je croyais devoir le faire passer par la cime du Mont-Blanc, ainsi qu'on pourrait en être tenté au premier abord. Mais je crois qu'en le plaçant ainsi on le placerait trop au nord. On laisserait au sud tous les accidents des bords de la Méditerranée, ainsi que l'Atlas;

on ne laisserait au nord que les petits accidents que j'ai signalés dans le nord de la France. Il me paraît infiniment préférable de placer le *grand cercle de comparaison provisoire* du Système dans une position moyenne entre la chaîne principale des Alpes et l'Atlas, et de faire concourir à sa détermination la direction de l'Atlas, aussi bien que celle de la chaîne principale des Alpes.

M. Émilien Renou a fait voir, dans un travail extrêmement remarquable, que je transcrirai plus loin, que l'arc du grand cercle le plus propre à représenter la direction de l'Atlas coupe le méridien de Paris en un point I situé par 35° 10′ 46″ de lat. N., et qu'il est orienté en ce point vers l'E. 17° 55′ 3″ N.

En résolvant le triangle sphérique dont le point I, le pôle boréal et la cime du Mont-Blanc forment les trois sommets, je trouve que l'arc du grand cercle, mené du point I à la cime du Mont-Blanc, forme au point I, avec le méridien de Paris, un angle de 16° 28′ 5″, à la cime du Mont-Blanc, avec le méridien du Mont-Blanc un angle de 160° 34′ 35″ (dont le supplément est de 19° 25′ 25″) et qu'il a une longueur de 11° 11′ 24″.

Le milieu M de cet arc est situé à 5°

35′ 42″ de chacune de ses deux extrémités. En résolvant un nouveau triangle, je trouve qu'il est situé par 1° 52′ 16″ de long. E. et par 40° 31′ 38″ de lat. N., et qu'en ce même point, l'arc I, Mont-Blanc, coupe le méridien sous un angle de 162° 24′ 6″ (dont le supplément est de 17° 35′ 54″).

Je prends le point M, milieu de l'arc I, Mont-Blanc, pour le point de départ *du grand cercle de comparaison provisoire* du système de la chaîne principale des Alpes, et par la résolution de deux triangles sphériques rectangles, je détermine de deux manières différentes l'orientation de ce grand cercle, c'est-à-dire de manière qu'il coupe perpendiculairement soit le grand cercle mené par le Mont-Blanc perpendiculairement à la direction du *Système de la chaîne principale des Alpes* déterminée pour ce point, soit le grand cercle mené par le point I perpendiculairement à la direction de l'Atlas. La première solution me donne un arc formant au point M un angle de 56° 13′ 36″ avec l'arc I, Mont-Blanc; la seconde, un arc formant avec l'arc I, Mont-Blanc, un angle de 55° 44′ 3″. La différence entre ces deux solutions, dont l'une résume en quelque sorte les observations faites en Europe, et l'autre les observations faites en Afrique, est de 29′ 33″ seulement, c'est-à-dire de *moins d'un demi-degré*. On peut la considérer comme négligeable, et prendre pour *grand cercle de comparaison provisoire* un arc formant au point M, avec l'arc I, Mont-Blanc, un angle de 55° 58′ 49″ qui est la moyenne des deux autres.

Au point M, l'arc I, Mont-Blanc, fait lui-même avec le méridien un angle de 17° 35′ 54″ : par conséquent le *grand cercle de comparaison provisoire du système de la chaîne principale des Alpes* est orienté en ce même point M vers le N. 73° 34′ 43″ E, ou vers l'E. 16° 25′ 17″ N.

Le point M situé, comme nous l'avons vu ci-dessus, par 40° 31′ 38″ de lat. N. et par 1° 52′ 16″ de long. E. de Paris, tombe dans la Méditerranée un peu au nord (à 12 lieues environ) de l'île de Minorque. Le grand cercle de comparaison partant de ce point est facile à tracer. On trouve d'abord par la résolution d'un triangle sphérique rectangle qu'il coupe perpendiculairement, par 43° 11′ 23″ de lat. N., le méridien situé à 26° 16′ 4″ à l'est de Paris. Le point d'intersection N tombe dans la mer Noire, au S.-E. du cap Gülgrad, à l'extrémité septentrionale du golfe de Varna.

Notre grand cercle n'est alors autre chose

que la perpendiculaire à la méridienne du point N, et on peut en déterminer autant de points qu'on voudra, en résolvant pour chacun d'eux un simple triangle rectangle, ainsi que nous l'avons déjà fait ci-dessus, p. 296, pour la perpendiculaire à la méridienne de Rothenburg.

On trouve ainsi que notre grand cercle de comparaison coupe le méridien de Cordoue en Espagne (7° 10′ à l'ouest de Paris) par 38° 4′ 28″ de lat. N. avec l'orientation E. 22° 9′ 15 N.

Le méridien de Tiflis en Géorgie (long. 42° 30′ 16″ E. de Paris) par 42° 1′ 40″ de lat. N. avec l'orientation E. 11° 1′ 53″ S.;

Le méridien de Simla, dans le nord de l'Inde (long. 74° 49′ 5″ E. de Paris), par 31° 51′ 25″ de lat. N. avec l'orientation E. 30° 51′ 49″ S.

Le méridien situé à 100° du méridien de Paris, dans le royaume de Siam, par 14° 43′ 59″ de lat. N. avec l'orientation E. 41° 4′ 21″ S.

Nous appliquerons successivement ces différents résultats.

Au moyen de celui obtenu pour le méridien de Cordoue et de la position trouvée pour le point M au nord de l'île de Minorque, on peut aisément construire sur une carte d'Espagne quelconque *le grand cercle de comparaison du Système de la chaîne principale des Alpes*. On voit qu'il coupe la côte orientale de l'Espagne un peu au sud de Valence, vers le nord de la grande lagune d'Albuféra et la côte méridionale du Portugal près de Faro, entre le cap Santa-Maria et le cap Saint-Vincent, qu'il laisse à 20 ou 25 kilomètres au nord.

Il présente un parallélisme général avec le cours des grandes rivières d'Espagne, le Guadalquivir, le Guadiana, le Tage, le Douro, le Minho (l'Ebre fait exception). Il est également parallèle à *une partie* des traits orographiques principaux de la Sierra-Morena et des montagnes des Algarves, de la chaîne des monts de Tolède et de la Sierra de Guadalupe, au sud du Tage, de la longue chaîne qui s'étend au nord du même fleuve, des montagnes de Guadarama vers Lisbonne, à quelques uns des traits principaux de la Sierra-Nevada du royaume de Grenade, et de la chaîne en partie sous-marine des îles Baléares.

Plus au sud, l'Atlas, ainsi que nous le verrons bientôt, lui est également parallèle.

Prolongé à l'est vers le point N de la mer Noire, où il coupe perpendiculairement le méridien, notre grand cercle de comparaison passe un peu au nord de Bonifacio (en Corse), un peu au nord de Rome, un peu au sud de Raguse; ce qui conduit à remarquer que le canal de Bonifacio entre la Sardaigne et la Corse est à peu près dans le prolongement de la chute rapide qui termine au nord les îles Baléares, et que les montagnes volcaniques d'Albano, au sud-ouest de Rome, les petites îles Trémiti, Pianosa et Pelagosa, qui semblent couronner un bas-fond transversal dans l'Adriatique et le mont Gargano, qui y forme un appendice si remarquable de la côte d'Italie, sont tous très sensiblement dans le prolongement de la chaîne des Baléares et de la Sierra-Nevada, de même que la chaîne septentrionale de la Sicile est dans le prolongement de l'atlas et l'îlot d'Alboran, dans le prolongement virtuel de la chaîne des champs phlégréens.

Notre grand cercle de comparaison va longer plus à l'est le pied septentrional de la chaîne du Balkan, parallèlement à la crête de la partie orientale qui s'avance vers Varna. J'ai admis ci-dessus, p. 485, avec M. Viquesnel, et d'après M. Boué, que le *Système du Tatra et du Rilo-Dagh* a joué un rôle considérable dans la formation de l'Hœmus, auquel se rattache le Balkan proprement dit; mais cela n'exclut pas l'idée que le *Système de la chaîne principale des Alpes* y ait aussi exercé son influence. Les deux Systèmes peuvent s'y être superposés comme dans les Alpes de la Styrie et de l'Autriche.

Prolongé au delà de la mer Noire, le *grand cercle de comparaison du Système de la chaîne principale des Alpes* coupe le méridien de Tiflis, ainsi que nous l'avons déjà vu, par 42° 1′ 40″ de lat. N., avec l'orientation E. 11° 1′ 53″ S. Construit d'après ces données sur la belle *Carte générale géologique* du Caucase, par M. Frédéric Dubois de Montpereux, il traverse dans leur longueur la Colchide et le bassin du Karthli, en dessinant très exactement le pied méridional du Caucase central, qui relie, comme un énorme *trait-d'union*, les deux grands chaînons pyrénéens du Caucase occidental et du Caucase oriental, et sur lequel s'élèvent les cimes du Kasbek, du Pasinta, du Djoumantau.

La ligne qui joint le Djoumantau au Kasbek, en laissant le Pasinta un peu au sud, est dirigée vers l'E. 12° 45′ S. Elle forme avec l'orientation du *Système de la chaîne principale des Alpes* un angle de moins de 2 degrés, si toutefois on peut répondre aujourd'hui de cette quantité dans les azimuths réciproques des cimes du Caucase! Cette ligne du Djoumantau au Kasbek laisse au Nord le colosse de l'Elbruz placé comme le Mont-Blanc dans un vaste cratère de soulèvement (*Voy.* ci-dessus, p. 539), mais situé comme le cirque de la Bérarde dans une position un peu excentrique. Elle est parallèle à beaucoup de traits orographiques et stratigraphiques remarquables de la partie centrale du Caucase, et elle n'est éloignée de notre grand cercle de comparaison que de 70 à 80 kilomètres.

Le *grand cercle de comparaison du Système de chaîne principale des Alpes* n'est pas seulement parallèle à la *chaîne principale du Caucase;* d'après la carte de M. Dubois, il côtoye parallèlement le vaste amphithéâtre volcanique d'Akhaltzikhé, couronné au loin vers le Sud par le mont Pembal, le mont Alaghe et par le vénérable massif de l'Ararat.

Prolongé plus loin encore vers l'orient, le *grand cercle de comparaison de la chaîne principale des Alpes* coupe, ainsi qu'on l'a vu plus haut, le méridien de Simla, dans le nord de l'Inde, par 31° 51′ 25″ de lat. N. avec l'orientation E. 30° 51′ 49″ S. Construit d'après ces données sur une carte de l'Inde, il suit avec une étonnante fidélité le pied méridional de la crête neigeuse de l'Himalaya, et il passe à 30 ou 40 kilomètres seulement au sud de la cime colossale du Dhavalagiri. Il est sensiblement parallèle à la ligne des collines sub-hymalayennes formées par les couches redressées des dépôts tertiaires où MM. Falconer et Cautley ont trouvé le sivatherium, le colossochelys, et tant d'autres débris d'une Faune des plus modernes.

Ainsi, le *grand cercle de comparaison* que nous avions choisi pour représenter simplement l'ensemble des chaînons du *Système de la chaîne principale des Alpes* observés en Europe, représente plus heureusement encore les chaînes les plus élevées et les plus modernes de l'Asie.

Il résulte des données mêmes consignées ci-dessus qu'un grand cercle, passant par la cime du Dhawalagiri et par la cime du Kasbek ou du Pasiata, aboutirait à peu de distance du cap Saint-Vincent, extrémité des montagnes des Algarves et *pointe S.-O. de l'Europe*. On déterminerait aisément un grand cercle qui passerait à moins de 25 kilomètres (5 ou 6 lieues) des cimes du Dhawalgiri et du Kasbek, et du cap Saint-Vincent; et ce grand cercle ne différerait du grand cercle de comparaison que le calcul nous a donné que d'une quantité insignifiante, et dont il est presque toujours impossible de répondre dans une détermination de ce genre. Tous les accidents stratigraphiques et orographiques que nous avons rapportés au *Système de la chaîne principale des Alpes* s'y rattacheraient avec une exactitude et une symétrie étonnantes, bien propres à montrer que le hasard n'a pas seul présidé à la distribution des chaînes de montagnes sur la surface du globe.

Peut-être sera-t-on conduit un jour à prendre ce grand cercle, si remarquablement jalonné, pour *grand cercle de comparaison du Système de la chaîne principale des Alpes*. Mais n'ayant pas les latitudes et les longitudes précises du Dhawalagiri et du Kasbek, je préfère m'en tenir au *grand cercle de comparaison provisoire*, dont j'ai calculé la position par les seules données que nous ont fournies l'Europe et le nord de l'Afrique.

Revenant au point de départ, je ferai remarquer qu'une parallèle menée par la cime du Mont-Blanc au grand cercle de comparaison, que nous avons adopté, serait orientée en ce point vers l'E. 14° 43' 20'' N. à peu près. C'est là l'orientation qui, pour la cime du Mont-Blanc, résumerait le plus exactement possible toutes les observations que nous avons combinées, ou du moins celle qui représenterait le *grand cercle de comparaison provisoire*, que nous avons adopté pour le système de la chaîne principale des Alpes.

Nous avons vu précédemment (p. 547) qu'à la cime du Mont-Blanc l'orientation de Cassini forme un angle de 3° 15′ 7″ avec l'orientation astronomique. Il en résulte qu'à la cime du Mont-Blanc l'orientation du *Système de la chaîne principale des Alpes* est vers l'E. 17° 58′ 27″ N. de Cassini. Cette orientation peut être employée sur la projection de Cassini pour une partie considérable de la France.

J'ai dit ci-dessus (p. 497) que la direction du *Système de la chaine principale des Alpes* est représentée dans le Jura par une ligne tirée de Salins à Baden, sur la Limmat, ligne qui est sensiblement parallèle à une série d'accidents stratigraphiques assez remarquables. En effet, cette ligne est orientée vers l'E. 20° 45′ N. de Cassini, et d'après ce que nous venons de voir, elle ne forme avec la direction rigoureuse du système de la chaîne principale des Alpes qu'un angle de 2° 46′ 33″.

Une circonstance assez particulière, c'est

qu'elle s'éloigne de la ligne E.-O. de 2° 46' 33" de plus que ne le fait la direction normale du système, et qu'en cela elle se trouve dans le même cas que la direction de la chaîne de Lomont comparée à la direction normale du *Système du Tatra*. La direction du Lomont, ainsi que nous l'avons vu (p. 493), s'éloigne de la ligne E.-O. de 3° 40' de plus que ne fait la direction normale du *Système du Tatra*. Mais d'après ce qui a été remarqué subséquemment, p. 517, cet écart pourrait être susceptible de diminution par une légère modification dans la position et l'orientation du grand cercle de comparaison du *Système du Tatra*. Peut-être trouvera-t-on un jour que les deux systèmes éprouvent dans cette partie du Jura des déviations à peu près égales, et dirigées dans le même sens. C'est un fait comparable à celui que j'ai signalé (p. 331) relativement au système du Finistère, dans les pointes des contrées celtiques. Un jour, la cause de ces déviations deviendra un sujet de recherches curieux. Aujourd'hui je me borne à faire remarquer qu'elles sont fort petites. Dans le Jura, elles ne sont que de 3° à 4°.

Une parallèle au *grand cercle de comparaison de la chaîne principale des Alpes*, menée par le Binger Loch, se dirige en ce point vers l'E., 14° 11' 13" N. Nous avons vu ci-dessus que l'orientation du système du Finistère est pour ce même point E. 11° 35' N. ; la différence est de 2° 36 14" seulement. Ainsi, le système de la chaîne principale des Alpes reproduit à 2° 1/2 près environ la direction du *Système du Finistère.*

XX. SYSTÈME DU TÉNARE, DE L'ETNA ET DU VÉSUVE.

MM. Boblaye et Virlet ont distingué en Grèce deux systèmes d'accidents stratigraphiques et orographiques dirigés à peu près N. S. : l'un, dirigé N., quelques degrés E., se rapporte au *Système des îles de Corse et de Sardaigne*; l'autre, plus moderne, et postérieur aux parties les plus récentes du terrain sub-apennin, est dirigé au N. 4° à 5° O. De grandes failles qui s'observent dans les montagnes de la Laconie et dans ce prolongement du Taygète appelé le Magne, qui se terminent au cap Matapan, au *cap Ténare*, pointe méridionale de la Morée, peuvent en être considérées comme le type principal (1). Ce système de dislocations,

(1) Boblaye et Virlet, *Expédition scientifique de la Morée*, t. II, 2e partie, p. 33.

auquel j'ai conservé le nom de *Système de Ténare*, m'a paru se retrouver en beaucoup d'autres points de l'Europe.

L'Etna, Stromboli, Vulcano, le Vésuve sont aujourd'hui des foyers volcaniques complétement distincts, dont les éruptions sont indépendantes les unes des autres, et dont les produits sont en partie différents; mais rien ne prouve que l'origine première de ces évents volcaniques ne remonte pas à une même commotion de l'écorce terrestre. Cette dernière supposition peut au contraire paraître assez probable, lorsqu'on observe que la ligne qui joint la cime de l'Etna à celle du Vésuve passe exactement par Lipari, nœud central des îles volcaniques de ce nom, qu'elle rase le bord occidental du massif encore actif du Vulcano, et qu'elle laisse à une petite distance vers l'est le volcan sans cesse agissant de Stromboli; que dans le massif même de l'Etna, cette ligne (à peu près parallèle à la ligne tirée de Randazzo à Misterbianco) renferme à la fois le plus grand diamètre de la base totale de l'Etna et la plus grande longueur du *Piano del Lago*, qui en couronne la gibbosité centrale; lorsqu'on remarque, de plus, que cette ligne, qui, d'une part, aboutit à peu près au cap Passaro, va passer de l'autre près de la Majella, l'une des cimes les plus élevées des Abbruzes, près de la saillie que forme à Ancône la côte des États romains, raser plus loin la côte de l'Istrie et aboutir en Bohême aux environs d'Eger, où se présente dans un isolement si singulier le petit cône de scories du *Kammer-Bühl*; que cette même ligne, qui est parallèle à la direction générale de la vallée du Tibre depuis sa source jusqu'à Rome, et qui constitue une des lignes remarquables de la carte d'Italie, est parallèle en même temps à la zone thermale, qui renferme en Toscane les Lagoni et les Soffioni, la solfatare de Pereta, devenue si intéressante par les recherches de M. Coquand, et d'autres évents remarquables, et aux failles qui affectent dans son voisinage, d'après les observations de M. de Collegno, les terrains tertiaires les plus récents; lorsqu'on remarque enfin que cette ligne est également parallèle à la zone d'évents volcaniques modernes, quoique aujourd'hui éteints, que M. le général Albert de la Marmora a observée en Sardaigne.

En résolvant le triangle sphérique très aigu qui a pour sommets l'Etna, le Vésuve et le pôle boréal, on trouve que l'arc de grand cercle qui joint la cime de l'Etna

(lat. 37° 45' 40'' N., long. 12° 41' 10'' E. de Paris) à la cime du Vésuve (lat. 40° 49' 24'' N., long. 12° 5' 27'' E. de Paris) est orienté à l'Etna vers le N. 8° 20' 43'' O. Or, si par la cime de l'Etna on mène une parallèle au *grand cercle de comparaison du Système de la chaîne principale des Alpes*, on la trouve orientée à l'E. 9° 18' 39'' N., l'arc qui joint l'Etna au Vésuve lui est perpendiculaire à moins d'un degré près (57' 56''), et, par conséquent, cet arc de grand cercle a une orientation qui conviendrait très naturellement à un Système d'accidents stratigraphiques qui se serait produit immédiatement après le *Système de la chaîne principale des Alpes*.

M. Renou, en considérant directement, dans le travail que j'ai déjà cité, l'arc du grand cercle qui joint le Pic de Ténériffe à l'Etna, trouve qu'il est orienté à l'Etna vers l'E. 10° 21' 45'' N.; l'arc qui joint l'Etna au Vésuve lui est perpendiculaire à 2° 1' 2'' près. J'ai signalé depuis plusieurs années dans mes leçons cette particularité curieuse du gisement de l'Etna, ainsi que M. L. Frapolli a bien voulu le rappeler (1) dans

(1) *Bulletin de la Société géolog. de France*, 2e série, t. IV, p. 624 (séance du 19 avril 1847).

son intéressant mémoire sur le *Caractère géologique*.

Une parallèle à l'arc qui joint l'Etna au Vésuve, menée par le cap Matapan ou *Ténare* (lat. 36° 22′ 58″ N., long. 20° 8′ 53″ E. de Paris), se dirige au N. 3° 55′ 5″ O. Elle s'éloigne à peine d'une quantité sensible de la direction N. 4 à 5° O. assignée par MM. Boblaye et Virlet aux failles du *Système du Ténare*.

D'après tous ces faits, je suis porté à admettre que tous les accidents stratigraphiques, orographiques et physiques dont je viens de parler appartiennent à un même Système que je propose de nommer *Système du Ténare, de l'Etna et du Vésuve*, et j'adopte pour *grand cercle de comparaison provisoire* de ce Système l'arc qui joint l'Etna au Vésuve, et qui est orienté à la cime de l'Etna vers le N. 8° 20′ 43″ O.

L'activité conservée par les volcans de l'Italie atteste assez que ce Système doit être extrêmement moderne, et la structure même de l'Etna confirme cette supposition.

J'ai annoncé ailleurs (1) que « les filons par lesquels se sont épanchés les laves an-

(1) Recherches sur la structure et sur l'origine du mont Etna. (*Annales des mines*, 3e série, t. X, p. 361; et *Mémoires pour servir à la description géologique de la France*, t. IV, 134.

ciennes de l'Etna » ne se dirigent pas entièrement au hasard ; mais qu'au milieu des oscillations que présentent leurs directions, on remarque une tendance à courir vers l'E.-N.-E. » Leur direction tend par conséquent à se rapprocher de celle du *Système de la chaîne principale des Alpes*, et l'on peut admettre qu'ils ont donné issue aux laves anciennes après la formation de ce Système. Dès lors, le soulèvement de la gibbosité centrale de l'Etna doit être plus moderne que la formation de ce même Système. Dans cette manière de voir, l'épanchement des laves anciennes de l'Etna serait en quelque sorte la continuation du phénomène de l'éruption des ophites, qui a accompagné la formation du *Système de la chaîne principale des Alpes*; et la liaison si justement signalée par M. de Buch, dans une direction O. un peu S., entre le massif de l'Etna et le gisement des gypses et des soufres de la Sicile, rentrerait dans la liaison signalée par M. Dufrénoy entre les ophites, les gypses et les masses de sel gemme fréquemment accompagnés de soufre ; rapprochement qui me paraît avoir lui-même un grand caractère de vraisemblance.

Il est d'ailleurs un autre fait qui conduit à la même conclusion. Les cratères de soulèvement du Cantal et du mont Dore ont leurs lignes de déchirement élargies sous forme de vallées divergentes, ce qu'il est naturel d'attribuer au passage des courants diluviens, et, en général, aux phénomènes qui ont produit le dernier terrain erratique. Mais les fissures de déchirement de la Somma (cratère du soulèvement du Vésuve) et de la gibbosité centrale de l'Etna n'ont pas été converties en vallées. Elles sont, au contraire, obstruées par les éboulements et difficiles à observer; ce qui prouve que le soulèvement de ces massifs est postérieur au dernier terrain erratique, au soulèvement du Cantal et du mont Dore, et à celui de la chaîne principale des Alpes.

Je présume qu'on doit rapporter au *Système du Ténare, de l'Etna et du Vésuve*, l'élévation de certains terrains coquilliers très récents des bords de la Méditerranée (*Post pliocènes, Quaternaires*), tels que celui de la presqu'île de Saint-Hospice, près de Nice, ceux des côtes de l'Algérie, et celui des environs de Cagliari, en Sardaigne, dans lequel M. le général Albert de la Marmora a signalé des *débris de l'industrie humaine*.

C'est pour moi un devoir et un véritable plaisir de rappeler ici que mon savant collègue, M. H. de Villeneuve, ingénieur des mines, a signalé depuis plus de quinze ans, dans les montagnes des environs de Toulon, des lignes de fracture orientées vers le N.-N.-O. à peu près, qu'il a considérées comme extrêmement modernes et comme devant être assimilées pour leur âge au *Système des Andes* dont je parlerai à la fin de ce travail.

Une parallèle au *grand cercle de comparaison du Système du Ténare*, menée par le centre du Forez (lat. 45° 51′ N., long. 1°, 24′ E. de Paris), y est orientée vers le N. 16° 28′ O. Elle forme un angle de 1° 28′ seulement avec le *grand cercle de comparaison du Système du Forez*, orienté en ce même point au N. 15° O. Cette ligne est sensiblement parallèle à une partie des alignements que MM. Amédée Burat et Rozet ont signalés dans les volcans éteints de l'Auvergne. C'est un rapport de plus entre ces volcans et ceux de l'Italie. Les cratères de soulèvement du mont Dore et du Cantal sont plus anciens, comme je l'ai rappelé ci-dessus, que ceux du Vésuve et de l'Etna ; mais entre leur soulèvement et l'apparition des puys de scories, il s'est écoulé une période géologique fort longue peut-être, pendant laquelle ont été creusées les nombreuses vallées où les laves modernes se sont ensuite répandues. Or il serait très naturel de supposer que la première apparition de ces laves et des puys de scories date de l'apparition du *Système du Ténare*, c'est-à-dire de l'époque du soulèvement des massifs de l'Etna et du Vésuve.

Il existe aussi de petits volcans modernes en Catalogne, près d'Olot et de Castel-Follit. M. de Billy les a décrits dans un mémoire spécial (1).

Une parallèle au *grand cercle de comparaison du Système du Ténare de l'Etna et du Vésuve*, menée par Olot (lat. 42° 11′ 5″ N., long. 0° 9′ 27″ E. de Paris) y est orientée au N. 17° 3′ 38″ O.

Le prolongement de cette ligne passe, en Angleterre, à une très petite distance de la source thermale de Bath, puis entre l'Écosse et l'Irlande, en laissant à droite l'île de Staffa, et à gauche la chaussée des Géants. Elle laisse aussi un peu à droite les îles Fœroe, et elle va traverser la partie N.-E. de l'Islande, en passant à peu de distance du volcan actif de Krabla, de la solfatare de Myvatn et du petit Geyser. Une autre parallèle au même cercle menée par la belle source thermale de Dax (Landes) passerait également à quelques lieues seulement, et

(1) *Annales des mines*, 2e série, t. IV, p. 181.

toujours un peu à l'ouest de l'Heckla et du grand Geyser.

Une nouvelle parallèle à notre grand cercle de comparaison, menée par le puy de Parion, près de Clermont traverserait la partie orientale de l'Archipel des Fœroe. Une autre menée par le lac de Laach passerait très près, mais à quelques lieues à l'O. du cône volcanique de l'île de Jean Mayen, au N.-E. de l'Islande, tandis qu'une troisième menée par Weisbaden, et prolongée au sud, passerait presque exactement par les Lagoni de la Toscane, en les laissant cependant un peu à l'E. Nous avons déjà remarqué que le prolongement de la ligne qui joint l'Etna au Vésuve passe très près du Kammerbühl, près d'Éger, en Bohême.

Tout en faisant la part du hasard dans cet ensemble de rencontres, il semble qu'on peut y voir un indice d'une certaine liaison stratigraphique entre les foyers volcaniques du sud, du centre et du nord de l'Europe; si les foyers volcaniques anciens y concourent en même temps que les foyers volcaniques les plus modernes, cela peut tenir à une récurrence de la même direction à deux époques différentes, fait dont j'ai déjà cité plusieurs exemples remarquables. On peut ajouter que, si, au lieu de prendre pour *grand cercle de comparaison du Système du Ténare* l'arc qui joint l'Etna au Vésuve, j'avais pris un grand cercle mené par l'Etna perpendiculairement à la direction du *Système de la chaîne principale des Alpes*, toutes les rencontres approximatives que j'ai signalées seraient devenues plus approximatives encore et presque rigoureusement exactes, et la coïncidence avec l'orientation adoptée par MM. Boblaye et Virlet aurait été elle-même encore plus exacte.

Ces dernières remarques pourront conduire plus tard à modifier légèrement l'orientation que j'ai assignée provisoirement au *grand cercle de comparaison du Système du Ténare*. Elles tendent à confirmer l'exactitude de celle que j'ai assignée au *grand cercle de comparaison du Système de la chaîne principale des Alpes*.

Prolongé indéfiniment à ses deux extrémités, l'arc qui joint l'Etna au Vésuve, et que nous avons pris pour *grand cercle de comparaison provisoire du Système du Ténare*, rencontrerait presque uniquement des mers et des pays inexplorés.

Son prolongement méridional traverserait l'Afrique dans sa plus grande longueur et dans ses parties les plus inconnues, mais parallèlement à la longue falaise des côtes du Congo qui s'étend presque en ligne droite sur une étendue de plus de mille lieues, de l'île de Fernando-Po au cap de Bonne-Espérance.

Son prolongement septentrional, laissant le pôle sur la droite, traverserait le bord de la calotte de glace qui l'entoure, et en sortirait dans l'Amérique russe entre les volcans de la presqu'île Alaska et ceux du mont Saint-Élie et du pic du Beau-Temps. Dans cette partie, il serait coupé à peu près à angle droit par la direction générale du *Système des Andes* dont nous nous occuperons à la fin de ce volume.

Nous avons vu, il y a un instant, que l'orientation du *Système du Ténare* ne diffère que de 1° 28′ de celle du *Système du Forez*. Une parallèle au grand cercle de comparaison du *Système du Ténare*, menée par Vannes (lat. 47° 39′ 31″ N., long. 5° 5′ 41″ O. de Paris), y est orientée au N. 21° 10′ O.; mais à Vannes, d'après M. Rivière, le *Système de la Vendée* se dirige au N. 22° 30′ O. La différence est de 1° 20 seulement. Elle est presque la même que pour le *Système du Forez*; seulement elle est en sens inverse : ainsi l'orientation du *Système du Ténare* divise en deux parties presque exactement égales l'angle de 2° 48' que forment entre elles les directions du *Système de la Vendée* et du *Système du Forez*.

Nous avons déjà vu que le *Système des Alpes occidentales* et le *Système de la chaîne principale des Alpes* reproduisent aussi presque exactement les directions du *Système de Longmynd* et du *Système du Finistère*, et j'avais eu plusieurs autres occasions de citer des *récurrences* du même genre. Mais ce qu'il y a ici de particulier, c'est que les directions de nos trois systèmes les plus modernes ont reproduit celles de nos trois systèmes les plus anciens, et les ont reproduites *dans un ordre chronologique inverse*. Il semble que la nature ait repris *à rebours* les termes les plus anciens de la série.

Nous avons vu aussi que la direction du *Système du Ténare* est perpendiculaire, à moins d'un degré près, à celle du *Système de la chaîne principale des Alpes*.

Je reviendrai sur ces conditions de parallélisme et de perpendicularité à la fin de ce volume, lorsque nous aurons jeté un coup d'œil sur les Systèmes de montagnes qui ne traversent pas notre Europe occidentale.

REMARQUES GÉNÉRALES.

PROLONGATIONS DES SYSTÈMES DE MONTAGNES DE L'EUROPE OCCIDENTALE DANS LES AUTRES PARTIES DU MONDE ; SYSTÈMES QUI NE TRAVERSENT PAS L'EUROPE.

Dès l'origine de mes études en ce genre, je me suis occupé de suivre dans les autres parties du monde les *Systèmes de montagnes européens* et de constater l'existence de systèmes qui ne traversent pas l'Europe. J'ai consigné dans la traduction française du *Manuel géologique* de M. de la Bèche et dans le 3e volume du *Traité de géognosie* de M. Daubuisson, continué par M. Amédée Burat, un résumé très abrégé de mes premières recherches à cet égard, que je reproduis d'abord ici.

Si l'on considère avec soin, sur un globe terrestre d'une dimension suffisante et d'une exécution soignée, les différents Systèmes de montagnes les plus proéminents et les plus récents qui sillonnent la surface de l'Europe, on peut remarquer que chacun d'eux fait partie d'un vaste système de chaînes parallèles, qui s'étend bien au delà des contrées dont la structure géologique nous est connue. Mais, comme dans toutes les portions de chacun de ces systèmes qui sont situées dans les parties bien observées de l'Europe, on a reconnu de proche en proche que les chaînons parallèles sont en général contemporains, on n'a aucune raison pour supposer que cette loi, vérifiée sur de si nombreux exemples, dût s'interrompre brusquement, si l'on en poussait la vérification plus loin encore. Il est donc naturel de croire, jusqu'à ce que des observations directes aient montré le contraire, que chacun de ces vastes systèmes, dont les systèmes européens sont respectivement des portions, doit son origine à une seule époque de dislocation.

D'après cette considération, on serait conduit à supposer, par exemple, que les crêtes du Système des Pyrénées que j'ai signalées plus haut sur la surface de l'Europe font partie d'un système plus étendu, dont les Alleghanys et peut-être les Gates du Malabar, formeraient les deux anneaux les plus éloignés. Ces deux termes extrêmes de la série se trouvent, à la vérité, considérablement détachés du reste; mais, depuis le cap Ortégal en Espagne jusqu'à l'entrée du golfe Persique, sur une longueur de 1,600 lieues, on peut suivre une série d'aspérités allongées, toutes parallèles à un même grand cercle de la sphère terrestre, et dont le parallélisme et la proximité s'accordent avec l'idée qu'elles auraient été produites en même temps et pour ainsi dire du même coup.

Ainsi, les directions des petites chaînes de montagnes, que les cartes les plus récentes indiquent dans la partie la plus septentrionale du grand désert de Sahara, au sud de Tripoli et de l'Atlas, et dont quelques unes se poursuivent même à travers l'Atlas jusqu'à la mer, ainsi que la direction de la côte septentrionale de l'Afrique, entre la grande et la petite Syrte, sont exactement parallèles à la direction des Pyrénées et à celle des accidents du sol que j'ai indiqués en Provence, en Italie, en Morée. Les observations de M. Rozet prouvent en même temps qu'il existait déjà des montagnes près d'Alger, lors du dépôt des couches tertiaires. La direction du *Système pyrénéo-apennin* que nous avons déjà suivi jusqu'en Grèce et dont certains chaînons paraissent se poursuivre jusqu'à la mer de Marmara, pour reparaître au delà dans l'Anatolie, se retrouve exactement dans la direction de la grande vallée de la Mésopotamie et du golfe Persique, et dans celle des chaînes qui s'élèvent immédiatement au N.-E. de cette grande vallée, et qui vont se rattacher au

Caucase. La direction de beaucoup de cours d'eau qui descendent du Caucase et celle de plusieurs des principaux chaînons de ce Système, notamment celle du chaînon qui borde la mer Noire au N.-E. de l'Abasie et de la Mingrélie, est encore exactement celle du *Système pyrénéo-apennin*. Cette direction du chaînon le plus occidental du Caucase est en quelque sorte continuée à travers les plaines de la Russie, de la Pologne, de la Prusse, jusqu'à l'île de Rugen, par les dislocations que M. Dubois de Montperreux y a signalées dans le terrain crétacé. Elle se rattache ainsi de proche en proche aux dislocations pyrénéennes des Carpathes et du pied N.-N.-E. du Hartz (1).

La direction du *Système des Ballons et des collines du Bocage* étant sensiblement la même que celle du *Système des Pyrénées*, la considération des directions permettrait de rapporter une partie des chaînes de montagnes dont je viens de parler au *Système des Ballons* aussi bien qu'à celui des Pyrénées; mais dans l'état actuel de la surface du globe terrestre, tous les Systèmes de

(1) Voyez pour ces dernières l'excellent travail de M. L. Frapolli, *Carte géologique des collines subhaercyniennes*, (*Bull. de la Soc. géol. de France*, 2e série (t. IV, p. 75).

montagnes d'une date ancienne sont trop morcelés, trop usés, trop peu saillants pour qu'on puisse leur rapporter des Systèmes de crêtes aussi proéminents que ceux que je viens de mentionner. Il est toutefois naturel de penser que, si réellement le Système dont les Pyrénées font partie se prolonge depuis les États-Unis jusque dans l'Inde en traversant l'Europe, il doit en être de même du *Système des Ballons*, auquel il me paraît même bien probable que les Alleghanys doivent une partie de leur configuration; et la circonstance que les bouleversements qui, en Europe, ont marqué le commencement et la fin de la période secondaire, se seraient étendus jusqu'aux États-Unis et dans l'Inde, expliquerait (comme je l'ai indiqué ci-dessus, p. 466) pourquoi ces grandes coupures des terrains de sédiment semblent se retrouver dans trois contrées aussi distantes.

Si maintenant nous passons au *Système des Alpes occidentales*, nous pouvons remarquer que le prolongement mathématique de la ligne tirée de Marseille à Zurich (ou mieux encore de l'île de Riou à Hohentwiel), se trouve être parallèle à des accidents très remarquables de la surface du globe, que l'induction de contemporanéité, tirée de la direction des chaînons de montagnes conduirait à considérer comme de la même date, quoique l'état des connaissances géologiques ne donne pas encore le moyen de vérifier complétement cette conjecture.

Ainsi, en tendant sur la surface d'un globe terrestre un fil qui passe par Marseille et par Zurich, on peut remarquer que ce fil, qui passe aussi vers le nord par l'embouchure de l'Obi, et vers le midi par l'archipel des Nouvelles-Shetland du sud, se trouve à peu près parallèle à la chaîne de Kiölen, rameau le plus étendu des Alpes scandinaves (et mieux encore, comme nous l'avons vu ci-dessus p. 556, à l'ensemble de cette vaste chaîne représenté par une ligne tirée du cap Nord à Égensund), aux chaînons principaux et aux vallées les plus remarquables de l'empire de Maroc, et même à la Cordilière littorale du Brésil qui borde l'océan Atlantique depuis le cap Roque jusqu'à Montevideo.

Cette même direction est parallèle, non seulement à la ligne générale des côtes orientales de l'Espagne depuis le cap de Gates jusqu'aux environs de Narbonne, mais encore à la ligne générale du littoral de l'ancien continent, depuis le cap Nord de la Laponie jusqu'au cap Blanc d'Afrique. Le

Mont-Blanc, situé à peu près à égale distance de ces deux points extrêmes, forme comme le pivot de la charpente de la partie de l'ancien continent qui est comprise entre eux, et dont il est en même temps le point le plus élevé.

Au sud du Cap-Blanc, la côte de l'océan Atlantique est basse et sablonneuse sur une grande étendue; à l'est du Nord-Kyn, voisin du cap Nord de la Laponie, la côte est de même assez peu élevée. Dans l'intervalle de ces deux points, au contraire, les côtes qui regardent la haute mer sont généralement formées par des terres élevées qui, lorsqu'elles ne sont pas composées de roches primitives, opposent du moins à l'Océan une barrière de couches redressées; disposition qui semble indiquer que le long de cette ligne tous les terrains plats et peu élevés ont été submergés.

Passant ensuite au *Système de la chaîne principale des Alpes*, on peut remarquer que les crêtes du mont Pilate (en Suisse), de la chaîne principale des Alpes, du Ventoux, du Leberon, de la Sainte-Baume, etc., font partie d'un vaste ensemble de chaînons de montagnes qui, répandus à l'entour de la Méditerranée et se prolongeant à travers le continent asiatique, semblent se lier à la fois les uns aux autres par leur parallélisme et par la similitude de leurs rapports avec les grandes dépressions du sol, remplies par les eaux des mers ou peu élevées au-dessus de leur surface. Outre les chaînes déjà mentionnées, ce Système comprend l'Atlas, le Taurus, la chaîne centrale du Caucase couronnée par le pic d'Elbrouz, ainsi que la longue série de montagnes qui, sous les noms de Paropamissus, d'Indoukosh, d'Himâlaya, borde au nord les plaines de la Perse et du Bengale, et renferme les cimes les plus élevées de la terre. Toutes ces chaînes courent parallèlement à un grand cercle qu'on représenterait, sur un globe terrestre, par un fil tendu du milieu de l'empire de Maroc au nord de l'empire des Birmans (ou mieux encore, comme nous l'avons vu ci-dessus p. 582, du cap Saint-Vincent au Dhawalagiri).

Il existe un rapport de disposition difficile à méconnaître, entre la situation de l'Himâlaya, au nord des plaines du Gange, et celle de la chaîne principale des Alpes, au nord des plaines du Pô; les cours d'eau qui s'échappent de l'une ou de l'autre chaîne de montagnes s'infléchissent de la même manière dans la contrée basse qui la borde pour tomber, les unes dans le Gange, comme les autres dans le Pô ; ce qui semble indiquer que la première plaine doit être, comme la seconde, formée par une vaste alluvion descendue des montagnes voisines. Le Système géologique de la presqu'île occidentale de l'Inde s'élève au midi des plaines du Bengale, à peu près comme celui des Apennins au midi des plaines de la Lombardie ; et on pourrait, par suite de cet ensemble de rapports, remarquer les analogies de situation géographique et commerciale entre Milan et Dehly, entre Venise et Calcutta, entre Ancône et Madras, entre Gênes et Bombay. Les rapports que je signale deviendraient plus frappants encore, si, le cours de l'Indus étant barré par des montagnes comparables, en position, à celles qui vont de Gênes au col de Tende, les eaux de ce fleuve et de la rivière Setledje et de ses autres affluents étaient obligées de franchir le seuil peu élevé qui les sépare de la grande vallée du Gange.

Les *Systèmes de montagnes* qui viennent d'être mentionnés sont bien loin de comprendre toutes les chaînes qui sillonnent la surface du globe ; mais les chaînes qui n'y sont pas comprises jouissent aussi de la propriété de pouvoir être groupées par Systèmes, dans chacun desquels tous les chaînons partiels sont parallèles à un certain grand cercle de la sphère terrestre, et embrassent de part et d'autre de ce grand cercle une zone plus ou moins large et presque toujours d'une grande longueur. Ainsi, par exemple, la chaîne qui forme l'axe de l'île de Madagascar, et celle beaucoup plus étendue, mais semblablement orientée, qui borde au S.-E. le continent africain, forment deux anneaux d'un Système qu'on peut suivre à travers l'Asie jusqu'aux bords du lac Baïkal et de la Léna. Je pourrais citer beaucoup d'autes exemples du même genre, que j'ai eu plusieurs fois l'occasion d'indiquer dans mes leçons, si cet extrait ne dépassait déjà de beaucoup les bornes dans lesquelles il aurait dû être renfermé.

Je m'étais borné, il y quinze ans, à ces remarques générales (1), mais les progrès que la science a faits depuis lors permettraient de leur donner aujourd'hui de nombreux développements. Je ne puis en offrir ici qu'un simple aperçu que je présen-

(1) Extrait d'une série de recherches sur quelques unes des révolutions de la surface du globe; traduction française du *Manuel géologique* de La Bèche (1833). et *Traité de géognosie* de M. Daubuisson-Desvoisins, continuée par M. Amédée Borat, t. III (1834).

terai dans un ordre géographique. Cet ordre me permettra de citer plus exactement les savants aux recherches desquels sont dus ces agrandissements du domaine de la science. Il servira aussi à mettre en évidence les traits de ressemblance qui existent entre la structure des contrées montagneuses des diverses parties du globe et de l'Europe.

On y verra la confirmation de l'aperçu fondamental, qui, dès l'origine de mes recherches, m'a fait partager les accidents stratigraphiques de la partie la plus haute et la plus compliquée des Alpes en deux systèmes, le *Système des Alpes occidentales* et le *Système de la chaîne principale des Alpes*, dont j'ai séparé, dès l'abord, de nombreux chaînons appartenant au sein des Alpes, au *Système des Pyrénées*, puis successivement d'autres chaînons d'âges et de directions différentes, appartenant aux autres systèmes que je suis parvenu à caractériser les uns après les autres. Le Jura, les Vosges, les bords du Rhin, la Bretagne, etc., m'ont offert de nombreuses occasions de signaler des distinctions du même genre, et il en a été de même de toutes les contrées montueuses qui ont été étudiées au même point de vue dans les différentes parties du monde.

Mon aperçu fondamental, qui consiste à distinguer, en principe, autant d'âges de dislocations, au moins, qu'on peut signaler de directions distinctes, a donc été vérifié de la manière la plus générale; et il l'a été d'une manière d'autant plus authentique que quelques unes des personnes qui ont constaté plusieurs âges de soulèvement dans un groupe montagneux désigné par un seul nom ont cru avoir trouvé par cela seul des faits contraires à mes idées, oubliant probablement jusqu'aux noms de *Système des Alpes occidentales* et de *Système de la chaîne principale des Alpes*, que j'ai donné dès l'origine à deux des systèmes de montagnes dont je me suis occupé de prime abord.

Algérie.

Il ne sera peut-être pas sans intérêt de suivre ici la marche des progrès que les connaissances orographiques et géologiques ont faits en Algérie à la suite des armées françaises. Pour les mettre en évidence, je reproduis d'abord un aperçu de mes premières conjectures sur les montagnes du nord de l'Afrique, tel que je l'avais consigné dans une note jointe aux instructions données par l'Académie des sciences à l'expédition scientifique de l'Algérie (1).

« Je rappellerai ici textuellement les diverses remarques que j'avais faites dans mes recherches sur quelques unes des révolutions de la surface du globe, relativement à la structure orographique du nord de l'Afrique, et au mode de décomposition dont le réseau de montagnes compliqué qui couvre ces contrées m'avait paru susceptible, ainsi que les conjectures auxquelles m'avait conduit, quant à l'époque du soulèvement de ces montagnes, le parallélisme des directions de leurs chaînons avec les directions dominantes de certains systèmes de montagnes observés en Europe.

» Ces dernières conjectures étaient indiquées par la position dans laquelle j'avais placé ces remarques dans mon travail, et par le rapprochement des noms.

1° *Système des Pyrénées* (2).

» Les directions des petites chaînes de montagnes que les cartes les plus récentes (celles du colonel Lapie) indiquent, dans la

(1) *Instructions pour l'exploration géologique de l'Algérie adoptées par l'Académie des sciences, le* 19 *mars* 1838, *note* 12, p. 33.

(2) *Annales des sciences naturelles*, t. XVIII, p. 318 (1819).

partie septentrionale du grand désert de Sahara, au sud de Tripoli et de l'Atlas, ainsi que la direction de la côte septentrionale de l'Afrique, entre la grande et la petite Syrte, sont exactement parallèles à la direction des Pyrénées et à celles des accidents du sol que j'ai indiqués (comme faisant partie du même système) en Provence et en Italie. (Sur les cartes dont il s'agit, on voit les directions dont il est question se poursuivre dans le réseau de montagnes compliqué qui approche de la côte, mais il devient difficile de les rattacher à des noms de cimes ou de crêtes dans une contrée aussi compliquée que peu connue).

2° *Système des Alpes occidentales* (1).

» La ligne qui passe à Manosque (Basses-Alpes), en se dirigeant du N. 26° E. au S. 26° O., et que nous avons suivie dans les Alpes occidentales et jusqu'à l'île de Riou, au sud de Marseille, étant prolongée dans la Méditerranée, atteint la côte de la Barbarie, à peu de distance du cap de Tenes ou Tennis, et ne coïncide en ce point avec aucun accident remarquable, si ce n'est, toutefois, qu'elle est presque parallèle à la direction des montagnes, que la carte de M. Lapie place à l'Ouest de la vallée de la

(1) *Ibid.*, p. 411.

rivière Miana. Elle est aussi parallèle à quelques chaînons de montagnes qui traversent la partie orientale du royaume d'Alger et celui de Tunis, chaînons dont l'un se termine au cap Bon, et dont la direction se retrouve dans quelques uns des accidents du sol de l'angle occidental de la Sicile; mais on remarque surtout qu'au sud du détroit de Gibraltar, les traits les plus saillants du relief de l'angle nord-ouest du continent africain paraissent ne faire avec cette même direction que des angles de quelques degrés.

» Sur la carte jointe au voyage d'Aly-Bey, et sur quelques autres cartes spéciales, on voit assez clairement que les nombreux chaînons de montagnes qui traversent ces contrées se coordonnent à deux directions principales. L'une qui court à peu près O. 15° S.-E. 15° N., comme les principaux chaînons de l'Atlas d'Alger et de Tunis, visités par M. Desfontaines, se reconnaît dans les montagnes qui s'étendent entre la côte de la Méditerranée et la ville de Fez.

» La seconde, qui nous importe principalement ici, se reconnaît dans une série de chaînons de montagnes et de vallées longitudinales, qui, partant du cap de *Tres-forcas*, ou Rusadir, au nord de Melilla, sur la côte de la Méditerranée, et comprenant le flanc occidental de la vallée de la rivière Mulvia, Moulouia ou Molochath, dont le cours est presque aussi long que celui de la Seine, s'étend vers un point de l'intérieur, situé à l'est de Tarodant, environ par 30° de latitude nord et 10° 1/2 de longitude ouest de Paris. Entre cette ligne et la côte de la Méditerranée, on trouve plusieurs chaînons de montagnes qui s'étendent dans des directions parallèles, et que différentes rivières traversent dans des défilés. Les montagnes Blanches qui se terminent au cap Blanc, presque en face des îles Canaries, sont le prolongement le plus méridional de tous ces chaînons.

» La direction générale de ces mêmes chaînons de montagnes étant prolongée du côté du N. N. E., coïncide, à peu de chose près, avec la direction générale des côtes orientales de l'Espagne, depuis le cap de Gates jusqu'au cap de Creuss.

3° *Système de la chaîne principale des Alpes* (1).

» Dans le nord de l'Afrique, le sol de la Barbarie présente plusieurs séries d'accidents qui se croisent dans différentes direc-

(1) *Annales des sciences naturelles*, t. XIX, p. 220.

tions, dont l'une, comme je l'ai déjà indiqué plus haut, est parallèle à celle du *Système pyrénéo-apennin*, et dont l'autre ne s'éloigne que légèrement de la direction des Alpes occidentales. Au milieu de ces divers accidents, les chaînons de montagnes les plus élevés, ceux qui se coordonnent le plus directement à la direction des vallées longitudinales et des côtes de la mer, et auxquels s'appliquent spécialement les noms de petit et de grand Atlas, courent dans des directions sensiblement parallèles à celle qui domine dans les îles Baléares et en Espagne, et à celle des différents chaînons de montagnes qui traversent la basse Provence de l'O. 1/4 S.-O. à l'E. 1/4 N. E. »

La note que je viens de transcrire reproduisait seulement les conjectures que j'avais cru pouvoir hasarder en 1829 et 1830, avant la conquête d'Alger.

Dans le corps même des instructions adoptées par l'Académie, je rappelais les observations publiées par M. Rozet qui avait fait partie comme officier d'état major de l'expédition commandée par le maréchal de Bourmont, et cités ci-dessus, p. 601, et après avoir mentionné les principaux faits connus sur la constitution géologique de l'Algérie, et les observations nouvelles qu'ils semblaient appeler, je continuais ainsi, p. 13, au sujet de l'âge relatif et de la structure des montagnes de cette contrée.

« Ces différents faits réunis, surtout si de nouvelles observations les confirment et les multiplient, sembleraient indiquer que la côte d'Afrique aurait subi, à une époque très récente, un mouvement d'élévation comparable à celui que dénotent les coquilles fossiles récentes de la presqu'île du Saint-Hospice, près de Nice, celles observées par M. de la Marmora aux environs de Cagliari, et celles renfermées dans l'alluvion marine qui enveloppait les colonnes du temple de Sérapis, près de Pouzzoles. Dans tous les cas, les faits dont il s'agit méritent un examen attentif.

» Les faits géologiques et physiques dont je viens de réunir les indications, tendent, malgré leur isolement, à jeter quelque jour sur l'époque à laquelle les montagnes de la Barbarie ont reçu les derniers traits du relief qu'elles nous présentent. Il est permis d'espérer que la personne qui sera chargée de la géologie dans la prochaine expédition, achèvera de répandre la lumière sur cette question.

» Déjà le fait de l'élévation à plus de 1,200 mètres de quelques uns des plateaux que forme près de Medeya le terrain tertiaire sub-atlantique, la présence dans les montagnes de l'Atlas de masses de gypse, de sel gemme, de sources salées et de sources bitumineuses, qui rappellent celles qui font partie du Système des Ophites en Catalogne, en Navarre et dans les landes de Gascogne; l'existence en divers points de la Barbarie de sources thermales; celle de roches d'origine volcanique, ou au moins d'origine éruptive; la répétition encore fréquente dans ces mêmes contrées des secousses de tremblements de terre, tout annonce une contrée récemment bouleversée par de violentes commotions. J'ai montré ailleurs que la considération de la direction générale de l'Atlas, qui est parallèle à celle de la chaîne principale des Alpes et aux zones des Ophites, pouvait conduire presque seule à prévoir ce résultat.

» D'un autre côté, la discordance de gisement, signalée par M. Rozet, entre les calcaires secondaires et le terrain tertiaire sub-atlantique; le fait que les calcaires secondaires, qui constituent le noyau des montagnes de l'Atlas, en forment aussi les cimes, et ne sont recouverts que sur leurs flancs par les assises tertiaires : cette double circonstance tend à prouver que le sol de la

Barbarie avait été disloqué entre la période secondaire et la période tertiaire, et que des crêtes nombreuses s'y étaient élevées au-dessus des flots. Cette conclusion était aussi indiquée d'avance par le parallélisme qui existe entre un grand nombre de chaînons de montagnes du nord de l'Afrique et les chaînons du Système des Pyrénées.

» Mais les deux directions des Pyrénées et de la chaîne principale des Alpes ne sont pas les seules qui se dessinent dans ces contrées. On y distingue aussi la direction du Système des Alpes occidentales, peut-être même celle du Système des îles de Corse et de Sardaigne, dirigée du Nord au Sud. »

La même année 1838, presque au moment où l'Académie des sciences adoptait les instructions dont je viens de citer quelques passages, M. Puillon-Boblaye, chargé, comme officier d'état-major, de la triangulation d'une partie de l'Algérie, adressait à l'Académie, sur la géologie de cette contrée, une note pleine d'intérêt dans laquelle on lit le passage suivant (1) :

« L'orographie de cette partie de l'Afrique a ses caractères ou son type particuliers. La

(1) *Comptes-rendus hebdomadaires des séances de l'Académie des sciences*, t. VII, p. 243 (1838).

nature du sol, les bouleversements violents et les dégradations qu'il a éprouvés, variant suivant les lieux, les formes ne peuvent être nulle part exactement les mêmes.

» L'examen d'une bonne carte fait connaître ces caractères d'ensemble qui souvent se sont inscrits à l'insu même de l'auteur; mais au point où en est la géographie de l'intérieur de l'Afrique, on ne peut les demander, et il est utile au contraire que les inductions théoriques viennent en aide à la géographie conjecturale.

» Il y a déjà bien des années que M. Élie de Beaumont publia que les Systèmes de montagnes dirigées de l'E.-N.-E. à l'O.-S.-O. et de l'O.-N.-O. à l'E.-S.-E. devaient prédominer dans la partie septentrionale de l'Afrique; il arrivait à ce résultat d'après des cartes bien imparfaites alors, des lectures de voyages, et enfin des inductions théoriques. Que l'on prenne la série de nos cartes publiées depuis cette époque jusqu'à ce jour, on verra d'année en année ce caractère prendre plus d'étendue à mesure des progrès des nos connaissances. (*Voy.* la feuille d'Oran, cartes du dépôt de la guerre.) Ces formes si bizarres, si fausses aux yeux du géologue, de montagnes s'enchaînant comme autant d'anneaux arrondis, disparaissent peu à peu ou sont refoulés du littoral vers l'intérieur. En attendant qu'on puisse leur donner des formes complétement vraies, quelques observations générales pourront servir à leur donner du moins des formes probables.

» Le Système de direction E.-N.-E., O.-S.-O. prédomine dans tout le nord de l'Afrique, par son étendue, la hauteur de ses montagnes et la grandeur des vallées et des cours d'eau qui lui sont subordonnés. Cette direction est peu éloignée de celle du rivage, et de là vient qu'il s'y présente si peu de ports. En outre, les chaînes en rencontrant le rivage orienté du levant au couchant, projettent nécessairement des caps dans l'E.-N.-E., et il en résulte que tous les ports sont ouverts dans cette direction et abrités seulement dans la direction du N.-O. Tels sont Bone, Stora, Collo, Jigelli, Bougie, Alger, Arzew, Mers-el-Quebir. A chacun de ces caps aboutit un chaînon qui va mourir dans les plateaux de l'intérieur ou se rattacher à quelques nœuds de croisement, comme le massif de Jurjura ou le haut plateau de Medeah. En coupant la Régence obliquement, de Delhis vers Constantine et l'Auras, on coupe successivement sept de ces chaînons parallèles. Ce Système de direction est encore le plus remarquable par sa continuité et la netteté de ses arêtes ; ces faits seuls suffiraient pour indiquer son origine récente, et cette probabilité est confirmée d'ailleurs par un fait que M. Élie de Beaumont avait soupçonné ; c'est le soulèvement, dans cette direction, du terrain sub-apennin et des alluvions anciennes de l'intérieur ; je l'ai reconnu à Constantine et d'une manière plus évidente encore à Alger.

» A ce Système appartient la chaîne qui se prolonge du Tchatabah près de Constantine jusqu'aux montagnes près de Tabarca. C'est le trait orographique le plus prononcé de l'est de la Régence ; c'est notre petit *Atlas ;* car jusqu'à ce qu'on ait fait justice de ces dénominations anciennes si ridiculement étendues, il faudra avoir partout son petit et son grand Atlas. Ces dénominations mal appliquées ont l'inconvénient plus grave de fausser la géographie : on dénature les faits pour tout réduire aux deux Atlas obligés, courant parallèlement entre la mer et le désert, ce qui peut-être n'existe nulle part dans la Régence.

» A ce même Système de direction appartiennent plusieurs groupes isolés : tels sont les Oumpsetas et le Bougareb dont les crêtes rocheuses de craie compacte s'alignent exactement E.-N.-E. au nord de la route de Constantine; le Ghirioun au S.-E., et au S. le Nif-en-Ser si remarquable par son isolement, sa hauteur et la forme bizarre de son sommet, l'Édrouis (le Djebel-Rougeise de quelques voyageurs), etc.

» Ces montagnes comprennent entre elles d'immenses plaines dirigées dans le même sens; plaines qui se rejoignent dans le sud et se prolongent jusqu'au pied de l'Auras.

» Au Système est-sud-est, ouest-nord-ouest appartiennent la chaîne littorale du cap de Fer à Bone, les collines de grès des environ de Dréan; la grande chaîne qui se prolonge depuis le nord de Milach par le Sgao, le Sididris, les Toumilieth, jusqu'à la rencontre des montagnes du Raz-el-Akba; enfin le trait le plus remarquable de ce Système est la chaîne des monts Auras, chaîne brisée, interrompue, comme toutes celles de l'Afrique, mais qui néanmoins peut se suivre sur une immense étendue dans le sud de Constantine; c'est la direction des Pyrénées, et c'est en partie aussi la même constitution géognostique (calcaire à nummulithes et grès ferrugineux).

» C'est principalement au sud de la

grande chaîne, entre Bone et Constantine, que l'orographie africaine prend une physionomie toute distincte. De gros massifs isolés s'élèvent au milieu de plaines immenses, comme des îles au milieu de la mer (1): au premier aperçu, ils semblent comme jetés au hasard; mais si l'on se sert de la crête rocheuse de l'un d'eux comme d'une ligne de repère, on les voit s'aligner au loin; telle est la chaîne de l'Auras, et entre elle et Constantine une chaîne moins prononcée dont j'ai relevé plusieurs sommets (le Rauch-el-Jemel entre autres, qui est bien le Jedmelah du dépôt de la guerre). Quelquefois la continuité est plus apparente, et ce sont de hauts plateaux aux formes molles dans les sommets et aux flancs ravinés qui l'établissent. Tels sont le Djebel-Ouach entre le Tchatabah et les pics Taya, et le plateau situé aux sources de l'Hamise entre le Mahouna et le Sidi-Eddrouis. »

Je viens de citer les traits principaux des aperçus auxquels on était déjà parvenu sur la constitution géologique et l'âge relatif des montagnes de l'Algérie, lorsque l'expédition scientifique dirigée par M. Bory de Saint-Vincent a commencé ses travaux. M. Émi-

(1) Les îles Baléares offrent un exemple frappant de ces groupes alignés qui sont fréquents en Algérie.

lien Renou, membre de cette commission, a consacré, dans le bel ouvrage qu'il a publié sur la *Géologie de l'Algérie*, un article très étendu au soulèvement des montagnes dont j'extrais les passages suivants (1) :

« Avant que notre conquête de l'Algérie, dit M. Renou, eût apporté des rectifications aux cartes que nous possédions, avant qu'on eût acquis aucune notion sur les terrains qui s'y rencontrent, M. Elie de Beaumont avait rapproché toutes les chaînes qui traversent cette contrée de trois des principaux axes de dislocation de l'Europe méridionale. Ces prévisions trouvent une confirmation pleine et entière dans mes observations.

» Les roches dites primitives ont, en Algérie, trop peu d'importance, eu égard à la surface qu'elles occupent, pour qu'on puisse y constater sûrement la trace de soulèvements anciens comparables à ceux de l'Europe.

» Le Système le plus ancien qui se remarque en Algérie est celui des Pyrénées ; toutes les principales montagnes en portent l'empreinte à divers degrés, mais partout aussi il est plus ou moins masqué par des soulèvements plus récents. La contrée où il

(1) Exploration scientifique de l'Algérie, *Géologie*, par M. E. Emilien Renou, p. 129.

se dessine le plus nettement est la province de Constantine ; les grandes plaines qui la traversent de l'est à l'ouest sont limitées au sud par une grande chaîne dirigée E. 18 à 20° S. Je n'ai pas assez d'observations, et les cartes sont encore trop inexactes pour que je hasarde des nombres précis. Dans cette chaîne très large sont compris plusieurs sommets remarquables : le point culminant de l'Algérie, le Chellîa, haut de 2,312 mètres, et le Tougour, de 2,100 mètres, entre lesquels est Bêt'na ; du côté de l'est, la chaîne paraît se continuer dans l'État de Tunis ; à l'ouest nous rencontrons le Bou-T'âleb ; au sud de Sétif le Ouennour'a et le Dîrâ, près d'Aumale (Sour-el-R'ezlân), et enfin le Mouzâïa.

» Au nord de ces mêmes plaines, un certain nombre de massifs s'alignent suivant la même direction : les montagnes voisines de la Meskiâna, celles d'Amâma, le Sidi-Rr'eïs, le Guerioun et le Nif-en-Necer (1), le Sidi-'Aïça, près Djemîla, et quelques montagnes voisines de Bougie, entre le Djerdjera et le Bâbour, qui offrent des plis parallèles à cette direction.

(1) M. Boblaye et M. Renou ont orthographié quelquefois très différemment les noms des mêmes montagnes. J'ai cru devoir copier exactement et conserver ces différences.

» Dans les plaines de la province de l'Est, les poudingues marins subapennins s'étendent presque horizontalement jusqu'au pied de la chaîne de cette direction.

» Tout le massif de l'Edough, à l'est de Bône, est orienté E.-S.-E. Le grès des environs de la Calle semble affecté de la même direction, ce qui tendrait à confirmer qu'il appartient à la période crétacée.

» Le pied méridional de l'Aourès paraît limité par une ligne E.-S.-E. qui s'étendrait à l'ouest jusqu'au bord de la mer, près de Tenès, et à l'est aux environs de Gabès; près de Tenès, elle offre des sommets de 800 mètres, au pied desquels se sont déposés les terrains tertiaires.

» Une chaîne parallèle et plus méridionale que la précédente commence aux confins de l'État de Tunis, et se prolonge très loin à travers celui de Tripoli; elle y constitue la chaîne du R'ariân, à 100 kilomètres au sud-ouest de cette ville, dont la direction prolongée passe à peu près par le Ouânserîs et par la Sierra-Nevada, près de Grenade.

» La direction E.-S.-E. est remarquablement dessinée par les lacs salés de la province de Constantine, tant au nord qu'au sud de l'Aourès.

» Dans la province d'Oran, aucune direction importante ne se rapporte à ce Système, qu'on reconnaît néanmoins dans le Ouânseris, près de Sa'ïda, près de Tlemsên et dans le Trâra ; on le retrouve probablement aussi dans l'empire de Maroc, dans le Rîf, et jusque dans les plus hautes montagnes du centre.

» Un Système presque perpendiculaire à celui qui précède se montre en quelques parties de l'Algérie : c'est celui des Alpes occidentales, qui fait, entre Marseille et Zurich, un angle de 26 degrés avec le méridien. On le voit nettement dessiné à la frontière de Tunis, près de la Calle : les directions des couches, relevées presque verticalement, y sont d'une rectitude remarquable ; l'orientation est exactement N.-N.-E.; elle devrait être N. 27° E., d'après l'angle donné par M. Élie de Beaumont, mais cette observation est relative à un assez petit espace ; car aux environs d'Alger, au sud-est, le même soulèvement se montre aussi assez nettement, et l'angle qu'il forme avec le méridien paraît, au contraire, plus grand.

» La route de Constantine à Philippeville suit une série d'enfoncements N.-N.-E., et cette direction se montre aussi, mais moins nettement, dans les montagnes voisines.

» Le Chet't'aba, à l'ouest de Constantine, offre deux plis de la même direction.

» Les environs d'Alger, comme je viens de le dire, montrent une direction N. 25 à 30° E., qui affecte une grande étendue de pays ; la Mtîdja est terminée à l'est par des montagnes de cette direction, et cette ligne, prolongée au sud, passe par le Djebel-'Amour et se continue même au loin dans le désert par un bombement du sol, de sorte qu'elle peut être regardée comme une ligne de faîte qui partage l'Algérie en deux versants E. et O.

» Le Djebel-'Amour, les environs de Zakkâr et ceux d'El-Ar'ouât', offrent la même direction. Le cours supérieur du Chelif et celui d'un certain nombre de ruisseaux sont allongés à peu près dans le même sens.

» On retrouve la même direction près de Tlemsên, au Bou-Djarrâr et au Tessâla. Enfin, dans l'empire de Maroc, ce soulèvement est fortement accusé par les principales masses de montagnes ; dans l'État de Tunis, il paraît dominer beaucoup.

» Le Système N.-N.-E. relève, aux environs de la Calle, un grès que j'ai regardé comme la partie supérieure de la craie, et qui est, en tout cas, compris entre la craie tufau et tous les terrains tertiaires de l'Algérie.

» On remarque, entre Médéa et Sa'ïda, une série de rides N. 30° O. environ, qui affecte les terrains tertiaires moyens; mais de nouvelles études seraient nécessaires pour bien préciser l'âge de ce soulèvement qui ne se rapporte à aucun de ceux connus en Europe (1).

» Un soulèvement beaucoup plus important que les précédents est celui des grandes Alpes (*Système de la chaîne principale des Alpes*), dirigé au centre de l'Algérie, E. 17 à 18° N. : c'est celui qui traverse les trois États de Maroc, Alger et Tunis ; il est aussi saillant dans les détails que dans l'ensemble, et il n'est presque pas de montagne, de colline, de plaine, qui n'en porte plus ou moins la trace.

» Cette grande chaîne commence à l'ouest, au cap Ir'Ir, vulgairement cap d'Aguer, près Sainte-Croix-de-Barbarie, comprend le sommet du Miltsin, haut de 3,475 mètres, et se continue jusqu'aux environs de la Mlouïa

(1) M. Le Play a signalé sur les confins de l'Estramadure et du Portugal un système de dislocations, qui pourra peut-être coincider avec celui dont parle ici M. Renou. Le Play, *Voyage en Espagne.* — *Annales des mines*, 3e série, t. IV (1834).

supérieure ; de là jusqu'au Djebel-'Amour, la chaîne s'abaisse beaucoup, car elle paraît réduite au tiers de cette hauteur ; à l'est du Djebel-'Amour, cette chaîne épaisse comprend une partie de l'Aourès, et passe dans le voisinage des points les plus élevés de l'État de Tunis.

» Le pic de Ténériffe et l'Etna sont alignés sur une direction exactement parallèle à cette chaîne, et ils fournissent le meilleur moyen d'en déterminer la position.

» J'ai réuni, dans le tableau ci-dessous, les longitudes et latitudes des points par lesquels passe l'arc de grand cercle qui joint ces deux pics, distants l'un de l'autre de 3,115,215 mètres, et les angles qu'il fait, en ces points, avec les parallèles.

	Longitude.			Latitude.			Angle avec le parallèle.		
O.	18°	58′	59″	28°	16′	21″	27°	59′	32″
	(Ténériffe, 3,710 mètres (1)).								
	10			32	1	49	23	27	45
	4			34	2	30	20	11	50
	0			35	10	46	17	55	30
E.	6			36	35	24	14	24	21
	12	41	10	37	45	40	10	21	45
	(Etna, 3,314 mètres.)								

(1) Cette hauteur du pic de Ténériffe est celle trouvée par M. Charles Deville.

» Avec la projection de Flamsteed et l'échelle de $\frac{1}{2000000}$, cet arc de grand cercle dans l'étendue de l'Algérie ne diffère pas notablement d'une ligne droite. Connaissant l'angle que fait un arc de grand cercle avec l'un des méridiens, on en conclut l'angle qu'il fait avec le suivant, en ajoutant ou retranchant 34 minutes, angle égal à celui de deux méridiens successifs; en France, l'angle de deux méridiens éloignés de 1 degré est plus grand qu'en Algérie. Cette méthode approximative donne des résultats d'une exactitude bien plus que suffisante dans la pratique (1).

» Pour transporter de France en Algérie les angles observés par M. Élie de Beaumont, je regarde les deux arcs de grand cercle comme coupant le méridien de Paris sous le même angle; cette condition les rend perpendiculaires à un même arc qui couperait le méridien de Paris à la latitude moyenne. Si, par exemple, le soulèvement des Pyré-

(1) La méthode de calcul que M. Renou a imaginée, et qu'il a très heureusement appliquée aux montagnes de l'Algérie, diffère de celle que j'ai indiquée au commencement de ce volume et dont je me suis constamment servi. Je la consigne ici avec d'autant plus d'empressement que beaucoup de personnes la trouveront probablement d'une application plus commode que la mienne : surtout lorsqu'il s'agira de contrées peu étendues en latitude.

nées coupe le méridien de Paris par 42° de latitude, sous un angle de 16°, qu'on mène par 36° $\frac{1}{2}$ de latitude, un arc faisant avec ce méridien le même arc de 16°; les deux directions seront perpendiculaires à un même arc de grand cercle qui couperait le méridien de Paris par la latitude de 39° $\frac{1}{4}$.

» Il y a une analogie remarquable entre les trois hauteurs 3,710 mètres, 3,475 mètres, 3,314 mètres, qui appartiennent respectivement au pic de Ténériffe, au Miltsin et à l'Etna. Une hauteur équivalente se retrouve dans un soulèvement presque aussi remarquable que celui de l'Atlas; la Sierra-Nevada d'Espagne, qui, s'étendant de Cadix à Murcie, sur une longueur de 500 kilom., est jalonnée à peu près par l'île de Madère et le Vésuve, comme l'Atlas l'est par le pic de Ténériffe et l'Etna. La hauteur du Mulahacen, qui domine cette chaîne, est de 3,555. La Maladetta des Pyrénées a 3,482 mètres.

» Les chaînes de la direction des grandes Alpes forment, en Algérie, un assez grand nombre de plis parallèles, parmi lesquels on peut en distinguer sept principaux:

» 1° et 2°. Les chaînes qui encadrent le Chélif; 3° la chaîne limite le Tell et du S'ah'ra, un peu au sud de Sebdou, S'a'ïda et Frenda; 4° et 5° au moins deux plis dans le Djebel-'Amour; 6° le Chebka-Mta'-el-Ar'ouât', qui longe à quelque distance la rive droite de l'Ouad-el-Djedi; 7° une petite chaîne au nord de l'Ouad-Mzâb. On peut y ajouter aussi une longue série de dunes de sable, qui passe près du village d'El-Golea' et au nord de l'Oasis de Touat, vers 30° de latitude moyenne.

» La première chaîne qui s'étend de Mostaganem à Alger, et qui se prolonge à l'ouest à travers le Rîf marocain, est surtout nettement dessinée dans le D'hara, entre l'embouchure du Chélif et la Mtîdja. Cette partie est formée elle-même de deux parties distinctes : la plus occidentale, qui est tertiaire et qui atteint 450 à 500 mètres, n'est affectée que d'un soulèvement; mais la partie orientale offre aussi des traces du soulèvement des Pyrénées; elle atteint une hauteur généralement double de la précédente, et elle présente une légère courbure résultant du croisement des deux directions.

» La seconde chaîne, l'une des plus saillantes et la mieux dessinée de l'Algérie, commence à l'ouest, aux environs de Fêz, forme les montagnes des Beni-Ieznâcen et celles du T'râra; toutes celles qui limitent, au sud, les plaines d'Oran, d'Arziou et la vallée du Chélif; le Ouânseris, le Djerdjera et la montagne des Sept-Caps.

» La direction de cette chaîne, donnée par l'expérience, soit par les sommets, soit par le pied des montagnes, soit par le cours du Chélif entre le pont à l'ouest de Milîana, et le confluent de la Mîna, est de 17° 30', nombre qui diffère bien peu de celui que m'a donné le calcul, ou de celui qu'on peut déduire des directions observées en Europe, ou encore de celui que m'a fourni la direction des couches redressées.

» Cette chaîne, si remarquable par sa rectitude, qui frappe le géologue sur le sol aussi bien que sur la carte, est bordée, dans toute son étendue, de matières éruptives. On y remarque les îles volcaniques de la Sicile, la Galite, les roches porphyriques ou trachytiques de la Mtîdja, qui se prolongent jusqu'à Cherchêl, et qui, comme celles d'Oran, s'en éloignent un peu au Nord; les roches analogues, dont j'ai trouvé des fragments à l'ouest-nord-ouest de Mascara; les porphyres quartzifères, au sud de la même ville; les basaltes de 'Aïn-Tmouchent et la Tafna, l'île de Rachgoun et les Zafarines.

» Beaucoup de mines métalliques, du gypse et du sel gemme accompagnent cette chaîne.

» J'ai peu de détails sur les chaînes qui suivent celle que je viens de décrire ; elles se prolongent à travers la province de Constantine, mais elles y sont plus masquées par la chaîne des Pyrénées.

» La direction des grandes Alpes est indiquée, non seulement par un grand nombre de chaînes, mais par une file de lacs salés remarquables, tous élevés de plusieurs centaines de mètres au-dessus de la mer, et occupant une longueur de plus de 650 kilomètres, entre la province de Constantine et l'empire de Maroc.

» Plusieurs affluents supérieurs du Chélif ; entre autres, le Nahar-Ouâc'el, presque tout l'Ouad-el-Djidi, affectent la direction E. 17 à 18° N.

» Toute la série des K'S'our, ou village murés, depuis Figuîg jusqu'à Biskra, indique la même direction, parce qu'ils sont tous au pied de montagnes qui limitent, au sud, une zone habitée, au delà de laquelle viennent les Oasis. A Biskra et au delà, vers l'est, les villages et le pied des montagnes affectent la direction des Pyrénées, et en face de l'angle des deux chaînes se trouvent les plus grandes Oasis.

» L'âge du soulèvement E. 18° N. est aussi bien déterminé que sa direction par les observations directes, puisqu'on trouve le terrain subapennin jusqu'au haut des montagnes dans les environs de Mascara, et qu'il y montre des positions inclinées jusqu'à la verticale. Le même soulèvement affecte de la même manière le poudingue qui couronne à stratification discordante les terrains subapennins, ainsi que cela se voit en grand et en petit; aux environs de Sétif, par exemple, le poudingue forme une vaste nappe relevée au nord jusque dans les pentes des montagnes, et qui va, en inclinant au sud, vers le pied du Bou-T'aleb, affecté principalement de la direction des Pyrénées.

» Le soulèvement des grandes Alpes relève-t-il le terrain marin que j'ai signalé tout le long de la côte? La question me semble difficile à résoudre sûrement. D'une part, on ne trouve ce terrain que le long de la côte, preuve qu'il s'est déposé dans une mer à peu près limitée, comme aujourd'hui, par une ligne E. un peu N.; de l'autre, on rencontre ce terrain, comme à Oran, non seulement à une grande hauteur, mais très bouleversé. Si donc il est postérieur au soulèvement des grandes Alpes, ce je que suis disposé à admettre, il faut que la côte et probablement aussi l'intérieur aient subi des secousses très violentes, attestées aujourd'hui par la présence des roches volcaniques (1).

» Ce dépôt, postérieur au terrain subapennin et ne contenant que des coquilles d'espèces vivantes, renferme des blocs de basalte, de dolérite, de roches volcaniques, dans les différents points où on l'observe; mais il est probable que sa formation a pris fin promptement par les secousses et les relèvements qui ont suivi ces éruptions.

» On ne doit pas s'étonner que le terrain subapennin forme généralement des montagnes de second ordre au pied de montagnes plus élevées, consistant en terrain crétacé; car, comme je l'ai dit déjà, presque toutes les montagnes un peu considérables offrent l'empreinte du soulèvement des Pyrénées et quelquefois du système N.-N.-E.

» De l'ensemble des observations en Algérie, on peut déduire que le soulèvement des Pyrénées doit avoir produit des hauteurs de 1,200 mètres; celui des Alpes occidentales, des hauteurs de 6 à 800 mètres; celui des grandes Alpes, des hauteurs de 1,200 mè-

(1) Ainsi que je l'ai indiqué ci-dessus p. 592, je suis porté à croire que le soulèvement très moderne dont parle ici M. Renou doit être rapporté au *Système du Ténare*.

tres. Il en résulte que, dans les croisements les hauteurs atteindront à peu près la somme de celles des deux chaînes. 1,200 mètres est, en Algérie, une hauteur des plus habituelles ; les sommets atteignent au Djerdjera 2,126 mètres.

» Les chaînes de l'Algérie ont souvent une grande ressemblance avec celles de l'Espagne ; elles paraissent fréquemment dirigées de l'est à l'ouest, à cause du croisement multiple des chaînons des grandes Alpes et des Pyrénées, ou aussi fréquemment dirigées N.-E. par la combinaison de deux autres soulèvements. Cette direction fautive se voit encore sur presque toutes les cartes.

» Plusieurs circonstances de la géographie physique de l'Algérie se rapportent directement à l'allure des chaînes qui la traversent.

» J'ai fait voir dans l'introduction comment presque tous les phénomènes qui intéressent l'homme sont en rapport avec la figure du sol ; on peut y ajouter les remarques suivantes, qui trouvent ici leur place comme conséquence de tout ce qui précède.

» Les chaînes E. 18° N. ont un point minimum vers le milieu, c'est-à-dire vers le méridien d'Oran. Ce fait, en rapport avec leur simplicité, démontrée aussi par la présence du terrain subapennin jusque sur les sommets, est cause d'un rapprochement entre la Méditerranée et le S'ah'ra.

» Entre Tunis et Tripoli, un phénomène identique se remarque : une interruption presque complète, dans la chaîne E.-S.-E., produit d'un côté le golfe de Gâbes, et de l'autre une inflexion correspondante de la limite du désert.

» Les côtes déterminées par la pente de montagnes hautes et rapides sont généralement peu accidentées ; néanmoins, si l'on a voulu conclure que, l'Algérie se trouvant dans ce cas, sa pénurie de ports et de rades était une conséquence de sa configuration, on a fait une hypothèse un peu hasardée : ce pays a eu, en effet, à une époque reculée, mais contemporaine de l'homme, des rades immenses, des ports naturels admirables, qu'un relèvement, variable de quelques mètres jusqu'à 150, a suffi pour faire disparaître, sans autre modification dans la forme de la surface. Les environs de la Calle, le massif de Bône, celui d'Alger, celui de K'ol'éa, la vallée du Chelif, le massif d'Oran ont offert de ces ports naturels.

» On supposait, il y a quelques années, que le désert formait un plateau élevé ; cette hypothèse ne pouvait avoir aucun fondement. Depuis l'occupation de Biskra, on sait que cette ville est à 75 mètres environ au-dessus de la mer. L'oasis de l'Ouad-Rîr est donc à une hauteur peu considérable au-dessus de la mer, si elle n'est au-dessous. L'oasis de Ouâregla, dans laquelle viennent se jeter une quantité de torrents très longs, pourrait bien être à un niveau encore inférieur ; elle est entourée de montagnes dont la direction n'est pas encore suffisamment connue. Au sud de Ouâregla, le désert se relève vers les montagnes des Touâreg-H'oggar. Les vastes plaines, plates et submergées en partie, qui existent au sud-est de l'Algérie, et qui paraissent contenir les points les plus bas de tout le désert, se prolongent jusqu'à Gâbes, et forment un enfoncement en rapport avec les deux chaînes principales de l'Atlas. »

Depuis le retour de la commission scientifique envoyée en Algérie, M. Coquand a fait dans l'empire du Maroc un voyage géologique, dont les résultats ont été imprimés dans le *Bulletin de la Société géologique de France* (1). Plus heureux que ses devanciers, M. Coquand a constaté sur les rivages africains, ainsi que je l'ai rappelé ci-dessus p. 287, des traces d'un système

(1) Coquand, *Bull. de la Soc. géol. de France*, 2e série, t. IV, p. 1188.

de montagnes fort ancien, celui du nord de l'Angleterre. Il y a reconnu aussi le *Système du Mont-Viso*. Ses observations prouvent du reste que, pour les systèmes modernes, les lois constatées dans l'Algérie s'observent aussi dans le Maroc. Je regrette que l'étendue déjà trop grande de ce travail m'interdise de les citer ici en détail.

Morée.

La forme dentelée de la Morée que les anciens ont comparée à celle d'une feuille de Figuier, et que M. de Humboldt a nommée une *terre articulée*, indique, aussi clairement que possible, le croisement de nombreux Systèmes de dislocations : aussi MM. Boblaye et Virlet y ont-ils distingué 9 *Systèmes de montagnes* d'âges et de directions différentes. J'ai montré au fur et à mesure que ces Systèmes cadrent de la manière la plus satisfaisante, tant pour leur direction que pour leur âge avec ceux de l'Europe occidentale ; mais j'aurais été heureux de pouvoir en outre transcrire ici l'article que mes savants confrères ont consacré à leurs *Systèmes de montagnes* dans le grand ouvrage de l'expédition scientifique de Morée. Je l'aurais désiré d'autant plus vivement que la triangulation qui sert de base à la belle carte de la Morée ayant été exécutée par M. Boblaye, et cette carte ayant été levée et gravée sous sa direction, aucun travail géologique n'a peut-être été jusqu'ici aussi bien mis en rapport avec ses bases géographiques ; mais l'épaisseur déjà trop grande du présent volume m'interdit cette insertion. J'y renonce avec d'autant plus de regret qu'elle eût été un faible mais sincère hommage rendu à deux observateurs pleins de zèle et de talent, et à la mémoire d'un savant dont la science pouvait attendre beaucoup plus encore, et dont la fin prématurée a causé des regrets aussi universels que bien mérités.

Je dois attendre que M. Pierre de Tchihattheff ait publié les importants résultats des voyages qu'il vient de faire dans l'Asie mineure, pour hasarder aucune conjecture nouvelle sur cette terre classique. Je passe à l'Inde.

Indes orientales.

M. le capitaine Newbold, assistant commissionner à Kurnoul dans la présidence de Madras, a bien voulu me faire l'honneur de m'adresser une lettre contenant le résumé des recherches auxquelles il s'est livré dans ses nombreux voyages sur les différents

Systèmes de montagnes qui sillonnent le sol de l'Inde. Par cette lettre que j'ai communiquée à la Société philomatique de Paris, dans sa séance du 27 mai 1843 (1), M. Newbold m'annonce qu'il croit pouvoir classer les diverses régions de l'Inde en cinq grandes divisions, basées sur la direction générale des axes de soulèvement et des lignes d'écoulement des eaux dans chacune d'elles; savoir :

« 1° Division de l'*Hymalaya* ou de l'*Inde septentrionale*, avec ses chaînes subordonnées, caractérisée par une ligne générale d'élévation orientée à peu près à l'ouest 26° nord et par un écoulement général des eaux, dirigé au sud et à l'ouest, atteignant la baie de Bengale par les grands canaux du Gange et de la partie inférieure du Bramaputra.

» 2° Division du *Vindhya* ou de l'*Inde centrale*, avec ses plaines basses traversées par les chaînes du Vindhya et du Palamow, ayant une ligne générale de direction orientée à l'O. 5° S., et où l'écoulement des eaux s'opère dans le même sens vers l'océan Indien, principalement par les canaux du Tapter et du Nerbudda. Le Système de soulèvement du Vindhya oblige les eaux qui

(1) Journal *l'Institut*, t. XI, p. 191, n° 493, 8 juin 1843.

descendent de l'Hymalaya à s'écouler vers l'Est, et celles des plaines qui séparent ses propres chaînons à s'écouler vers l'Ouest, tandis que le cours naturel des uns et des autres aurait été vers le Sud.

» 3° Division des *Ghauts* ou de l'*Inde méridionale*, avec une ligne d'élévation orientée au N. 5° O. et un écoulement dirigé à l'est et au sud, vers la baie de Bengale, par les canaux du Mahanuddi, du Godavery, du Kistnah, du Pennaur et du Cavery.

» 4° Division de l'*Indus* ou de l'*Inde occidentale*, qui flanque les divisions de l'Hymalaya et du Vindhya. Le grand axe d'écoulement des eaux de ce Système se dirige au sud un peu ouest vers l'océan Indien. Le cours de ces eaux est principalement déterminé par la grande élévation de l'*Hindoo-Kosh*, dirigé vers l'ouest.

» 3° Division de *Malaya* ou de l'*Inde au delà du Gange*, comprenant la péninsule de Malacca, une partie de Siam et des Birmans. Cette immense ligne d'élévation, s'étendant du pied du *Système de l'Hymalaya* à la lisière de l'*Eynatao*, suit une direction presque parallèle à celle de l'Inde méridionale. Dans ses parties septentrionales, l'écoulement des eaux est déterminé vers le sud par les grandes élévations de l'Hymalaya. Il s'effectue principalement par les canaux des rivières Jrrawaddy, Setana, Sulween et Menam, vers les golfes de Martaban et de Siam. Ces eaux suivent les vallées longitudinales nord-sud du *Système de Malaya*, dans lesquelles elles entrent au nord de la latitude de Muneepore (25° de lat. N.), un peu après être descendues des pentes méridionales des montagnes du Bhotan, qui sont le prolongement vers l'est de celles de l'Hymalaya. La ligne anticlinale de la chaîne qui court du nord au sud dans la presqu'île de Malaya, rejette ses eaux à l'est et à l'ouest dans la mer de la Chine et dans le détroit de Malacca.

» Il est possible que le Système de Malaya, d'après le parallélisme de sa direction et d'après son caractère granitique, puisse être identifié avec la troisième division, celle des *Ghauts* : il est possible également que la division de l'Indus puisse être identifiée avec la première division, c'est-à-dire avec celle de l'Hymalaya ; mais jusqu'à ce que nous connaissions mieux la géologie de ces régions et la ligne générale d'élévation qui domine entre les bouches de l'Indus et l'*Hindoo-Kosh*, qui peut être regardé, quant à présent, comme une continuation de l'Hymalaya vers l'ouest, je crois plus prudent de considérer ces divisions séparément. Un granite de la péninsule de Malaya se distingue d'une manière tranchée du granite de l'Inde méridionale par son caractère fortement stannifère; mais les distinctions minéralogiques ne peuvent à elles seules décider des différences d'époques, et il faudrait des données plus étendues relativement à l'âge des dépôts neptuniens disloqués et non disloqués qui recouvrent ces roches granitiques.

M. Newbold s'occupe activement de recherches sur ce dernier point.

J'ajouterai ici quelques remarques sur les rapports qui peuvent exister entre quelques uns des Systèmes de montagnes de l'Inde et ceux de l'Europe.

M. Newbold adopte pour l'Hymalaya la direction E. 26° S. Nous avons trouvé que le *grand cercle de comparaison du Système de la chaîne principale des Alpes* coupe le méridien de Simla avec l'orientation E. 30° 51′ 49″ S. Si l'évaluation de M. Newbold se rapporte au même méridien, la différence est de 4° 51′ 49″ seulement. On pourrait considérer cette différence comme n'étant pas très importante, mais en raison de la grande distance qui existe entre l'Hymalaya et l'Europe occidentale, elle s'écarte beaucoup moins encore des résultats obtenus dans nos contrées qu'elle ne le paraît au premier abord. Une longueur de 90° mesurée, à partir du Dhawalagiri, sur le *grand cercle de comparaison du Système de la chaîne principale des Alpes*, conduirait un peu au-delà de Madère. Jusqu'au méridien d'Alger la distance est d'environ 66°. Cette distance est déjà assez grande pour qu'un changement de 4° 51′ 49″, ou en nombres ronds de 5°, dans l'orientation de la partie de notre grand cercle qui avoisine le Dhawalagiri, n'en produise qu'un beaucoup plus petit sur son orientation près du méridien d'Alger, et n'influe, très sensiblement, que sur la latitude à laquelle il coupe ce méridien. Notre grand cercle passant toujours au pied méridional du Dhawalagiri, et rapproché de 5° de la direction E.-O., cesserait de passer au N. de Minorque, et viendrait passer en Algérie le long des pentes septentrionales de l'Atlas. Il coïnciderait presque exactement avec l'arc mené de l'Etna au Pic de Ténériffe que M. Renou a employé pour représenter les directions de l'Atlas, ou avec l'arc de grand cercle mené du centre de l'empire de Maroc au nord de l'empire des Birmans, qui est à peu près le même désigné en termes moins précis, et que j'avais indiqué primitivement (*voyez* ci-dessus, pag. 606) (1) pour représenter la direction du Système de la chaîne principale des Alpes. Par ce *retour vers ma première indication*, il n'y aurait de changement essentiel apporté aux calculs auxquels nous nous sommes livrés ci-dessus p. 574, qu'en ce qui concerne le point de départ du grand cercle de comparaison que nous avions placé *arbitrairement* au milieu de la distance entre un certain point de l'Algérie et le Mont-Blanc. Ce point de départ se trouverait considérablement rapproché de l'Atlas; mais tout ce qui concerne les orientations resterait à très peu près le même.

En effet, un grand cercle orienté à Simla (lat. 31° 6′ 12″ N., long. 74° 49′ 5″ E. de Paris), vers l'O. 26° N., couperait perpendiculairement par 39° 41′ 2″ de lat. N. le méridien situé à 31° 27′ 49″ à l'E. de Paris. Le point d'intersection B tomberait dans l'Asie-Mineure, sur la rive droite du Kisil-Ermak (Halys), au S.-E. d'Angora. Ce même grand cercle, qui passe à peu près par l'Ararat et qui est parallèle au Taurus, étant continué vers l'O. à partir du point P, couperait le méridien de l'Etna par 38° 9′ 9″ de

(1) Traduction française du *Manuel géologique* de M. de la Bèche, p. 659, et *Traité de géognosie*, de M. Daubuisson, continué par M. Amédée Burat, t. III, p. 368.

lat. N. (23′ 29″, ou 44 kilomètres au nord du volcan) avec l'orientation O. 11° 51′ 49″ S.; le méridien du Mont-Blanc, par 36° 29′ 30″ de lat. N., avec l'orientation O. 16° 48′ 46″ S.; et le méridien de Paris, par 35° 17′ 20″ de lat. N., avec l'orientation O. 19° 28′ 8″ S.

En comparant ces résultats aux données consignées ci-dessus p. 573, on verra que notre grand cercle actuel couperait le méridien de Paris, 6′ 34″, seulement au nord du point où il est coupé par l'arc de grand cercle tiré de la cime de l'Etna à la cime du Pic de Ténériffe, et avec une orientation plus éloignée de la ligne E.-O., de 1° 33′ 5″ seulement. Il passerait un peu au nord de l'Etna, un peu au sud du Pic de Ténériffe, et couperait l'arc qui joint ces deux volcans au milieu de l'Algérie, sous un angle de 1° 33′ 5″.

Une parallèle à ce même grand cercle, menée par la cime du Mont-Blanc, y serait orientée vers l'O. 17° 1′ 32″ S. D'après les données consignées ci-dessus, p. 572 et 583, elle s'éloignerait de la ligne E.-O. de 2° 32′ 58″ de plus que la moyenne des observations faites en Europe, et de 2° 18′ 12″ de plus que la parallèle au *grand cercle de comparaison provisoire* que nous avons adopté. Toutes ces différences sont bien peu considérables, et ce qui me paraît le plus étonnant, c'est qu'en combinant ces observations faites par des observateurs différents et dans des pays aussi éloignés les uns des autres, on n'en trouve pas de plus importantes.

Les autres Systèmes de montagnes de l'Inde peuvent aussi donner lieu à quelques rapprochements qui ne sont pas dépourvus d'intérêt. Le *grand cercle de comparaison du Système des Pyrénées*, prolongé jusqu'au méridien de l'Inde, coupe celui de Goa, qui correspond à peu près au milieu de la longueur des Ghauts occidentales (*gates de Malabar*) (71° 30′ à l'E. de Paris), par 8° 53′ 35″ de lat. S., avec l'orientation S. 47° 30′ 47″ E. Le point d'intersection tombe dans la mer des Indes, près de l'île Chagos ou Diego Garcia. Avant d'y parvenir, le *grand cercle de comparaison du Système des Pyrénées* traverse l'Arabie, parallèlement aux accidents les plus remarquables du sol de la partie S.-O. de la Perse, et à la grande vallée de la Mésopotamie et du golfe Persique; il passe près de Médine et de l'extrémité orientale de l'île de Socotora. Une parallèle à ce grand cercle, menée par Goa, serait orientée à peu près au

S. 45° E., c'est-à-dire au S.-E. Elle formerait par conséquent avec l'orientation des Ghauts occidentales, telle que l'admet M. Newbold, un angle de 40°.

J'ai indiqué autrefois la chaîne des Ghauts (*gatès de Mâlabar*, voyez ci-dessus p. 600) comme pouvant former un chaînon du *Système des Pyrénées*. Un pareil rapprochement ne peut se soutenir dans les termes que j'ai employés ; je ne l'ai indiqué ainsi que d'après une fausse application de la dénomination de *gates de Malabar*, qui ne sont autre chose que les Ghauts occidentales, et je ne le rappelle ici que pour m'empresser de le rectifier.

En traçant par Goa une ligne orientée au S.-E., on verra qu'elle représente beaucoup moins la crête des Ghauts occidentales proprement dites qui courent, d'après M. Newbold, au N. 5° O., que celle de plusieurs des principaux chaînons des Nilgerries qui forment près de la partie méridionale de la côte de Malabar le prolongement méridional des Ghauts occidentales vers le cap Comorin, celle des montagnes qui sillonnent le plateau du Mysore, aux environs de Seringapatan, de Bangalore, de Guty, celle de beaucoup de parties des cours du Cavery, du Kistnah, du Godavery et de leurs affluents, enfin celle d'une foule d'accidents orographiques qui partent des Ghauts occidentales, et qui croisent à angle droit la direction des Ghauts orientales.

On retrouve encore la même direction très nettement dessinée dans la côte rectiligne de la presqu'île de Gudjerat.

M. Newbold n'a pas trouvé, sans doute, que ces accidents orographiques jouent un rôle assez important pour en faire un Système particulier. Cependant la grande île de Sumatra est aussi à peu près parallèle au grand cercle de comparaison du *Système des Pyrénées*, et en la laissant confondue avec les accidents du cinquième Système de M. Newbold, que le savant voyageur assimile pour la direction à celui des Ghauts, on commettrait une erreur semblable à celle que j'avais commise autrefois moi-même, en rapportant au *Système des Pyrénées* toute la chaîne des Ghauts occidentales.

Au surplus, l'île de Sumatra est à plus de 600 lieues du grand cercle de comparaison du *Système des Pyrénées*, et elle est aussi à peu près parallèle au grand cercle de comparaison du *Système du Tatra*, et même à celui du *Système de la chaîne principale des Alpes*. Ce dernier, ainsi que nous l'avons déjà vu p. 577, coupe le méridien, situé à 100° à l'E. de Paris, par 14° 43′ 59″ lat. N., avec l'orientation E. 41° 4′ 21″ S. Construit d'après ces données sur une carte de l'Inde, il traverse l'empire des Birmans, le royaume de Siam, le Camboge, et aboutit à la mer de la Chine, un peu au nord de l'embouchure de la grande rivière de May-kaung. Son prolongement traverse la partie septentrionale de Bornéo et la partie centrale des Célèbes Elle est parallèle à la côte N.-O. du golfe de Siam, et elle l'est presque exactement aussi de l'axe de l'île de Sumatra. Toutefois ce dernier parallélisme n'est pas rigoureusement exact, et si l'île de Sumatra doit être rapportée à un des Systèmes européens, elle se rattacherait plus naturellement au *Système du Tatra* qu'à aucun autre. En effet, le *grand cercle de comparaison du Système du Tatra* aboutit dans les parages de cette île avec une orientation très peu différente de celle de son axe longitudinal.

Tous ces grands cercles de comparaison se coupent, en Europe, sous des angles très prononcés; mais arrivés dans les parages de l'Inde, après un cours d'environ 90°, ils deviennent sensiblement parallèles entre eux, de même que tous les méridiens qui se coupent au pôle sont parallèles entre eux sous l'équateur. C'est donc sous toutes réserves que j'ai mentionné l'île de Sumatra, en parlant du *Système des Pyrénées*.

Quant aux accidents orographiques des Nilgerries et du Mysore, dont l'âge géologique n'a pas encore été déterminé, ils pourraient, d'après leur direction, se rapporter au *Système des Ballons* à peu près aussi bien qu'au *Système des Pyrénées*. Le *grand cercle de comparaison du Système des Ballons*, orienté au Brocken, dans le Hartz, vers l'E. 19° 15′ S., coupe le méridien de Goa par 3° 54′ 21″ de lat. N. avec l'orientation E. 54° 11′ 27″ S. Une parallèle à ce grand cercle, menée par Goa (lat. 15° 29′ 30″ E., long. 71° 30′ 6″ E de Paris), est orientée à Goa vers l'E. 54° 44′ 54″ S. Elle ne forme avec la parallèle au *Système des Pyrénées* qu'un angle de 9° 1/4.

M. de Humboldt rapporte la chaîne des Ghauts au même Système que la chaîne du Soliman, le Bolor et l'Ural. Ce sont, suivant ses propres expressions (1), « des chaînes parallèles à *axes alternés*. » En effet, un grand cercle orienté à Goa, vers le N. 5° O., coupe le 40ᵉ parallèle de lat. N., qui répond à peu près au milieu du Bolor par

(1) *Asie centrale*, t. I, p. 414.

68° 47′ 6″ de long. E. de Paris, avec l'orientation N. 6° 17′ 40″ O. Tracé sur la carte de l'Asie centrale par M. de Humboldt, il passe à 90 kilomètres à l'ouest du Bolor, et il lui est sensiblement parallèle sur une étendue de plus de 1100 kilomètres. Le même grand cercle coupe le 55e parallèle de lat. N. par 65° 55′ 36″ de long. E. de Paris avec l'orientation N. 8° 25′ 12″ O. Une parallèle à ce grand cercle, menée par Ekatherinenbourg (lat. 56° 50′ 14″ N., long. 58° 14′ 21″ E. de Paris), y serait orientée vers le N. 15° O. à peu près, et serait sensiblement parallèle à l'une des directions qui se dessinent le mieux dans la stratigraphie de l'Ural (1).

La direction du *Système du Vindhya* ou de l'Inde centrale, telle que l'indique M. Newbold, étant prolongée vers l'O., est très sensiblement parallèle à celle de la côte méridionale de l'Arabie. Son prolongement oriental est également parallèle à la chaîne des îles Sandwich, seulement il passe à une grande distance au sud de cette dernière.

Je n'essaierai pas pour le moment de pousser plus loin ces rapprochements lointains. Il me suffit d'avoir constaté que les montagnes de l'Inde, comme celles de l'Europe, se divisent en Systèmes ca-

(1) Carte de M. Murchison.

ractérisés chacun par une direction spéciale, et susceptibles, de leur côté, d'être poursuivis à de grandes distances sur la surface du globe. Il est aisé de prévoir que les deux presqu'îles de l'Inde, avec leurs côtes dentelées et les grandes îles qui les entourent, ne seront pas moins riches en Systèmes de montagnes que la Grèce et l'Europe occidentale; mais les Systèmes indiens doivent d'abord être étudiés en eux-mêmes, comme l'ont été ceux de l'Europe, et comme M. Newbold a commencé si heureusement à le faire dans l'Inde même. Quand l'étude sera complète, la comparaison avec l'Europe s'établira facilement.

Ural.

L'Ural, comme presque tous les groupes montagneux, doit son origine à plusieurs soulèvements de directions et d'âges divers. Nous avons déjà constaté que, dans le nord de l'Ural, la chaîne des monts Obdores, qui tourne au N.-E., appartient au *Système du Forez*. Mais les monts Obdores ne sont qu'un rameau détaché de l'Ural, et l'un des traits les plus caractérisés du massif entier est son très grand allongement du nord au sud, qui a conduit M. de Humboldt à appeler l'Ural une *chaîne méridienne*. Cet allongement dans le sens du méridien es dû à un Système d'accidents stratigraphiques postérieurs tout au moins au *millstone-grit* d'Artinsk. Mais quel est l'âge précis de ce Système?

Sans prétendre décider ici cette question d'une manière péremptoire, je trouve, par la résolution d'un simple triangle rectangle, que le *grand cercle de comparaison du Système de la Côte-d'Or* orienté à Dijon (lat. 47° 19′ 25″ N., long. 2° 41′ 50″ E. de Paris), vers l'E. 40° N., coupe *perpendiculairement* par 58° 43′ de lat. N., le méridien situé à 51° 28′25″ à l'E. de Paris. Ce point d'intersection tombe à environ 30 lieues au N.-O. de Perm. Il correspond à peu près, en latitude, au milieu de la longueur de l'Ural, où sa parallèle serait orientée vers le N. 4° 50′ E., et fermerait un angle de 4° 3′ seulement avec la direction N. 0° 47′ E., que M. de Humboldt assigne à l'ensemble de la chaîne (1). Le méridien coupé *perpendiculairement* est situé à environ 5° 42′ à l'O. de la crête de l'Ural. Il est exactement parallèle aux directions générales des rivières Ufa et Petschora, dont le cours paraît être en grande partie déterminé par les inflexions que les couches du terrain permien subissent en approchant de l'Ural, ce qui me paraît indiquer qu'il est très sensible-

(1) Humboldt, *Asie centrale*, t. I. p. 449.

ment parallèle à celui des soulèvements de l'Ural qui a relevé le terrain permien. La belle carte géologique de l'Ural, publiée par sir Roderick Murchison (1), indique très nettement, en effet, dans l'Ural une direction postérieure évidemment au calcaire carbonifère et même probablement au terrain permien, et dirigée parallèlement au 57e méridien à l'E. de Greenwich (54° 39′ 37″ à l'E. de Paris), méridien qui n'est éloigné que de 3° 11′ 12″ à l'O. de celui sur lequel le grand cercle de comparaison du *Système de la Côte-d'Or* est perpendiculaire. Ce soulèvement serait par conséquent, à très peu de chose près, *le Perpendiculaire du Système de la Côte-d'Or*, et cette seule circonstance peut porter à présumer que son âge n'est pas très différent de l'âge de ce dernier Système, qui est immédiatement postérieur au dépôt du terrain jurassique.

Or, les plaines de la Russie et les abords mêmes de l'Ural présentent des traces frappantes d'un grand changement qui s'est opéré à une époque géologique un peu antérieure à la formation du *Système de la Côte-d'Or*. Les plaines de la Russie paraissent avoir été à sec pendant la formation du lias et de l'étage oolithique inférieur qui ne s'y sont pas déposés, et avoir été envahies par les

(1) *Russia in Europe and the Ural mountains.*

eaux lorsque l'étage oxfordien a commencé à se former ; car cet étage jurassique moyen y a couvert de grands espaces, et s'est étendu jusqu'au pied des deux versants de l'Ural. Le phénomène s'expliquera très simplement si on admet que le soulèvement le plus exactement N.-S. de l'Ural s'est opéré entre l'époque de l'étage oolithique inférieur et celui de l'étage oxfordien. Ce Système étant orienté perpendiculairement à la ligne qui se dirige vers le centre de l'Europe occidentale, n'y envoie aucune ramification. On conçoit donc immédiatement comment il n'y a pas produit d'effets bien sensibles sur le mode de dépôt du terrain jurassique qui s'y trouve continu et parallèle à lui-même dans toute son épaisseur, tandis que dans l'Europe orientale, sous l'influence du Système méridien de l'Oural, il se trouve divisé en deux parties tellement distinctes, que la seconde existe sans la première sur des étendues immenses et se conduit comme une formation complétement indépendante.

La crête carbonifère du Karatau qui se projète à l'O. de l'Ural et celle du mont Sikazi (au N.-E. et au S.-E. d'Ufa, vers 55° de lat. N.), semblent indiquer dans l'Ural quelques accidents stratigraphiques dirigés E.-O., c'est-à-dire parallèles au

Système de la Côte-d'Or ; et ces accidents paraissent devoir être postérieurs à la plupart de ceux qui caractérisent l'Ural.

Ces faits si simples et si remarquables me portent à conclure que le *Système méridien de l'Ural* doit être postérieur à l'étage oolithique inférieur et antérieur à l'étage oxfordien.

La carte de sir Roderick Murchison indique aussi dans l'axe de l'Ural une direction N. 15° O., à peu près; c'est à cette direction que j'ai fait allusion ci-dessus, p. 655, comme étant sensiblement parallèle à la direction prolongée des Ghauts occidentales, et à celle du Bolor. Elle est probablement antérieure au terrain permien ; je n'ai pour le moment aucun moyen de déterminer exactement son âge relatif.

Quant aux autres Systèmes qui peuvent se croiser dans l'Ural, sans prétendre devancer à leur égard la marche des observations, je rappellerai ce que j'ai dit ci-dessus, p. 476, de la probabilité que la direction générale de la vallée du Volga, entre Kasan et Sarepta, appartient, comme celle du Jourdain, au Système des îles de Corse et de Sardaigne, auquel certains accidents stratigraphiques de l'Ural méridional sont sensiblement parallèles ; et ce que je disais en 1842, dans une lettre adressée à M. de Humboldt, et que cet illustre voyageur a bien voulu me faire l'honneur de publier (1).

« Je crois, écrivais-je à M. de Humboldt, que la chaîne de l'Ural, malgré sa rectilignité générale, présente, comme la plupart des chaînes de montagnes, le croisement de plusieurs directions résultant de dislocations d'âges différents. Dans le tableau intitulé : *Essai d'une coordination des âges relatifs de certains dépôts de sédiment et de certains Systèmes de montagnes*, qui fait suite à mes Recherches sur quelques unes des révolutions de la surface du Globe, j'ai placé le *Taganaï*, avec le Liban, dans le *Système des îles de Corse et de Sardaigne*. Ce premier essai de classification se rapportait à la partie des accidents stratigraphiques et orographiques de l'Ural qui, dans le voisinage du *Taganaï*, du *Jurma*, de l'*Iremel*, et dans les vallées supérieures des rivières Aï et Bielaya, courent vers le N. 35° E., parallèlement à une ligne tirée d'Ekatherinenbourg vers le confluent des rivières Ural et Ilek. J'y étais conduit par le parallélisme de cette direction avec le méridien de la Corse. Depuis lors, M. le professeur Sedgwick a fait voir que le *Système du nord de l'Angle-*

(1) Humboldt, *Asie centrale*, t. III, p. 544.

terre, bien plus ancien que celui des îles de Corse et de Sardaigne, lui est presque parallèle. Il résulte de là que la considération des directions permet de rapporter à ce Système les accidents stratigraphiques et orographiques des montagnes voisines du *Taganaï* : or, cette nouvelle classification se trouverait assez en harmonie avec les observations de MM. Murchison, de Verneuil et Keyserling, qui nous indiquent, dans cette partie de l'Ural, de nombreuses dislocations entre la période carbonifère et celle du Système permien, de même que les dislocations du nord de l'Angleterre ont eu lieu entre la période carbonifère et celle du grès rouge (1).

» La direction que je viens de mentionner est fort différente de celle de la crête de

(1) Aujourd'hui, ayant sous les yeux la belle carte géologique de l'Ural par sir Roderick Murchison, je puis citer, parmi les crêtes qui, dans l'Ural, me paraissent devoir être rapportées au *Système du nord de l'Angleterre*, celle du mont Lemian au N.-E. de Sterlitamak (54° de lat. N.), dont le pic de Tchecketsu paraît être le prolongement. Ce n'est qu'en faisant d'abord la part de ces accidents antérieurs au dépôt du terrain permien que je puis me bien représenter le rôle qu'a joué, dans la disposition stratigraphique du versant occidental de l'Ural, le système exactement N.-S., qui doit être postérieur au dépôt du terrain permien, puisque, d'après la carte et les coupes de sir Roderick Murchison, il l'affecte constamment.

l'Ural, qui est à peu près N.-S. Je n'ose hasarder aucune conjecture sur l'époque à laquelle cette dernière a été produite. Je ne lui trouve pas de parallèle exact parmi les directions des Systèmes européens. (C'est cette direction que je viens d'essayer de classer entre l'étage oolithique inférieur et l'étage oxfordien.)

» L'Ural, ainsi que MM. de Humboldt et Rose nous l'ont appris depuis longtemps, présente des traces d'un soulèvement extrêmement moderne. Or, il paraîtrait que le plus moderne des systèmes de dislocation qui affectent le continent européen est celui que MM. Boblaye et Virlet ont désigné, en Morée, sous le nom de *Système du Ténare*, Système dont on a signalé depuis des traces non équivoques en Italie. La direction du *Système du Ténare*, transportée dans l'Ural, y court environ vers le N.-N E. (N. 20° E.), parallèlement à une ligne tirée de *Perm* à *Ouralsk*. Cette direction est à peu près parallèle à celle de la ligne anticlinale des couches permiennes que MM. Murchison, de Verneuil et Kayserling placent à *Sakmarsk*, au N.-E. d'Orenbourg (laquelle est orientée sur leur carte vers le N. 18° E.). Est-ce lors de la production de cette ligne anticlinale que les dépôts les plus modernes de l'Ural ont été soulevés? C'est ce que je n'ose décider. »

Altaï, Madagascar, Nouvelle-Zéelande.

Le bel ouvrage que M. Pierre de Tchihatcheff a publié sur l'Altaï à la suite du voyage qu'il y a exécuté en 1842, a jeté un grand jour sur la structure géologique de ce groupe montagneux, célèbre depuis longtemps par la richesse de ses mines.

M. Pierre de Tchihatcheff distingue dans l'Altaï deux régions principales : l'*Altaï occidental* et l'*Altaï oriental*, qui se rattache aux monts Sayanes. Ces deux régions offrent deux types orographiques distincts qui, d'après le savant voyageur, coïncident parfaitement avec les phénomènes stratigraphiques. En effet, dans la portion qu'il a désignée par le nom d'*Altaï occidental*, la direction dominante est du N.-O. au S.-E. ; dans l'*Altaï oriental*, au contraire, c'est la direction N.-E.-S.-O. qui semble l'emporter sur la première, avec laquelle, toutefois, elle se trouve fréquemment alliée.

Ce croisement des axes de soulèvement semble avoir produit, dans l'Altaï, 1° d'un côté, l'espèce de fusion et d'entrelacement ou d'enchevêtrement par lesquels le *Système des Sayanes* se confond presque partout avec le *Système de l'Altaï* proprement dit (Altaï occidental); 2o de l'autre côté, la hauteur considérable à laquelle les montagnes de la portion orientale se trouvent portées relativement à la région occidentale, où ce croisement des axes est bien moins fréquent. En effet, le point culminant de tout l'Altaï, qui est représenté, au moins selon l'état actuel de nos connaissances, par les *colonnes de Katoune* ou la *Belouhha*, se trouve précisément dans l'endroit où les deux lignes de direction semblent se rencontrer. De même, le lac de Téletzk, également placé non loin de la région du croisement des axes de soulèvement, ne doit peut-être sa naissance qu'à cette circonstance même.

L'abondance des lacs profonds qui se distinguent souvent par des bords abruptes caractérise éminemment l'Altaï oriental, et semble à l'auteur se rattacher au croisement des axes de soulèvement dont il s'agit. Il cite particulièrement le lac Karakol (dans la vallée de l'Alach, sur le territoire chinois) qui rappelle tout à la fois le lac Paven, en Auvergne, et celui de Gemünden, dans le duché de Saltzbourg.

Lorsque l'on considère, dit M. de Tchihatcheff, la direction principale des cours d'eau qui sillonnent le vaste domaine de l'Altaï, on observe qu'elle présente fréquemment une concordance assez prononcée avec le double type de la direction orographique et stratigraphique qui domine dans ces contrées. En effet, non seulement une grande partie des fleuves, rivières et torrents de l'Altaï coulent du N.-E. au S.-O., ou du S.-E. au N.-O.; mais on remarque encore que la première direction domine dans la partie de l'Altaï caractérisée par une direction orographique et stratigraphique exactement semblable, et que l'auteur a désignées par le nom d'*Altaï occidental*, tandis que la seconde direction prévaut dans l'*Altaï oriental*.

A côté de ces deux directions principales, il en existe une troisième qui, parfois, ne se présente que comme une modification de la direction du S.-E. au N.-O., mais qui cependant coupe souvent cette dernière sous un angle plus ou moins considérable: c'est celle du S.-S.-E. au N.-N.-O.; c'est là nommément le cas du fleuve principal de l'Altaï, l'Ob, ainsi que de plusieurs de ses affluents.

Aux deux directions fondamentales, auxquelles se coordonne la disposition générale des masses minérales de l'Altaï, il faut en joindre une troisième, moins développée, mais encore assez bien marquée, que révèle un examen attentif de la carte de M. de Tchichatcheff, c'est l'orientation méridienne, ou presque exactement N.-S., qu'affectent de préférence les contours des masses minérales au nord du lac de Téletzk, et surtout au nord du bassin de Kouznetzk. Cette direction caractérise, comme l'a déjà remarqué M. de Humboldt, les montagnes qu'il a désignées sous le nom de *chaîne méridienne* de Kouznetzk (1), chaîne qui se termine à la région des alluvions aurifères répandues au pied N.-E. de l'Alataou, et que M. de Humboldt a rattachée, d'après sa direction, au *Système du Bolor*. Peut-être les deux groupes principaux de directions des couches que M. de Tchichatcheff a observées dans l'Altaï et figurées sur la *rose des directions* seront-elles susceptibles d'être ultérieurement subdivisées. Peut-être pourra-t-on en séparer un groupe dirigé N.-S., *Système du Bolor?*, et un autre dirigé de l'E. à l'O., *Système du Thian-Chan?* (2).

(1) Humboldt, *Asie centrale*, t. I, p. 378, et t. II, p. 5.

(2) Le *Système du Thian-Chan* ne traverse pas l'Europe. On verra aisément sur un globe terrestre que la direction de ce système orientée au milieu de l'Asie de l'E. à l'O se dirige à peu près vers la Nubie. Peut-être une étude attentive des belles cartes de M. Russegger en ferait-elle reconnaître l'existence dans cette contrée. Peut-être le *grand cercle de*

Mais je m'attacherai seulement ici aux deux principaux groupes de directions, dont l'un domine, comme je l'ai déjà dit, dans l'*Altaï oriental* et l'autre dans l'*Altaï occidental*. Ces deux systèmes sont à peu près, pour le continent de l'Asie, ce que sont, pour celui de l'Europe, les Systèmes du Thuringerwald et de la Côte-d'Or.

Nous avons déjà vu, p. 608, que la chaîne qui forme l'axe de l'île de Madagascar, et celle beaucoup plus étendue, mais semblablement orientée, qui borde au S.-E. le continent africain, forment deux chaînons d'un système qu'on peut suivre à travers l'Asie jusqu'aux bords du lac Baïkal et de la Léna.

L'*Altaï oriental*, tel que le décrit M. de Tchichatcheff, semble former lui-même un des anneaux de cette vaste chaîne. En effet, si l'on prend pour l'axe du système dont nous parlons un grand cercle, passant par le cap *Cave-Rock*, à l'angle S.-E. du continent africain (lat. 33° 15′ S., long. 25° 30′ E.) et par le cap *Mocandon*, à l'entrée du golfe Persique (lat. 26° N., long. 54° E.), on calcule aisément que ce grand cercle

comparaison de ce système, qui sans doute est assez moderne, est-il talonné par les volcans de Pe-Chan et d'Ho-Cheou, et par celui du Kordofan.

coupe le 85° méridien à l'E. de Paris, par 58° 48′ 30″ de latitude N., et en faisant avec ce méridien vers l'E. un angle de 47° 53′ 30″. Il traverse donc l'Altaï suivant une direction peu éloignée de la ligne S.-O. N.-E, ce qui permettrait d'y rattacher le Système de l'Altaï oriental. Ce même grand cercle traverse les plateaux de la Perse, suivant une orientation assez concordante avec celle de l'un des groupes de directions que M. Charles Zimmermann y a tracées dans un travail récent.

Dans le rapport que j'ai lu à l'Académie des sciences, le 12 mai 1845 (1), sur le travail de M. Pierre Tchichatcheff, je me suis hasardé à dire : « La direction E. 37° 30′ N. du Hundsrück, prolongée à travers l'Asie, coupe le 85° méridien à l'E. de Paris par 54° 27′ de lat. N., en formant avec lui un angle de 61° 17′; d'où il résulte qu'elle traverse l'Altaï de l'O. 28° 43′ N. à l'E. 28° 43′ S.

» On peut remarquer de même que la direction E. 40° N. de la Côte-d'Or, prolongée à travers l'Asie, coupe le 85° méridien à l'E. de Paris par 57° 27′ de latitude N., en formant avec lui un angle de 62° 34′, et que par conséquent elle traverse elle-même

(1) *Comptes-rendus*, t. XX, p. 1412.

l'Altaï de l'O. 27° 26′ N. à l'E. 27° 26′ S.

» Or ces deux directions, si peu différentes l'une de l'autre, représentent très sensiblement la direction de l'Altaï occidental, telle qu'elle se manifeste sur la carte de M. Pierre de Tchihatcheff, par la disposition des bandes de roches granitiques et schisteuses. Elle se rapproche aussi beaucoup de la direction O.-N.-O. E.-S.-E. que M. de Humboldt assigne à l'un des systèmes de dislocation de l'Altaï (1). »

En adoptant dans le présent travail pour le grand *cercle de comparaison* destiné à représenter le *Système du Westmoreland* et *du Hundsrück*, un grand cercle passant au Binger-Loch et dirigé en ce point, à l'E. 31° 30′ N., je n'ai pas changé sensiblement le point de départ de la direction à prolonger vers l'Altaï, mais j'ai changé cette direction de 6°, et cette modification exige nécessairement que des modifications correspondantes soient apportées à une partie des calculs et des considérations qui viennent d'être reproduits.

L'arc du grand cercle qui passe au Binger-Loch (lat. 49° 55′ N., long. 5° 30′ E.) en se dirigeant à l'E. 31° 30′ N., étant prolongé jusqu'au méridien du lac de Téletzk

(1) Humboldt, *Asie centrale*, t. I, p. 378

dans l'Altaï, à 85° E. de Paris, couperait ce méridien par 49° 2′ 34″ de lat. N., et avec l'orientation E. 33° 6′ 58″ S. Il traverserait l'Altaï occidental dans le sens de sa longueur suivant une direction presque exactement parallèle à l'orientation générale des principales masses granitiques dessinées sur la carte de M. Pierre de Tchihatcheff, au pied desquelles semblent avoir dû se déposer les calcaires carbonifères du bassin de l'Irtisch.

Comparée à celle qui se rapportait à l'orientation que j'avais primitivement adoptée pour le *Système du Westmoreland et du Hundsrück*, elle est plus éloignée d'environ 4° ½ de la ligne O.-N.-O. E.-S.-E. et par conséquent de la direction assignée par M. de Humboldt aux couches de l'Altaï occidental, de celle du cours de l'Irtisch de Bouchtarminsk à Sémipolatinsk de même que de la moyenne des directions que M. de Tchiatcheff a tracées sur sa belle carte comme représentant les orientations des couches de l'Altaï occidental, notamment celles des couches carbonifères.

On voit, d'après cela, que les directions des couches carbonifères de l'Altaï occidental et celles des traits principaux de son relief extérieur actuel se rapprochent plus de la direction du *Système de la Côte-d'Or* que de celle du *Système du Westmoreland et du Hundsrück*. Ainsi l'indécision que j'annonçais dans le passage rapporté ci-dessus, cesse d'exister, et si la configuration extérieure actuelle et les grandes dislocations des couches de l'Altaï occidental se rattachent réellement à quelqu'un de nos Systèmes européens, c'est, suivant toute apparence, au *Système de la Côte-d'Or* : conclusion parfaitement en harmonie avec l'idée de regarder la direction la plus exactement méridienne de l'Ural, comme étant d'un âge intermédiaire entre ceux de l'étage oolithique inférieur et de l'étage oxfordien, et avec l'existence dans l'Ural même de quelques accidents orographiques susceptibles d'être rapportés au Système de la Côte-d'Or.

Si le *Système du Westmoreland et du Hundsrück* se dessine en même temps dans l'Altaï, ce ne peut être que dans les profondeurs du sol primordial, c'est-à-dire dans l'orientation générale des masses granitiques et de certaines roches schisteuses anciennes.

Il paraîtrait cependant que la direction du *Système du Westmoreland et du Hundsrück* poursuit son cours à travers tout l'empire de la Chine et même au delà. Le grand cercle qui passe au Binger-Loch en se dirigeant à l'E. 31° ½ N., prolongé jusqu'au méridien de Canton (Canton, lat. 23° 8′ 9″ N., long. 110° 42′ 30″ E. de Paris), va couper ce méridien par 31° 14′ 40″ de lat. N., avec l'orientation S. 39° 57′ 9″ E. Il passe à 8° 6′ 31″ ou à environ 1,000 kilom. (200 lieues) au N. de Canton; mais, comme il est devenu très oblique par rapport au méridien, Canton ne s'en trouve guère qu'à 120 lieues vers le S.-O.

Cette direction prolongée depuis le Binger-Loch, atteint la côte de la mer de la Chine, entre l'île de Hong-Kong et celle de Formose; elle passe ensuite au N.-E. de l'île de Luçon et de tout l'archipel des Philippines, parallèlement à quelques unes de leurs lignes orographiques les plus remarquables, poursuit son cours à travers la Nouvelle-Guinée, le continue ensuite parallèlement à une partie des côtes N.-E. de la Nouvelle-Hollande, et à la direction générale de la Nouvelle-Calédonie, et finit par aller couper la Nouvelle-Zéelande parallèlement à la ligne droite à laquelle se terminent, vers le N.-E., toutes les pointes de la grande île septentrionale Ikana-Mawi.

J'hésite à croire que cette identité de direction entre certaines chaînes de l'Australie et certaines chaînes de l'Europe occidentale, situées presque aux antipodes les unes des autres, soit l'indice d'une identité d'âge entre elles. Je crois, ainsi que je l'expliquerai plus loin, que les chaînes d'un même âge sont généralement comprises dans un même fuseau de l'écorce terrestre. Un fuseau se termine nécessairement par deux pointes situées rigoureusement l'une à l'antipode de l'autre; près de chacune de ces pointes la direction des chaînes doit tendre à devenir incertaine. Il y aurait donc, dans ma manière de voir, quelque difficulté à concevoir que des chaînes placées dans des régions situées aux antipodes l'une de l'autre et cependant parallèles à un même *grand cercle de comparaison*, soient le résultat d'un même ridement de l'écorce terrestre.

Il me paraît beaucoup plus probable qu'il existe ici un nouvel exemple d'une direction qui s'est reproduite à deux époques successives et fort éloignées l'une de l'autre. Deux ridements se seraient opérés dans deux fuseaux ayant leurs lignes médianes sur un même grand cercle, mais placés en partie l'un à la suite de l'autre, le long de ce grand cercle, de manière à embrasser à eux deux un espace beaucoup plus long qu'une demi-circonférence. Je suis d'autant plus porté à conjecturer que c'est là l'explication réelle du fait qui nous occcupe, que les chaînes orientées dans l'Australie parallèlement à notre *grand cercle de comparaison*, paraissent plus modernes que celles auxquelles elles correspondent dans l'Europe occidentale, parce qu'elles sont plus saillantes et parce qu'elles sont en rapport avec la ligne volcanique en zig-zag, qui s'étend des îles Philippines à la Nouvelle-Zéelande.

Mais la double origine du Système que nous venons de suivre depuis la France jusque tout près de nos antipodes, ne doit pas empêcher de remarquer que dans son cours à travers la partie orientale de l'empire de la Chine, sa direction est parallèle à celles d'un grand nombre de rivières et de crêtes montagneuses que les cartes figurent dans ces contrées peu connues. Peut-être fournira-t-elle, concurremment avec la direction de la Côte-d'Or, dont elle est devenue bien distincte, un des éléments dont on pourra se servir pour déchiffrer la structure orographique de l'Asie centrale.

Bien d'autres Systèmes se décèlent par des alignements rectilignes et par des orientations uniformes, lorsqu'on parcourt de l'œil sur un globe les terres et les nombreux groupes d'îles dont sont semées les mers de l'Océanie. Je citerai comme exemple le Système méridien de l'île Tarrakaï, de l'île Jeso, des îles Mariannes, de la terre de Carpentarie et de la terre de Van Diémen.

Amérique septentrionale.

Si les Systèmes de montagnes de l'Europe occidentale peuvent être suivis jusque dans l'Inde et dans l'intérieur de l'Asie, on ne voit pas pourquoi on n'essaierait pas de retrouver sur le continent américain ceux qui se dirigent de ce côté.

Les grands cercles de comparaison qui, dans l'Europe occidentale, sont orientés entre l'O. et le N.-O., traversent l'Amérique septentrionale, et il est aisé d'y tracer chacun d'eux en résolvant les triangles sphériques convenables. Par l'effet de la courbure de la terre, ces grands cercles se trouvent orientés au delà de l'Atlantique vers la région du S.-O.

L'existence du *Système du Morbihan* me paraît indiquée avec assez de probabilité au delà de l'océan Atlantique dans des régions qui, à la vérité, ne nous sont que très imparfaitement connues, dans le Labrador et dans le Canada. Il est aisé de calculer, en effet, que le grand cercle qui passe à Vannes se dirigeant à l'O. 38° 15′ N., coupe le 65ᵉ méridien à l'O. de Paris, par 57° 23′ 15″ de lat. N., avec l'orientation O. 11° 3 42″ S., et le 90ᵉ méridien à l'O. de Paris, par 51° 37′ 54″ de lat. N., avec l'orientation O. 31° 33′ 1″ S. Or si on trace approximativement cet arc de grand cercle sur une carte de l'Amérique septentrionale, on reconnaît aisément qu'il coupe la côte N.-E. du Labrador, près du port Manvers, un peu au N. de Nain, traverse le Labrador, près du lac Seal, coupe la pointe méridionale de la baie d'Hudson, passe au N. de la rivière d'Albany dont il suit la direction, passe un peu au S. du lac Saint-Joseph, et coupe ensuite le lac des Bois. Dans cette dernière partie de son cours, il passe à soixante lieues environ au N.-O. de la côte N.-O. du lac Supérieur qui lui est parallèle dans son ensemble. L'axe longitudinal de l'île Royale, située dans ce vaste lac, lui est également parallèle, et en général les accidents des côtes de la partie occidentale de ce lac, formées de roches primitives en masses élevées et escarpées, présentent dans leur configuration générale plusieurs lignes dirigées à peu près de l'É. 31° $\frac{1}{2}$ N. à l'O. 31° $\frac{1}{2}$ S., de sorte qu'elles se coordonnent à la direction du *Système du Morbihan*, à peu près de la même manière que les côtes S.-O. de la presqu'île de Bretagne.

On peut remarquer en outre que la ligne générale qui forme la limite entre les parties du Canada et du Labrador, composée de roches primitives, et les contrées qui plus au sud sont formées de couches siluriennes presque horizontales, est parallèle dans son ensemble et dans beaucoup de ses parties à l'arc du grand cercle dont nous venons de parler, circonstance qui concourt avec les relations de direction qui viennent d'être signalées pour faire assigner une date anté-silurienne aux traits orographiques dont nous venons de parler.

La prolongation du *Système des Ballons* se reconnaît en Amérique avec plus de probabilité encore que celle du *Système du Morbihan*.

Dès l'origine de mes recherches sur quelques unes des révolutions de la surface du globe, j'ai signalé le parallélisme qui existe entre la direction qui domine dans la chaîne des Alleghanys et la prolongation de la direction des Pyrénées (1). Depuis lors, ayant reconnu que le *Système des Ballons*, quoique presque parallèle au *Système des Pyré-*

(1) *Annales des sciences naturelles*, t. XVIII, p. 322 (1829).

nées, est cependant beaucoup plus ancien, j'ai ajouté : « Il est naturel de penser que, si le Système dont les Pyrénées font partie, se prolonge depuis les États-Unis jusque dans l'Inde, en traversnt l'Europe, il doit en être de même du *Système des Ballons*, auquel il me paraît bien probable que les Alleghanys doivent une partie de leur configuration (1). » Aujourd'hui, cette probabilité me paraît être devenue presque une certitude.

Le *Système des ballons et des collines du Bocage* est postérieur au plissement des couches anthraxifères des bords de la Loire-Inférieure et des départements de la Sarthe et de la Mayenne, mais antérieur au terrain houiller de Saint-Pierre-la-Cour (Mayenne), qui repose sur les tranches de ces couches repliées.

Le calcaire carbonifère devient quelquefois un dépôt principalement arénacé et presque semblable au terrain houiller proprement dit. Le terrain carbonifère du Northumberland, les grès calcifères de l'Écosse, le dépôt carbonifère du Donetz sont déjà trois exemples bien avérés de ce fait; et l'Amérique du Nord me paraît en présenter un quatrième. En effet les rappro-

(1) *Traité de géognosie*, t. III, p. 365 (1834).

chements paléontologiques que M. de Verneuil a si savamment établis entre les fossiles marins des couches calcaires qui alternent avec les dépôts houillers situés à l'ouest des Alleghanys (1) et les fossiles des terrains paléozoïques de l'Europe, rattachent directement les premiers aux couches calcaires du terrain calcifère des environs de Glascow, aux couches à *fusulines* du terrain carbonifère du Donetz et non au terrain houiller proprement dit.

Or d'après les beaux travaux de MM. les professeurs Rogers et de plusieurs autres géologues américains, si bien résumés par M. Lyell (2), les couches carbonifères du grand bassin placé au pied occidental de la chaîne des Alléghanys, pénètrent dans l'intérieur de cette chaîne. Elles sont aussi essentiellement comprises dans les plis des couches qui les composent, que le calcaire de sable dans les plis du terrain antrhaxifère des bords de la Loire-Inférieure et de la Sarthe. Ces plissements, séparés par toute la largeur de l'océan Atlantique, sont

(1) E. de Verneuil, Note sur le parallélisme des roches des dépôts paléozoïques de l'Amérique septentrionale avec ceux de l'Europe (*Bulletin de la Société géologique de France*, 2e série, t. IV, p. 646.

(2) Lyell, *Travels in north America*.

en eux-mêmes complétement analogues, et ils se présenteraient dans des circonstances exactement semblables, si, au lieu de trouver seulement le grès bigarré superposé en stratification discordante sur les couches américaines, on y avait découvert un terrain houiller comparable à celui de Saint-Pierre-la-Cour; mais cette lacune n'empêche pas que la comparaison des directions des deux groupes de couches repliées ne présente un véritable intérêt.

Pour effectuer cette comparaison, je suis parti de la direction que mes recherches m'ont conduit à assigner au *Système des Ballons et des collines du Bocage*. Nous avons adopté finalement ci-dessus, p. 256, pour grand *cercle de comparaison provisoire du Système des Ballons*, un grand cercle orienté à la cime du Brocken dans le Bartz, (lat. 51° 48′ 29″ N., long. 8° 16′ 20″ E. de Paris), vers l'O. 19° 15′ N.

Afin de transporter cette direction dans la région des Alléghanys, je détermine d'abord, par la résolution d'un triangle sphérique rectangle, la position du méridien auquel le *grand cercle de comparaison du Système des Ballons*, orienté à la cime du Brocken vers l'O. 19° 15′ N., est perpendiculaire. Je trouve que ce méridien est situé à 15° 41′ 4″ à l'O. de Paris, et que le point d'intersection se trouve par 54° 17′ 12″ de lat. N. Ce point tombe dans l'océan Atlantique à l'O. des côtes de l'Irlande. Le *grand cercle de comparaison du Système des Ballons* n'est autre chose que la perpendiculaire à sa méridienne, et on peut en fixer autant de points qu'on voudra en résolvant pour chacun d'eux un seul triangle sphérique rectangle, ainsi que nous l'avons fait ci-dessus, p. 296, pour la perpendiculaire à la méridienne de Rothenburg.

Je trouve par ce moyen que le *grand cercle de comparaison du Système des Ballons* coupe le méridien d'Annapolis (Nouvelle-Écosse, long. 67° 30′ O. de Paris) par 40° 41′ 27″ de lat. N., avec l'orientation O. 39° 39′ 29″ S.

Le méridien d'Amherst Collége (Massachussetts, long. 74° 52′ O. de Paris) par 35° 28′ 22″ de lat. N. avec l'orientation O. 44° 12′ 37″ S.

Et le méridien de Washington (long. 79° 22′ 24″ O. de Paris) par 31° 40′ 10″ de lat. N., avec l'orientation O. 46° 41′ 42″ S.

D'après ces données, il est facile de construire notre *grand cercle de comparaison* sur une carte d'Amérique, et on trouve qu'il longe extérieurement les rivages des États-Unis.

Washington se trouvant par 38° 53′ 25 de lat. N. le point d'intersection avec son méridien est à 7° 13′ 15″, ou à environ 804 kilomètres au sud de cette capitale; mais cette distance étant prise en ligne oblique, par rapport au grand cercle prolongé depuis le Brocken, une perpendiculaire abaissée depuis Washington sur ce grand cercle a seulement une longueur égale à 4° 57′ 15″ du méridien, ou à environ 550 kilomètres (120 lieues).

Cette distance est déjà assez considérable pour qu'il y ait lieu de calculer quelle serait la direction d'une ligne qu'on mènerait par Washington parallèlement au grand cercle que nous avons prolongé depuis le Brocken, c'est-à-dire perpendiculairement à la perpendiculaire que nous venons d'abaisser de Washington sur ce dernier. La résolution d'un triangle sphérique apprend que la ligne cherchée, passant par Washington, se dirige de l'E., 46° 55′ 25″ N., à l'O. 46° 55′ 25″ S. (1).

(1) Dans un précédent travail (*Bulletin de la société géologique de France*, 2e série, t. IV, p. 979), j'ai indiqué l'O. 43° 18′ S., pour l'orientation du *Système des Ballons*, transportée à Washington : celle que j'indique ici diffère de la première de 3 1/2 environ. Cette différence tient à ce que j'emploie actuellement le grand cercle de comparaison mené par le Brocken au lieu de celui que j'avais mené

Telle est la direction du *Système des Ballons et des collines du Bocage*, transportée dans la région des Alléghanys; or, en construisant cette direction sur l'excellente petite carte géologique des États-Unis, publiée par M. Lyell (1), je trouve qu'elle est sensiblement parallèle à une ligne tirée de Lowell (Massachusetts) à Pensacola (Floride), et qu'elle coïncide à peu près avec la direction la plus générale des couches redressées dans la partie centrale des Alléghanys. Elle représente notamment la direction la plus habituelle des couches d'anthracite de la Pensylvanie et celle du grand bassin carbonifère sub-alléghanien, de Bloosburg au Tenessee. De là, je conclus que très probablement les Alléghanys doivent en effet « *une* » *partie de leur configuration* » au *Système des Ballons et des collines du Bocage*.

originairement par le Ballon d'Alsace. Ces deux grands cercles traversent l'Europe occidentale dans des directions sensiblement parallèles; mais en Amérique ils convergent l'un vers l'autre: de là différence trouvée. En la comparant aux observations faites en Amérique, on pourra découvrir lequel des deux grands cercles de comparaison mérite d'être préféré. Cette différence de 5° 1/2 a peu d'importance pour notre objet actuel. On peut employer à peu près indifféremment l'un ou l'autre grand cercle de comparaison pour examiner si la direction du *Système des Ballons* se retrouve dans les Alléghanys.

(1) Lyell, *Travels in North America*, t. II

Je dois ajouter cependant que c'est *une partie* seulement de la configuration de la vaste chaîne des Alléghanys, qui me paraît devoir être rapportée au *Système des Ballons*, d'une part, parce que je ne renonce pas complétement à y retrouver quelques accidents propres au *Système des Pyrénées*, dont la direction moins éloignée de la ligne E.-O. représente plus exactement encore la stratification de plusieurs parties de la chaîne, surtout dans la Caroline du nord, et de l'autre, parce que, comme l'ont parfaitement observé MM. les professeurs Rogers (1), et comme la carte le montre immédiatement, il existe dans les Alléghanys au moins deux directions distinctes.

Celle qui joue le second rang, sous le rapport de son importance, est beaucoup plus rapprochée de la ligne N.-S. que celle que nous venons de considérer. Elle court à quelques degrés à l'E. du Nord, mais elle se combine avec la première dans une foule de localités, et les observations de MM. les professeurs Rogers ne permettent pas de douter que les deux directions n'aient été

(1) Professors W. B. and H. D. Rogers, *On the physica structure of the appalachian chain*. — *Transactions of the association of American Geologists and naturalists*, 1840-1843, p. 474.

mprimées simultanément aux couches carbonifères; mais il me paraît extrêmement probable qu'ici, comme en Belgique, où j'ai déjà signalé ce fait (*voy.* ci-dessus, p. 293), la direction la plus rapprochée du méridien n'est autre chose qu'une direction plus ancienne, déjà existante dans les couches qui servent de support aux couches fossilifères, laquelle a été reproduite au moment où le *Système des Ballons* a pris naissance, de manière à s'allier avec celle de ce système, sans se confondre avec elle.

Cette manière de voir aurait l'avantage de se trouver presque complétement en harmonie avec les savants travaux de M. le professeur Hitchcock sur la géologie du Massachusetts (1).

M. Hitchcock distingue dans le Massachusetts jusqu'à six systèmes stratigraphiques.

Le second de ces systèmes dans l'ordre d'ancienneté est distingué par lui sous le nom de Système N.-E. S.-O. Suivant cet habile observateur, c'est le système le plus distinct du Massachusetts, il affecte la Grauwacke (p. 712), contemporaine des couches carbonifères de l'O., et M. Hitchcock ajoute

(1) Professor Ed. Hitchcock, *Systems of strata in Massachusetts.* — *Final Report on the Geology of Massachusetts*, vol. II, p. 709 (1841).

qu'il correspond presque exactement en direction avec les principales crêtes de la chaîne des Alléghanys, dans les États du Milieu et du Sud, et aussi avec les chaînes qui s'étendent de la Nouvelle-Angleterre vers le N.-E.

Or, nous avons trouvé ci-dessus que le *grand cercle de comparaison* du *Système des Ballons* coupe le méridien d'Amherst-College par 35° 28′ 22″ de lat. N., avec l'orientation O. 44° 12′ 37″ S. Amherst-College étant situé par 42° 22′ 13″ de lat. N., le point d'intersection se trouve à 6° 53′ 51″, plus au sud, et on trouve par la résolution d'un triangle sphérique rectangle qu'une parallèle à notre grand cercle de comparaison menée par Amherst-College est orientée l'O. 44° 25′ 6″ S. Elle s'écarte par conséquent de 34′ 54″ seulement de celle que M. Hitchcock assigne à son second système; une aussi petite différence peut assurément être considérée comme négligeable.

Pour ce qui concerne les contrées situées plus à l'est, je me bornerai à remarquer qu'une parallèle à notre *grand cercle de comparaison* menée par Annapolis (Nouvelle-Écosse), lat. 44° 35′ N., long. 67° 3′ O. de Paris) est orientée en ce point vers l'O. 39° 43′ 44″ S., et que cette orientation diffère peu de celle de plusieurs des lignes stratigraphiques les plus remarquables de cette contrée et de l'état de Maine. Toutefois, d'après la carte géographique de la Nouvelle-Écosse, par M. le docteur A. Gesner (1), un grand nombre de lignes stratigraphiques de cette contrée se rapprochent davantage de la ligne E.-O., et appartiennent probablement à d'autres Systèmes.

Ces rapprochements me paraissent tendre à confirmer les rapports que je crois apercevoir entre la direction générale des Alléghanys et celle qui est propre au *Système des Ballons*.

Mais M. le professeur Hitchcock signale, dans l'État de Massachusetts et dans les contrées adjacentes, un système plus ancien que le Système N.-E., S.O. ; il le désigne sous le nom de *Oldest meridional System* (*Système méridien le plus ancien*), et il annonce (p. 710) que sa direction ne s'éloigne pas beaucoup du méridien, mais s'en écarte cependant de plusieurs degrés vers l'Est du Nord. Ce système paraît s'étendre vers le Nord, de manière à embrasser les masses les plus élevées de la Nouvelle-Angleterre, les *White Mountains* du New-Hampshire. Les couches auxquelles il a imprimé sa di-

(1) Quarterly, *Journal of the geological society*, t. I.

rection paraissent avoir été dérangées par le Système N.-E., S.-O., ce qui indique qu'il est plus ancien que ce dernier.

Je suis très porté à présumer que ce *Système méridien le plus ancien*, dirigé un peu à l'E. du Nord, est en effet plus ancien que le *Système des Ballons*, que toutes les couches siluriennes de l'Amérique du Nord, et même plus ancien que le *Système du Morbihan*. La discordance de stratification que M. le professeur Emmons a signalée entre les roches primaires du New-Hampshire et du Vermont, et le terrain taconique (1), doit faire supposer que le *Système méridien le plus ancien* de M. le professeur Hitchcock est antérieur à la période du dépôt du terrain taconique.

La discordance de stratification que M. le professeur Emmons signale aussi entre les couches les plus élevées du terrain taconique et le grès de Potsdam, qui me paraît l'équivalent du grès de Caradoc, montre que le second mouvement de dislocation s'est opéré dans la Nouvelle-Angleterre avant le dépôt du terrain silurien proprement dit. Ce second mouvement de dislocation pour-

(1) Professor Ebenezer Emmons, *The taconic system*, in-4 Albany (1844).

rait être contemporain de la formation du *Système du Morbihan*.

Nous avons vu que l'existence du *Système du Morbihan* paraît indiquée avec assez de probabilité au delà de l'océan Atlantique, et que le grand cercle de comparaison de ce système qui passe à Vannes en se dirigeant à l'O. 38° 15′ N., coupe le 65e méridien à l'O. de Paris, par 57° 23′ 15″ de lat. N., avec l'orientation E. 11° 3′ 42″ S., et le 90e méridien à l'E. de Paris par 51° 37′ 54″ de lat. N., avec l'orientation E. 31° 33′ 1″ S. — La direction d'une ligne parallèle à ce grand cercle, menée par Amherst-College, est E. 19° 20′ N., O. 19° 20′ S. Elle se rapproche des directions de beaucoup de couches observées dans le New-Hampshire et le Maine, par M. le docteur Charles T. Jackson. Mais le second mouvement de dislocation dont je viens de parler pourrait aussi être plus ancien que le *Système du Morbihan*, auquel cas il existerait entre les couches les plus élevées du terrain taconique et le grès de Potsdam, une lacune plus ou moins considérable, analogue à celle que j'ai signalée sur les pentes des collines du Longmynd.

Dant tout état de cause, le terrain Taconique me paraîtrait devoir correspondre à la totalité ou à une partie de la *série fossilifère du calcaire de Bala*, et peut-être à une partie du terrain des ardoises vertes du pays de Galles et du Westmoreland. La série des roches primaires du New-Hampshire et du Vermont correspondrait elle-même, dans cette hypothèse, à quelques parties du terrain des ardoises vertes du pays de Galles et du Westmoreland, et peut-être à certaines parties des Schistes cumbriens de la Bretagne et des couches qui leur sont inférieures. Les deux groupes de couches américaines, dont je viens de parler, ne peuvent guère correspondre exactement à nos terrains européens, parce que le *Système méridien le plus ancien* de M. le professeur Hitchcock, dont la formation a eu lieu entre les périodes respectives de leurs dépôts, ne se dirige pas vers l'Europe, et ne doit correspondre exactement par son âge à aucun des systèmes de montagnes européens.

La direction du *Système méridien le plus ancien* de M. le professeur Hitchcock me paraît jouer, dans la constitution géologique de l'hémisphère américain, un rôle très étendu et très remarquable. D'après la belle carte de l'État de Connecticut, publiée par M. Percival (1), cette direction se continue

(1) J. G. Percival. *Report on the Geology of the state connecticut*, New-Haven, 1842.

vers le S.-S.-O., à travers une grande partie de cet État, dont sa prolongation atteindrait la côte, près de l'embouchure de la rivière Connecticut. Dans le sens opposé, elle se poursuit à travers l'État de New-Hampshire jusque près des sources de la même rivière Connecticut. L'orientation générale me paraît être à peu près N. 15° E.—S. 15° O., et telle serait aussi à peu près la moyenne d'un grand nombre de directions de roches anciennes, relevées dans les *White Mountains* et dans les chaînes adjacentes par M. le docteur Charles T. Jackson (1).

Or, cette direction ne s'arrête pas aux sources du Connecticut; on peut la suivre jusqu'à la grande vallée du Saint-Laurent. Prolongée plus au nord, elle traverse le Labrador dans sa plus grande largeur, parallèlement à plusieurs des principaux cours d'eau que les cartes y figurent, pour aboutir un peu à l'est du cap Chidley, dont la pointe se dirige elle-même du côté du nord. Au delà du détroit de Davis, elle traverserait le Groenland parallèlement à la direction générale de plusieurs parties fort étendues de sa côte orientale.

Cette même direction, représentée par

(1) *Final report on the geology of the state of New-Hampshire.*

un grand cercle qui partirait d'Amherst-College (Massachusetts) (lat. 42° 22′13″ N., long. 74° 52′ O. de Paris), en se dirigeant au S. 15° O., court d'abord parallèlement à la direction générale de la côte des États-Unis, depuis l'embouchure de la rivière Hudson jusqu'au cap Hatteras. Elle traverse ensuite la partie orientale de l'île de Cuba, puis l'isthme de Panama, et ne formant plus alors avec le méridien qu'un angle d'environ 10°, elle va raser la saillie que présente près de Guayaquil la côte de l'Amérique méridionale, après avoir passé un peu en dehors de la côte de Choco, parallèlement aux chaînes principales de la Nouvelle-Grenade, telles qu'elles sont dessinées, sur la belle Carte publiée tout récemment par M. le colonel Acosta.

L'arc de grand cercle dont je viens d'indiquer le cours, est l'axe de l'une des zones minéralogiques et métallifères les plus remarquables du globe. Cette zone comprend, dans un espace comparativement peu étendu en largeur, les gîtes d'où proviennent les minéraux aussi remarquables que variés du Groenland et du Labrador, ceux plus variés encore, ou du moins plus complétement explorés de la Nouvelle-Angleterre, les gîtes aurifères du Vermont, de la Virginie, des

Carolines, de la Géorgie, et ceux qui ont fourni l'or aux alluvions aurifères des mêmes états, les divers gites de Cuba, ceux d'Haïti (or, platine), qui les premiers ont donné l'éveil sur les richesses métalliques du Nouveau-Monde, et enfin les gisements platinifères et aurifères du Choco et des Cordilières orientales de la Nouvelle-Grenade.

Considérée dans son ensemble, cette zone minérale et métallifère est plus étendue et non moins rectiligne que l'Oural avec lequel elle a plus d'un trait de ressemblance. Si elle n'est pas aussi continue, cela tient seulement à ce qu'elle s'enfonce à plusieurs reprises sous la mer, au delà de laquelle elle reparaît constamment jusqu'à ce qu'elle se perde, d'une part, sous la mer équatoriale, et de l'autre sous les glaces polaires du Groenland, au delà desquelles son prolongement traverserait même encore les régions aurifères et argentifères de l'Altaï. La constance de sa richesse minérale me paraît attester qu'on doit réellement la regarder comme continue au moins dans toute la partie de l'hémisphère américain où je l'ai suivie, et que par conséquent on se tromperait complétement si on ne voyait dans la partie de cette zone qui traverse la Nouvelle-Angleterre, qu'une simple déviation de la direction habituelle des Alléghanys.

Les gites de minerais d'étain découverts par M. le docteur Charles T. Jackson dans le New-Hampshire, et la nature générale des minéraux de la Nouvelle-Angleterre me paraissent en même temps donner à cette zone un caractère d'ancienneté comparable à celui des zones minérales, parallèles aux *Systèmes du Finistère* et *du Longmynd*, qui traversent la Suède et la Finlande, circonstance parfaitement conforme aux observations de MM. les professeurs Hitchcock et Emmons, qui assignent au *Système méridien le plus ancien* une antiquité supérieure à celle de tous les autres systèmes de montagnes reconnus jusqu'à présent dans l'Amérique septentrionale.

A une époque où je ne pouvais former encore que des conjectures assez vagues sur les systèmes de montagnes transatlantiques, j'avais cru déjà pouvoir distinguer, comme constituant un système à part, les « couches » anciennes, redressées dans une direction » presque N.-S., qui forment les bords du » Connecticut et de la rivière Hudson, » et j'ajoutais encore : « le redressement des » couches N.-S., dont nous venons de par- » ler, remonte sans doute à une époque plus

» ancienne que celui des couches N.-E.— » S.-O., qui constituent les Alléghanys pro- » prement dits (1). » Cette relation d'ancienneté me semble aujourd'hui hors de doute, et c'est la direction de ces couches redressées antérieurement qui me paraît avoir été reproduite dans plusieurs parties de la chaîne des Alleghanys à l'époque de la formation du *Système des Ballons.*

Le grand cercle orienté à Amherst-College, vers le N. 15° E., coupe perpendiculairement, par 78° 58' 34'' de lat. N., le méridien situé à 4° 53' 50'' à l'E. de Paris. Prolongé plus loin vers l'E., il coupe la 55ᵉ parallèle de lat. N. par 78° 44' 23'' de long. E. de Paris, avec l'orientation N. 19° 28' 26'' O. Ce grand cercle, construit sur une carte de la Sibérie, traverse les parties centrales de l'Altaï, où il est parallèle, à 3° près, à la direction S.-S.-E. N.-N.-O., signalée ci-dessus, page 666, comme l'une de celles qui se dessinent dans ce vaste massif. Il est vrai de dire cependant qu'elle n'y est représentée par aucune ligne stratigraphique importante; et il est probable que tous les traits fortement dessinés du relief

(1) *Recherches sur quelques unes des révolutions de la surface du globe.* — *Annales des sciences naturelles*, t. XVIII p. 327 (1829).

de l'Altaï sont d'une date plus récente que le *Système méridien le plus ancien* de M. le professeur Hitchcock.

Mais M. Hitchcock indique dans le Massachusets plusieurs systèmes stratigraphiques dont les directions ne se distinguent pas très sensiblement de celle du *Système méridien le plus ancien*, et qui sont d'une date plus moderne, ce qui me paraît indiquer que la direction de ce Système s'est en effet reproduite dans des phénomènes géologiques postérieurs à sa première origine. Le *Système méridien le plus ancien* de M. le professeur Hitchcock serait donc un nouvel exemple à ajouter à ceux rappelés ci-dessus, de systèmes dont les directions se sont reproduites à des époques successives et très éloignées les unes des autres.

Je vois en effet que M. le docteur Jackson, en explorant les montagnes du New Hampshire, y a observé la direction qui nous occupe, non seulement dans les couches anciennes, mais aussi dans plusieurs filons qui sont, sans doute, plus modernes que les masses qu'ils traversent, bien que fort anciens eux-mêmes. Je remarque en outre que la direction du *Système méridien le plus ancien* forme la limite orientale des terrains crétacés des États-Unis, qui semblent coupés abruptement à son approche, et que les terrains crétacés sont soulevés sur les flancs des Cordilières de la Nouvelle-Grenade, orientées parallèlement à la direction prolongée du même Système. Je remarque enfin que vers les extrémités de la zone où nous l'avons suivie, cette direction est parallèle, d'une part à l'alignement général des volcans de l'équateur, et de l'autre à celui des volcans de l'Islande et de l'île de Jean Mayen. Or, il me paraît au fond peu surprenant qu'une direction, dont l'origine première est extrêmement ancienne, et qui a continué à influer sur les phénomènes géologiques jusqu'aux périodes les plus récentes de l'histoire du globe, ait été reproduite partiellement à l'époque où les couches des Alléghanys ont été repliées suivant la direction du *Système des Ballons*.

La manière de concevoir la formation des principaux traits du relief des États-Unis, que je viens de proposer, se trouve confirmée par une considération d'un ordre complétement différent des précédentes. Toutes les formations paléozoïques qui s'étendent depuis la rivière Hudson jusqu'au Mississipi sont comprises dans un espace angulaire terminé à l'O. par les crêtes du *Système méridien le plus ancien* de M. le professeur

Hitchcock, et au nord par les terrains primitifs du Canada, que je suppose avoir été définitivement émergés lors de la formation du *Système du Morbihan*. Cet espace angulaire, ouvert au sud-ouest, me paraît avoir formé un large golfe dont le fond, situé vers le pied des *White Mountains*, se prolongeait peut-être vers Montréal et Québec par quelque bras de mer étroit.

Je suis porté à supposer que les sédiments descendus des montagnes primitives de la Nouvelle-Angleterre et du Canada se sont accumulés de préférence vers l'extrémité N.-E. de ce golfe, et je serais tenté d'expliquer par là pourquoi les terrains paléozoïques de l'Amérique du Nord sont plus épais et plus arénacés, comme l'ont remarqué M. James Hall et M. de Verneuil, près de la rivière Hudson que vers le Mississipi, tandis que les couches calcaires qu'ils renferment augmentent au contraire en épaisseur à mesure qu'on s'avance vers l'ouest. Il se serait produit là, mais beaucoup plus en grand, quelque chose d'analogue à ce qui s'est passé dans le golfe de Luxembourg lors de la formation du lias (1).

De même que le *Système du Morbihan*

(1) *Explication de la Carte géologique de la France*, t. II, p. 422.

et le *Système des Ballons*, le *Système du Thüringerwald et du Böhmerwaldgbirge* (*Système Olympique* de MM. Boblaye et Virlet), est dirigé de manière qu'on puisse retrouver son prolongement dans l'Amérique septentrionale. Ainsi que nous l'avons vu ci-dessus, p. 384, le *grand cercle de comparaison provisoire* de ce système est orienté au Greifenberg, en Thuringe (lat. 50° 43′ 10″ N., long. 8° 21′ 10″ E. de Paris), vers l'O. 39° N. La résolution d'un triangle sphérique rectangle montre que ce *grand cercle de comparaison* est perpendiculaire au méridien situé à 37° 56′ 22″ à l'O. de Paris, et qu'il le coupe par 60° 31′ 34″ de lat. N. Le point d'intersection tombe dans l'océan Atlantique au N.-O. de l'Irlande. Notre *grand cercle de comparaison* n'est autre chose que *la perpendiculaire* à la méridienne de ce point.

Cette perpendiculaire prolongée vers l'O. va traverser le Labrador et le Canada.

Elle coupe le méridien d'Annapolis (Nouvelle-Écosse), long. 67° 30′ O. de Paris) par 56° 59′ 11″ de lat. N. avec l'orientation O. 25° 26′ 8″ S.

Le méridien de Washington (79° 22′ 24″ à l'O. de Paris) par 52° 59′ 22″ de lat. N. avec l'orientation O. 35° 10′ 39″ S..

Enfin, le méridien situé à 90° à l'O. de Paris (87° 39′ 37″ à l'O. de Greenwich) par 47° 24′ 35″ de lat. N., avec l'orientation O. 43° 32′ 40″ S.

D'après ces données, il est facile de construire notre *grand cercle de comparaison* sur une carte de l'Amérique septentrionale. On voit qu'il traverse des contrées peu éloignées de celles que traverse le *grand cercle de comparaison du Système du Morbihan;* mais qu'il s'y éloigne plus de la ligne E.-O. que ne fait ce dernier. La différence des orientations avec lesquelles les deux grands cercles rencontrent le méridien situé à 90° à l'O. de Paris, est de 11° 48 39 .

Le point où le *grand cercle de comparaison du Système du Thüringerwald* coupe ce méridien tombe dans le lac supérieur, et construit sur la belle carte de ce lac, levée par M. le lieutenant W. Bayfield, de la marine royale d'Angleterre, il se trouve à environ 7 kilomètres à l'E. quelques degrés S. de l'île du Manitou qui forme sur sa côte méridionale l'extrémité recourbée à l'E. de la pointe de Kewaiwana, plus connue sous le nom de *Kevenaw Point.* Le grand cercle de comparaison orienté à l'O. 43° 21′ 40″ S., est parallèle à l'axe de cette pointe qui est la saillie la plus considérable de la rive méridionale du lac, et à celui de la pointe de l'Abbaye située plus au sud.

La presqu'île de *Kewenaw point* a été reconnue depuis quelques années pour renfermer des mines de cuivre importantes qui ont été explorées avec soin par plusieurs géologues américains, et particulièrement par M. le docteur Charles T. Jackson, bien connu par ses travaux sur la géologie de plusieurs parties de l'Amérique du nord, et plus célèbre encore par son importante découverte de l'*Éthérisation*.

D'après M. Jackson, le cuivre natif et l'argent natif qui l'accompagne, et divers minerais de cuivre se trouvent à Kewenaw Point dans de grands filons de trapp et d'amygdaloïdes, et dans d'autres filons à gangues de spath calcaire, de datholithe, etc., qui coupent les couches d'un grès rouge contemporain, soit du grès bigarré ou du Système permien, soit du vieux grès rouge ou même plus ancien encore. Les filons de trapp, sans être parfaitement rectilignes, courent, d'après M. le docteur Jackson, soit au S.-O., soit à l'O.-S.-O. (1),

(1) Charles T. Jackson, *On the copper and silver of kewenaw point*. — *American journal of science*, vol. XLIX.

c'est-à-dire dans une direction peu éloignée de celle de *notre grand cercle de comparaison*.

Il est au moins curieux de voir que notre grand cercle nous a conduits au centre de l'Amérique septentrionale à des masses trappéennes qui, d'après leur direction et d'après ce qu'on sait de leur âge, se trouvent comparables aux mélaphyres du Thüringerwald; mais cette rencontre singulière ne se borne pas à un point unique. L'île Royale située près des rives N.-O. du lac supérieur, à environ 130 kilomètres au N.-O. de Keweenaw Point, présente aussi, d'après la carte de M. Bayfield, et d'après les observations de M. le docteur Jackson, des grès rouges coupés par de nombreux dykes de trapp cuprifère auxquels paraît se rattacher l'existence d'une multitude de pointes et d'îlots dont les orientations et les alignements décèlent une action mécanique dirigée parallèlement à notre *grand cercle de comparaison*. Des dykes ayant cette orientation sont nettement indiqués sur la carte de M. Bayfield.

La côte N.-O. du lac dans le voisinage de l'île Royale, présente elle-même un grand nombre de pointes et d'îlots semblables qui donnent lieu à des remarques analogues.

et des dykes trappéens orientés de la même manière.

L'île Royale dessinée avec beaucoup de soin et de détail sur la carte de M. le lieutenant Bayfield, présente dans son ensemble une forme coudée. Le coude se trouve à peu près par 48° 1′ 20″ de lat. N. et par 89° 1′ 10″ de long. O. de Greenwich, ou 91° 21′ 33″ de long. O. de Paris. Une parallèle au *grand cercle de comparaison du Système du Thüringerwald* menée par ce point, est orientée vers l'O. 44° 21′ S. Une parallèle au *grand cercle de comparaison du Système du Morbihan* menée par le même point, est orientée à l'O. 32° 38′ S. Ces deux lignes forment entre elles un angle de 11° 43′, ou de 178° 17′, qui correspond à peu près à l'ouverture du coude que présente l'île. Si on les construit l'une et l'autre sur la carte de M. Bayfield, on voit que la seconde représente à peu près la direction de la masse générale de l'île Royale et de sa partie S.-O. qui est la plus étendue et la moins découpée, tandis que la première représente plus fidèlement encore la direction de sa partie N.-E., et surtout celle dont tendent à se rapprocher les pointes nombreuses, ainsi que les lignes d'îlots, que les dykes de trapp ont fait naître, et surtout les lignes de fracture que décèlent leurs alignements, et les dykes indiqués sur la carte.

Je crois pouvoir signaler ce fait curieux aux explorateurs que l'exploitation des riches mines de cuivre de l'île Royale y amènera, sans aucun doute, et attirer surtout leur attention sur la question de savoir si la direction parallèle au *Système du Morbihan* que présente la base fondamentale de l'île, et qui est probablement celle de la stratification des grès qui la composent, remonte à une époque aussi ancienne que la formation du *Système du Morbihan*, ou si elle ne s'y présente que comme *direction d'emprunt* dans des grès siluriens ou post-siluriens.

Je terminerai en transcrivant le passage suivant du mémoire déjà cité de M. le docteur Jackson, qui conduit naturellement à penser que, si les trapps de Kewenaw Point et de l'île Royale, se rapportent réellement au *Système du Thüringerwal*, ce Système a joué un rôle important dans la formation du relief de l'Amérique septentrionale.

« Les dykes de trapp de Kewenaw Point, » dit M. le docteur Jackson, ne sont égalés » en étendue que par ceux de la Nouvelle-» Écosse et de la partie orientale du Maine.

» Ils ont la même direction que ceux de la » Nouvelle-Écosse, ils sont probablement » du même âge et ils leur ressemblent par » la plupart de leurs caractères par une » grande partie des minéraux qui y sont » renfermés, ainsi que par leur position » géologique, etc. »

J'ajouterai encore qu'une parallèle au *grand cercle de comparaison du Système du Thüringerwald* menée par Annapolis (Nouvelle-Écosse) est orientée à l'O. 25° 3′ S., et est à très peu près parallèle à la direction générale du grand dyke de trapp de la côte S.-O. et la baye de Fundy, que MM. Jackson et Alger ont si bien décrit (1).

De quelque manière qu'on puisse être conduit un jour à le considérer, c'est toujours un fait stratigraphique bien remarquable de voir la direction du *Système du Thüringerwald*, qui, sous le nom de *Système Olympique*, détermine les traits fondamentaux des formes de la Grèce et même, comme l'ont remarqué MM. Boblaye et Virlet, ceux de la mer Rouge, déterminer aussi une partie des formes orographiques de la Nouvelle-Écosse, des grands lacs du Canada, et étendre même peut-être son influence à

(1) *Charles T. Jackson and Francis Alger mineralogy and geology of Nova Scotia.* Cambridge, 1832.

travers le territoire du N.-O. jusqu'aux rives du Mississipi et du Missouri, et le long des monts Osark jusqu'au pied des montagnes Rocheuses.

Parmi les Systèmes de montagnes européens, il en resterait encore un dont l'orientation permettrait de retrouver le prolongement dans l'Amérique septentrionale; c'est le *Système des Pyrénées*. Dans le commencement de mes recherches sur ces matières, lorsque je n'étais encore parvenu à bien distinguer en Europe que quatre Systèmes de montagnes, j'ai cru reconnaître dans les Alléghanys un chaînon de ce Système. Mais tous les accidents orographiques et stratigraphiques que nous venons de rapporter, avec plus ou moins de probabilité, au *Système du Morbihan*, au *Système des Ballons* et au *Système du Thüringerwald*, sont pour ainsi dire autant de pris sur l'extension possible du *Système des Pyrénées* dans le nouveau monde. Je crois cependant que son influence n'y a pas été tout à fait insensible.

Le *grand cercle de comparaison du système des Pyrénées* orienté au pic de Nethou (lat. 42° 37′ 54″ N., long. 1° 40′ 53″ O. de Paris) vers l'O. 18° N., coupe perpendiculairement le méridien situé à 27° 18′ 29″ à l'O.

de Paris. Le point d'intersection, qui tombe dans l'océan Atlantique, est situé par 45° 35′ 45″ de lat. N. Notre *grand cercle de comparaison* n'est autre chose que la perpendiculaire à la méridienne de ce point. La résolution d'un triangle sphérique rectangle montre qu'il coupe le méridien de Washington par 32° 6′ 57″ de lat. N., avec l'orientation O. 34° 17′ 47″ S., et le méridien de la Vera-Cruz par 18° 14′ 5″ de lat. N. avec l'orientation O. 42° 32′ 52″ S. Construit, d'après ces données, sur une carte de l'Amérique septentrionale, ce grand cercle longe extérieurement, au sud, la côte atlantique de la Nouvelle-Écosse et des États-Unis, coupe la Floride un peu au sud de Saint-Augustin, et plus loin il longe encore extérieurement, mais au nord, la côte de la partie occidentale de l'île de Cuba, et celle de la presqu'île d'Yucatan, pour atteindre la côte du Mexique près de la barre d'Alvarado, et traverser ensuite les montagnes de la province d'Oxaca parallèlement à l'ouverture de l'isthme de Tehuantepec qu'il laisse à 40 lieues au S.-E. Il passe à peu près au milieu de la distance qui sépare les îles Bermudes de l'embouchure de la Delaware, et il dessine grossièrement le milieu d'une large vallée presque entièrement sous-marine, qui, quoique barrée en partie par la pointe de la Floride, permet aux eaux du *Gulfstream* de s'écouler vers l'Europe, et dont la largeur est à peu près double de celle des plaines de la Gascogne, dont elle n'est peut-être que la prolongation.

En résolvant un nouveau triangle sphérique rectangle, on trouve que le grand cercle de comparaison du Système des Pyrénées passe à 621 kilomètres de Washington, distance beaucoup moindre que la demi-largeur du système des Pyrénées en Europe; et en lui menant une parallèle par Washington, on la trouve orientée vers l'O. 34° 28' 58" S. Cette dernière ligne, construite sur la carte géologique générale des États-Unis, par M. Lyell, passe par Austinville (Virginie), un peu au nord de New-Bedford (Massachusetts) et à peu de distance d'Halifax (Nouvelle-Écosse). Elle offre un parallélisme très remarquable avec plusieurs des grands traits orographiques des côtes atlantiques de l'Amérique du Nord et avec plusieurs traits de leur structure stratigraphique. Elle représente presque exactement, et beaucoup mieux que la parallèle, un *grand cercle de comparaison du système des Ballons*, que nous avons mené en dernier lieu par le Brocken, la direction des couches paléozoïques dans la

60

partie des Alléghanys qui traverse la Virginie et la Caroline du Nord. Elle représente aussi très bien la direction générale de la bande de terrains crétacés qui s'avance des environs de Baltimore vers l'embouchure de la rivière Hudson, et celle de la ligne presque droite suivant laquelle les divers étages tertiaires embrassent les roches primitives et crétacées, depuis les confins de la Virginie jusqu'à la rivière d'Appalachicola (confins d'Alabama). Cette direction est aussi une de celles qui, d'après la carte déjà citée de M. le Dr A. Gesner, se dessinent dans les granites de la Nouvelle Ecosse.

On expliquerait cet ensemble de circonstances en admettant que les roches primitives des côtes atlantiques de l'Amérique, de même que celles des Pyrénées, ont éprouvé un dernier soulèvement après le dépôt des terrains crétacés, et avant celui des terrains tertiaires. C'est mon hypothèse première réduite à sa plus simple expression, et quoique la plus grande partie des accidents stratigraphiques du sol des États-Unis remonte bien certainement à des époques plus anciennes que celle du soulèvement des Pyrénées, je ne vois pas encore de raisons suffisantes pour l'abandonner.

La direction du *Système du Thürin-*

gerwald transportée à Washington coïncide presque exactement avec la direction du *Système des Pyrénées* transportée au même point. Une parallèle au *grand cercle de comparaison du Système du Thüringerwald*, menée par Washington, est orientée vers l'O. 36° 0' 46'' S. et ne fait, par conséquent, qu'un angle de 1° 31' 48'' avec la parallèle au *Système des Pyrénées*. Quelques uns des traits stratigraphiques que je viens de mentionner pourraient donc, d'après le principe des directions, être rapportés presque indifféremment à l'un ou à l'autre Système; mais en les rapportant en totalité au *Système du Thüringerwald*, on ne rendrait aucun compte de la différence de gisement qui paraît exister dans ces contrées entre les terrains crétacés et les terrains tertiaires.

Le grand cercle de comparaison du *Système des Ballons* reporté au ballon d'Alsace, où je l'avais placé primitivement, approche beaucoup plus que celui que j'ai mené ensuite par le Brocken, d'être parallèle à quelques traits fort remarquables et fort étendus de la structure des Alléghanys, particulièrement à la ligne de séparation du grès de Potsdam et du calcaire de Trenton dans la Virginie et la Caroline du Nord.

Le *Système du Morbihan* a peut-être aussi joué un rôle dans la production du relief de la Nouvelle Angleterre et de la Nouvelle-Écosse.

Mais quoique la combinaison des directions de ces trois Systèmes, et des Systèmes méridiens de M. le professeur Hitchcock, permette de rendre compte de la plupart des orientations dirigées vers la région du N.-O. qui existent si habituellement dans les couches paléozoïques permiennes et triasiques des États-Unis et du Canada, je crois qu'elle ne suffit pas pour expliquer certains traits généraux de la structure géologique de l'Amérique du Nord.

L'harmonie qui existe entre l'orographie des côtes Atlantiques de cette contrée et la disposition des terrains tertiaires qui forment le sol faiblement émergé des Florides, de l'Alabama, de la Géorgie, d'une partie des Carolines, de la Virginie, du Maryland et bien probablement le sol faiblement immergé du banc de l'île de Sable, du grand banc de Terre-Neuve et des bancs adjacents, me paraît indiquer avec une grande probabilité un mouvement d'une date intermédiaire entre les terrains crétacés dont la disposition est très sensiblement différente et les terrains tertiaires ; en un mot, un mouvement pyrénéen.

Le *Système du Thüringerwald* et le *Système des Pyrénées* dont les orientations, très différentes en Europe, deviennent presque semblables lorsqu'ils atteignent les rivages américains, offrent en Amérique un exemple du retour presque exact de la même direction à deux époques géologiques très différentes. Il est essentiel de remarquer que le parallélisme presque rigoureux des deux directions en Amérique tient à ce que les deux grands cercles de comparaison s'y trouvent éloignés d'environ 90° de leur point d'intersection mutuelle. Nous avons déjà remarqué dans l'Inde (*voy*. ci-dessus, p. 650) des exemples de la même circonstance. Dans tous ces cas, les grands cercles de comparaison ne deviennent parallèles qu'après s'être considérablement écartés l'un de l'autre.

Les similitudes de direction que nous avons remarquées en Europe entre des Systèmes d'âges différents, tenaient au contraire à ce que les grands cercles de comparaison étaient à la fois très rapprochés et orientés presque de la même manière. Il est vrai que tous nos grands cercles de comparaison ne sont fixés que d'une manière *provisoire.* Les deux séries de cas diffèrent peut-être moins en réalité qu'ils ne diffèrent dans ma manière actuelle de les exprimer. C'est ce que l'avenir nous apprendra.

On trouve en Amérique un exemple plus analogue à ceux de l'Europe, de la récurrence de la même direction à des époques successives, dans les différents Systèmes méridiens de M. le professeur Hitchcock. Ce dernier exemple peut être comparé à celui que nous a présenté en Europe la direction du *Système du Longmynd*, reproduite à quelques degrés près dans le *Système du Rhin* et dans le *Système des Alpes occidentales*.

Malgré ce que ces divers rapprochements peuvent offrir encore de problématique, ils me paraissent suffire pour faire concevoir que le plan stratigraphique des États-Unis et du Canada doit offrir les plus grandes analogies avec celui de l'Europe occidentale. Il est vrai que je ne puis y citer encore autant de Systèmes de montagnes qu'en Europe. Je me suis borné à parler des Systèmes européens qui traversent l'Atlantique, et des Systèmes étrangers à l'Europe que les géologues américains ont déjà caractérisés. Mais lorsque je parcours des yeux les cartes de l'Amérique du nord, particulièrement celles de la Nouvelle-Angleterre, de la Nouvelle-Écosse, de l'île de Terre-Neuve, je suis très porté à croire que la géologie américaine s'enrichira encore de plus d'un Système stratigraphique.

Je cède même à la tentation d'en indiquer ici trois qui frappent les yeux par leur étendue et par leur simplicité qui m'a permis de les signaler quelquefois sur le globe dans mes leçons.

Les terrains tertiaires qui embrassent la base des contrées montueuses des États-Unis, n'ont pas complètement conservé leur horizontalité primitive. Émergés dans le S.-O., ils sont complètement immergés dans le N.-E. autour des rivages abruptes de la Nouvelle-Ecosse et de l'île de Terre-Neuve. Le léger mouvement de bascule qu'ils semblent avoir éprouvé, paraît avoir pour axe une ligne qui, formant elle-même l'axe de la Floride composée tout entière de terrains tertiaires, se dirige vers le N.-N.-O., de manière à aller côtoyer le grand lac Winnipeg dans le sens de sa longueur, en laissant à l'O. les grandes plaines du Mississipi et du Missouri.

La grande vallée que suit le canal Erié, dans le nord de l'état de New-York, est parallèle à un Système d'accidents stratigraphiques peu saillants, mais qu'on voit se dessiner dans beaucoup de parties de l'Amérique du Nord, et qui semblent former un Système dirigé à peu près de l'E. à l'O. sous le méridien de Washington, et dont le *grand cercle de comparaison* pourrait avoir pour deux de ses jalons le pic de Ténériffe et le piton des neiges dans l'île de Bourbon ou de la Réunion.

Les côtes N.-O. du Labrador et la direction générale de la baye de Baffin se coordonnent à un Système que je désignerai d'une manière suffisamment claire pour quelqu'un qui aura un globe terrestre sous les yeux, en l'appelant *Système du Kamtschatka, du Groenland et du Labrador*.

Région des Antilles.

Les autres parties du nouveau monde présentent aussi des Systèmes de montagnes qui leur sont propres, et qui, pour la plupart, sont étrangers à toutes les contrées que nous venons de parcourir.

Les cartes des Antilles, la carte de Venezuela par M. le colonel Codazzi, celle de la Nouvelle-Grenade par M. le colonel Acosta, permettent de saisir plusieurs Systèmes orographiques très distincts et très nettement dessinés. M. Charles Deville s'occupe de les caractériser dans l'ouvrage qu'il prépare sur les Antilles. Je citerai seulement ici le Système dirigé presque de l'E. à l'O., qui a pour type la ligne des volcans mexi cains que M. de Humboldt appelle le parallèle des grandes hauteurs et dont il distingue soigneusement la direction de la direction générale du grand plateau d'Anahuac. Cette dernière est très sensiblement perpendiculaire au *grand cercle de comparaison du Système des Pyrénées*, qui lui-même est parallèle à l'axe de la presqu'île d'Yucatan. La ligne des volcans mexicains divise en deux parties à peu près égales l'angle droit formé par ces deux directions, ce qui constitue un ensemble de relations d'une simplicité assez remarquable.

Amérique méridionale.

La partie australe de l'Amérique du sud, beaucoup moins découpée dans ses formes extérieures que la région des Antilles, présente cependant aussi un grand nombre de Systèmes de montagnes, dont l'étude a été faite dans ces dernières années avec un soin et un talent remarquables par deux observateurs exercés, M. Alcide d'Orbigny et M. Pissis.

C'est pour moi un devoir et un bien grand plaisir que de consigner ici des extraits des travaux que ces deux savants géologues ont publiés sur les Systèmes de montagnes de l'Amérique méridionale.

M. Pissis a présenté à l'Académie des sciences, en 1842, un *Mémoire sur la position géologique des terrains de la partie australe du Brésil et sur les soulèvements qui, à diverses époques, ont changé le relief de ce pays.* D'après le rapport de M. Dufrenoy (1), ce mémoire a été imprimé dans le tome X du *Recueil des savants étrangers.* J'y transcris purement et simplement le paragraphe intitulé : *Détermination des grands mouvements du sol qui ont eu lieu dans la partie australe du Brésil*, *depuis l'époque des terrains de transition jusqu'aux temps actuels.*

« Le sol de la partie australe du Brésil présente trois arêtes, trois grandes lignes saillantes auxquelles viennent se rattacher les divers groupes de montagnes que l'on rencontre depuis la côte jusqu'au lit du Parana ou du San-Francisco. La plus orientale, qui est aussi la moins élevée, s'étend depuis l'embouchure de la Parahyba jusqu'au Rio de la Plata, courant ainsi du N.-E. au S.-O. C'est à elle que se rattachent

(1) Voyez le *Rapport* sur le Mémoire de M. Pissis, *Comptes rendus*, t. XVII, p. 28 (séance du 3 juillet 1843).

les divers groupes dont l'ensemble constitue la Cordilière maritime (Serra-do-Mar); le terrain qui s'étend au N.-O. de cette première ligne, au lieu de se terminer par des pentes rapides comme cela a lieu du côté de la mer, se maintient jusqu'à une assez grande distance au même niveau que l'arête principale, et va ensuite s'abaissant graduellement depuis 1,000 jusqu'à 600 mètres, de telle sorte que sa forme, abstraction faite des inégalités secondaires, est celle d'un vaste plateau légèrement incliné au N.-O. La seconde arête, qui porte dans sa plus grande étendue le nom de Serra-da-Mantiqueira, se montre derrière ce plateau, dont elle est séparée par des pentes rapides; elle se maintient à un niveau de 1,100 à 1,200 mètres, courant, comme la Cordilière maritime, du N.-E. au S.-O., et formant au N.-O. un second plateau qui s'étend jusqu'au Parana. La troisième ligne est beaucoup plus irrégulière : les groupes qui la composent ne forment plus, comme dans les deux lignes précédentes, de petites chaînes placées en arrière ou sur le prolongement les unes des autres; ils affectent au contraire deux directions différentes, l'une parallèle à l'arête principale, l'autre de l'E. à l'O. qui coupe conséquemment la première sous des angles de 40 à 50°. Les points où cette dernière direction vient rencontrer l'arête médiane, sont presque toujours signalés par un massif ou un pic très élevé, tels que l'Itacolumi, la Serra-da-Caraça, le Morro-d'Itambé, dont les hauteurs sont comprises entre 1,800 et 1,900 mètres, tandis que celles des lignes de faîte auxquelles ils se rattachent dépassent rarement 1,500. Cet aperçu rapide conduit naturellement à séparer en deux classes les divers groupes de montagnes qui se rattachent aux trois grandes lignes précédentes, les uns dirigés du N.-E. au S.-O., et sensiblement parallèles à ces lignes, et les autres courant de l'E. à l'O. Cette première division, établie sur le relief du sol, va se trouver confirmée par la position des couches qui composent ces montagnes.

» *Direction et inclinaison des couches.* — M. Pissis a pensé qu'il serait fastidieux de rapporter toutes ses observations, qui s'élèvent à plus de trois cents, et qu'il suffisait de reproduire celles qui offrent le plus d'intérêt, celles qui, appartenant à des points séparés par une assez grande distance, établissent des rapports entre les parties éloignées d'un même groupe, ou entre des groupes différents, et afin que ces rapports fussent plus facilement saisis, il les a disposés dans un tableau, qui renferme quatre colonnes, où se trouvent successivement inscrits les noms des localités où les observations ont été faites, les directions des couches, le côté où elles plongent et l'angle qu'elles font avec le plan horizontal; enfin, les roches cristallines non stratifiées qui se montrent dans ces localités, et dont la présence paraît se trouver en rapport avec des changements observés dans les directions. Je regrette que l'étendue et la forme de ce volume ne me permettent pas de reproduire ici le tableau de M. Pissis, pour lequel je renverrai le lecteur au tome X des *Savants étrangers*.

» Le premier fait qui résulte de l'examen comparatif des directions rapportées dans le tableau, dit M. Pissis, c'est leur tendance à se rapprocher d'une ligne courant de l'E. à l'O., dont elles ne s'écartent jamais de plus de 75°. Toutefois cette différence de 75° entre les directions extrêmes est encore beaucoup trop grande pour qu'on puisse les rapporter toutes à une même époque de soulèvement. Mais si, au lieu de les considérer en masse, on les examine dans chaque formation en particulier, ainsi qu'elles se trouvent disposées dans le tableau, on jaspoïde; ou bien encore dans le voisinage de Tatui, à la cascade d'Antonio-Dias-de-Toledo, où le diorite s'est étendu comme une lave à la surface des calcaires qu'il a transformés, jusqu'à une distance de 8 ou 10 décimètres du point de contact, en calcaire noir compacte traversé de veines cristallines. Ce second soulèvement se trouve donc avoir une relation immédiate avec l'émission des diorites; ce qui le distingue de suite de celui dont le terrain tertiaire offre des traces, mouvement postérieur à ces mêmes diorites que l'on rencontre en fragments roulés dans les conglomérats de Mont-Sarrate, et dont la direction diffère d'ailleurs beaucoup trop de celle des couches du terrain de transition, pour que l'on ne soit pas, d'après cette seule circonstance, autorisé à les séparer.

» Les roches cristallines ne m'ont jamais présenté de couches à peu près horizontales; elles sont toujours fortement redressées, ce qui permet d'en mesurer très exactement les directions. Celles qui se trouvent rapportées dans le tableau, comme toutes celles que j'ai pu observer, ne s'écartent jamais de 50° de la ligne E.-O. Si l'on considère particulièrement celles qui ont été observées au voisinage des diorites, on voit que leur écart de cette ligne ne dépasse pas 25°, et que leur direction moyenne est de l'E. 10° N. à l'O. 10° S., un peu plus inclinée vers le méridien que celle que l'on observe dans le terrain de transition, comme si, antérieurement à ce soulèvement, les couches avaient déjà présenté une certaine inclinaison et une direction tendant vers le N. Or cette direction, nous la retrouvons dans toutes les couches éloignées des diorites et dans les granites à grains fins qui se montrent, soit à la base de la Cordilière maritime, soit sur toute la ligne du faîte de la chaîne qui s'étend des bords du Tiété jusqu'à la ville d'Una. En mettant de côté quelques directions trop rapprochées de la ligne E.-O., et qui peut-être sont dues à des diorites inaperçus, les autres oscillent entre l'E. 35° N. et l'E. 50° N., et donnent une direction moyenne de l'E. 38° N. à l'O. 38° S. pour ce troisième soulèvement antérieur, aux diorites, puisqu'il n'a point affecté les couches du terrain de transition, et probablement de la même époque que l'émission des granites à grain fin, dont les filons les plus considérables suivent la même direction, et dans lesquels on observe souvent des fragments de gneiss ou de leptinite.

» On doit donc rapporter à trois époques

différentes les divers soulèvements dont on trouve des traces dans la partie australe du Brésil. Le plus ancien, ayant redressé suivant des lignes courant E. 38° N. à O. 38° S., les couches des gneiss et des talcites phylladiformes, correspondrait au *Système du Hundsrück*, ou au plus ancien redressement reconnu par M. Élie de Beaumont; mais il se distinguerait surtout de celui observé en Europe, en ce que les roches redressées sont uniquement des roches cristallines, à moins que l'on ne voulût regarder les quartzites pseudo-fragmentaires, et quelques talcites phylladiformes, comme des roches de sédiment qui, dans ce cas, représenteraient la partie la plus ancienne du terrain de transition.

» Le deuxième soulèvement aurait eu lieu suivant la direction E.-O. Il correspond à la fin du terrain de transition, et se trouve caractérisé par l'arrivée, à la surface, de roches amphiboliques qui se sont épanchées sur ce terrain à la manière des laves, ou forment de longues lignes de collines dirigées de l'E. à l'O. On le reconnaît non seulement dans les parties occupées par le terrain de transition, mais encore dans beaucoup de chaînes uniquement formées de roches cristallines, telles que le massif du Corcovado, près Rio-de-Janeiro, la Serra-dos-Argâos, l'Itacolumi, et la plupart des chaînes les plus élevées de la province de Minas-Géraës, celle, entre autres, qui sépare les eaux du San-Francisco et celles du Parana.

» Enfin, le troisième relèvement aurait eu lieu vers la fin du dépôt tertiaire, dont il a redressé les couches ; il s'est étendu du N. 17° E. au S. 17° O., ce qui doit le faire rapporter au système des Alpes occidentales, et placerait le terrain lacustre de Santo-Amaro sur la même ligne que celui de la Limagne, auquel il ressemble par tant de caractères. »

Le mémoire de M. Pissis est accompagné de belles cartes géologiques et d'esquisses où il a figuré les formes diverses qu'a prises successivement la partie australe du Brésil après chacune des révolutions qui en ont façonné le relief.

Je me permettrai seulement de faire observer, relativement aux conclusions de l'auteur, que son système le plus ancien, orienté vers l'E. 38° N., s'éloigne trop de l'orientation qu'aurait dans le Brésil le prolongement du grand cercle de comparaison de notre système européen du Westmoreland et du Hundsrück, pour pouvoir s'y rattacher. Je crois que les deux systèmes les plus anciens de M. Pissis sont étrangers à l'Europe. Quant au troisième, il se rapporte peut-être, comme l'admet M. Pissis, au système des Alpes occidentales, ce qui confirmerait la supposition que j'avais faite moi-même en regardant la côte orientale du Brésil comme se rapportant, d'après sa direction, au système dont il s'agit.

En effet, la résolution d'un triangle sphérique montre que le *grand cercle de comparaison du Système des Alpes occidentales* orienté à l'île du Riou (lat. 43° 10′ 16″ N., long. 3° 1′ 54″ E. de Paris), vers le N. 26° 41′ 7″ E., coupe le méridien de Bahia, situé à 40° 51′ 20″ à l'O. de celui de Paris, par 50° 31′ 16″ de lat. S. avec l'orientation N. 30° 54′ 56″ E. Une parallèle à ce grand cercle de comparaison menée par Bahia (lat. 12° 58′ 23″ S.) est orientée vers le N. 25° 23′ 54″ E. Elle s'écarte, par conséquent, de 8° 23′ 54″ de l'orientation moyenne N. 17° E. déterminée par M. Pissis; cette différence peut être considérée comme peu importante en raison de ce que M. Pissis n'a fait que trois observations, et sur des couches peu inclinées. Une objection plus grave peut-être, et qui s'appliquerait à mon hypothèse aussi bien qu'à la conclusion de M. Pissis, c'est que la perpendiculaire abaissée de Bahia sur le *grand cercle de comparaison du Système des Alpes occidentales* est longue de 18° 14′ 42″, ou d'environ 2,278 kilomètres (500 lieues). On pourrait craindre, d'après cela, d'attribuer au *Système des Alpes occidentales* une largeur démesurée, en supposant que son influence se fait sentir jusqu'à la côte du Brésil. Cependant nous avons été conduit à rapporter ci-dessus, p. 254, au *Système des Ballons*, un chaînon de la chaîne des monts Timan, qui est situé à une distance plus grande encore du grand cercle de comparaison du Système, mené par le Brocken. Je crois donc qu'un pareil rapprochement n'est pas inadmissible ; et l'on peut ajouter qu'à une distance aussi grande, dans un sens transversal à la direction du Système, la manière dont il faut opérer la comparaison des directions présente en elle-même, au point de vue mécanique, quelque chose de problématique.

M. Alcide d'Orbigny, après avoir consacré huit années à l'exploration de l'Amérique du Sud, s'est occupé, de son côté, de déterminer et de classer les Systèmes de montagnes qui la sillonnent. Il a présenté à l'Académie des sciences un Mémoire du plus grand intérêt sur la géologie de ces contrées. J'extrais les passages suivants du rapport que j'ai eu l'honneur de faire à ce sujet à l'Académie (1) :

« Les terrains stratifiés de l'Amérique méridionale forment, suivant M. d'Orbigny, huit groupes bien distincts, savoir :

» 1° Les anciens terrains cristallins où domine le gneiss ;

» 2° Les terrains de transition siluriens ou dévoniens ;

» 3° Les terrains carbonifères ;

» 4° Les terrains triasiques ;

» 5° Les terrains crétacés ;

» 6° Les terrains tertiaires guaraniens et patagoniens ;

» 7° Le limon pampéen ;

» 8° Les dépôts modernes que M. d'Orbigny nomme aussi diluviens, d'après la nature de la cause qui les a produits ou émergés.

» Ces différents groupes de couches ont des gisements tout à fait dissemblables et souvent discordants ; et, suivant M. d'Orbigny, ces discordances résultent directement des dislocations qui ont bouleversé la surface du sol américain, et y ont fait naître les chaînes de montagnes dont il est sillonné.

(1) *Comptes rendus hebdomadaires de l'Académie des sciences*, t. XVII, p. 379 (séance du 28 août 1843).

» A l'instar de ce qui a été essayé en Europe, et de ce que M. Pissis a tenté, de son côté, pour le Brésil, M. d'Orbigny a cherché à mettre en rapport les solutions de continuité que présente la série des terrains américains avec l'apparition successive des chaînes de montagnes qui forment les traits principaux du relief de l'Amérique méridionale.

» Sa classification embrasse deux des Systèmes de montagnes déjà signalés par M. Pissis.

» Un terrain de gneiss très ancien se montre dans une très grande étendue sur les côtes orientales de l'Amérique méridionale. Il occupe la partie orientale du Brésil à l'est de la Mantiquiera, du 16e au 27e degré de latitude australe, et y forme une série de petites chaînes dont la direction générale est, d'après les observations de M. Pissis, de l'E. 38° N. à l'O. 38° S. Ce Système, que M. d'Orbigny nomme *Système brésilien* (et qui n'est autre chose que le Système le plus ancien de M. Pissis), paraîtrait être l'un des plus anciens dont on puisse suivre les traces à travers les modifications postérieures de l'écorce terrestre. M. Pissis le regarde comme antérieur aux terrains de transition du Brésil, et peut-être a-t-il précédé le soulèvement du plus ancien Système de montagnes décrit jusqu'ici en Europe (1). Il est probable qu'il affecte à de grandes distances les roches fondamentales du sol américain; car la direction générale que nous venons d'indiquer ne diffère que très légèrement de celle N. 45° E., que M. de Humboldt a signalée depuis les premières années de ce siècle dans les roches schisteuses du littoral de Vénézuéla, et dans les montagnes de granit-gneiss qui se prolongent du bas Orénoque au bassin de Rio-Negro et de l'Amazone (2).

Cependant l'ensemble des collines de gneiss qui s'élèvent dans les Pampas entre le cap Corrientes et la Sierra de Tapalquen, ainsi que les collines de Monte-Video, est caractérisé par une direction différente qui court de l'O. 25° à 30° N. à l'E. 25° à 30° S. M. d'Orbigny les désigne provisoirement sous le nom de *Système pampéen*, et il pense que ce Système est presque aussi ancien que le *Système brésilien*. Si des observations ultérieures confirment cette conjecture, les relations de ces deux Systèmes, dont les

(1) Je faisais allusion par là au *Système du Westmoreland et du Hundsrück*.

(2) Humboldt, *Essai géognostique sur le gisement des roches dans les deux hémisphères*, p. 56.

directions sont presque perpendiculaires l'une à l'autre, rappelleront naturellement celles qui existent en Europe entre le *Système du Westmoreland et du Hundsrück* (ou le *Système du Longmynd*) et le *Système des Ballons*.

» Au milieu de la multitude des dislocations dont le terrain silurien présente les traces, M. d'Orbigny a cherché à reconnaître les soulèvements qui auraient affecté ce terrain avant qu'il fût recouvert ; mais il n'a pu en définir aucun d'une manière certaine.

» Il n'a pas mieux réussi relativement au terrain dévonien : l'examen le plus attentif de l'innombrable quantité de montagnes et de collines diversement orientées appartenant à ce terrain ne lui a permis de découvrir aucun Système de dislocation spécialement limité à lui ; mais, au Brésil, M. Pissis a signalé un Système de dislocation (Système E.-O) qu'il regarde comme immédiatement postérieur à la formation des terrains de transition.

» M. d'Orbigny appelle *Système itacolumien* l'ensemble des crêtes formées par cette dislocation E.-O. Il serait porté à y réunir les montagnes des *îles Malouines*, qu'il désigne sous le nom de *Système malouinien*, si toutefois il se vérifie que ces montagnes sont formées de couches siluriennes redressées dans une direction E.-O.

» Ainsi, d'après lui, les îles de gneiss, qui forment la partie la plus ancienne du relief du sol américain, se seraient étendues vers l'ouest par des dislocations survenues après le dépôt des terrains de transition, tandis que peut-être de nouveaux points auraient surgi du sein des eaux aux Malouines et près du Cochabamba actuel, dans la Bolivie.

» Ce phénomène paraît avoir été antérieur au dépôt du Système carbonifère, à la suite duquel se sont opérées de nouvelles dislocations, dont les traces les plus marquées se sont présentées à M. d'Orbigny dans la province de Chiquitos.

» Les collines de cette province ont pour base le gneiss sur lequel s'appuient des couches siluriennes et dévoniennes, couronnées par des grès que M. d'Orbigny rapporte aux assises supérieures du Système carbonifère, et flanquées par des couches triasiques et par des dépôts tertiaires. Ces collines présentent un parallélisme général qui en fait un Système bien caractérisé, orienté de l'E.-S.-E. à l'O.-N.-O., auquel se rattachent les chaînes de Parecis, du Diamantino et du Cuyoba, dans la partie occidentale du Brésil. M. d'Orbigny désigne tout cet ensemble sous le nom de *Système chiquitéen*, et le regarde comme postérieur aux dernières assises carbonifères et comme antérieur au trias, attendu que les dernières couches que l'on y voit dérangées appartiennent, d'après lui, au Système carbonifère.

» La production d'un grand Système de dislocations dans l'Amérique méridionale, à cette époque, se trouve confirmée, d'après M. d'Orbigny, par le contact immédiat des argiles bigarrées des régions situées à l'est du Cochabamba avec les terrains dévoniens. Ce contact semble annoncer, en effet, une dénudation des terrains carbonifères antérieure au dépôt du terrain triasique.

» Les collines du *Système chiquitéen* joignent presque les montagnes du Brésil à la base des Andes. C'est un nouvel appendice qui est venu s'ajouter à la suite de celui déjà formé par le *Système itacolumien*. Lorsqu'on jette les yeux sur la carte géologique de la Bolivie dressée par M. d'Orbigny, il peut sembler, au premier abord, qu'il y a de nombreux traits de ressemblance dans la disposition des terrains des collines de Chiquitos et de la chaîne orientale des Andes. Cependant la direction qui domine dans les montagnes de Chiquitos n'est pas exactement la même que celle des crêtes qui se dessinent sur les flancs de la Cordilière, au sud-est des plaines de Moxos et de Santa-Cruz-de-la-Sierra, et la hauteur des deux massifs est trop différente pour qu'il soit naturel de les rattacher à une seule et même époque de soulèvement.

» Les montagnes colossales qui dominent au nord-est le lac de Titicaca, et auxquelles se rattache toute la région orientale des Cordilières du 5e au 20e degré de latitude australe, ou, pour mieux dire, les Andes proprement dites, les *Antis* des anciens Incas, forment un Système distinct auquel M. d'Orbigny a donné le nom de *Système bolivien*. La direction moyenne de ce Système, bien différente de celles qui dominent dans le reste des Cordilières, est du sud-est au nord-ouest. Les crêtes qui le composent sont formées de couches redressées des terrains siluriens, dévoniens, carbonifères et triasiques. Les célèbres nevados, d'Illimani et de Sorata, sont les deux points culminants d'un axe de roches granitoïdes dirigé aussi du sud-est au nord-ouest, qui, s'élevant sans doute par une large crevasse, a été le mobile de l'élévation de tout le *Système bolivien*.

» Cette élévation a eu lieu après le dépôt du trias, comme l'attestent les couches des terrains triasiques que M. d'Orbigny a vues dans une position inclinée, et à la hauteur de plus de 4,000 mètres au-dessus de l'Océan. Les terrains triasiques forment, dans les différentes localités où on les observe en Bolivie, les dernières couches soulevées. Sur tous les points du *Système bolivien* où M. d'Orbigny les a vus, lorsqu'ils sont recouverts, ils le sont seulement par les couches horizontales des terrains pampéens, ou par les alluvions modernes, produits purement terrestres et non marins. Il paraît donc certain que le *Système bolivien* a pris les formes caractéristiques de son relief après la période des terrains triasiques. On peut conjecturer aussi que ce phénomène a eu lieu avant le dépôt des terrains jurassiques et crétacés, sans quoi ces terrains se seraient déposés sur le trias de la Bolivie et auraient été soulevés avec lui.

» C'est donc probablement entre les périodes triasiques et jurassiques, ou à peu près à cette époque de notre chronologie européenne, que tout le massif compris entre le plateau occidental de la Bolivie et les plaines de Santa-Cruz et de Moxos se sera élevé au-dessus des mers, pour conserver jusqu'à nos jours le même cachet orographique. »

Cherchant à compléter au moins, d'une manière conjecturale, le tableau des grands phénomènes géologiques dont l'Amérique méridionale a été le théâtre et le produit, M. d'Orbigny est porté à supposer, d'après les observations des derniers voyageurs, que deux grandes dislocations ont eu lieu pendant le cours de la grande période crétacée : l'une, représentée par le *Système colombien*, dirigée environ dans la direction du N. 33° E. au S. 33° O., aurait formé les montagnes de la Suma-Paz et du Quindiu, en élevant les terrains crétacés du plateau de Bogota ; l'autre aurait donné naissance au *Système fuegien*, qui occupe la partie occidentale de la Terre de Feu, et se dirige N. 30° O. au S. 30° E.

L'effet de ces phénomènes divers et successifs aurait été d'élever au-dessus des eaux les principaux centres montagneux de l'Amérique méridionale ; mais ces divers groupes n'auraient pas encore été reliés entre eux par la grande chaîne continue des Cordilières. Cette vaste chaîne est sinueuse comme nos Alpes. Elle présente différentes parties orientées très diversement : sans parler de celles que M. d'Orbigny rapporte au *Système colombien* et au *Système fuegien*, et sans sortir de l'espace qu'il a observé par lui-même, on y remarque deux directions bien distinctes.

Depuis le détroit de Magellan jusqu'en Bolivie, sur un espace de 35 degrés qui embrasse toute la longueur du Chili, la Cordilière court du S. 5° O. au N. 5° E., direction peu éloignée de celles des Systèmes méridiens de M. Hitchcock ; puis, dans la Bolivie même, elle s'infléchit tout à coup à l'ouest et se dirige du sud-est au nord-ouest.

En entrant dans le Pérou méridional, les montagnes conservent un parallélisme constant avec celles de la Bolivie, jusque près du 5ᵉ parallèle de latitude australe; ce qui permet de supposer que les lignes géologiques observées par M. d'Orbigny dans le *Système bolivien* se continuent à l'est de la Cordilière proprement dite jusqu'à cette latitude, embrassant ainsi un espace total de 15 degrés.

Plus au nord, la chaîne change de nouveau de direction pour reprendre momentanément celle de la Cordilière du Chili.

Ainsi, dans l'intervalle compris entre le détroit de Magellan et l'équateur, les Andes présentent deux grands Systèmes de crêtes et de vallées. Ces deux Systèmes, que M. d'Orbigny désigne sous les noms de *Système bolivien* et de *Système chilien*, se croisent à peu près comme le font en Europe les *Systèmes des Alpes occidentales et de la chaîne principale des Alpes*, et ils paraissent de même être le résultat de dislocations successives.

La circonstance que la Cordilière, dans l'intervalle de la Terre-de-Feu à Quito, se compose de plusieurs grands tronçons différemment orientés et d'origine probablement diverse, se rattache à un fait curieux qui confirme, d'une manière remarquable, la réalité de la distinction basée sur la différence des directions.

Sur le grand plateau bolivien, on n'a jamais senti aucune commotion de tremblement de terre. C'est au moins ce que M. d'Orbigny a appris et ce qu'il a éprouvé sous le parallèle d'Arica, et il est naturel de se demander si la présence, par ce parallèle, du *Système bolivien*, n'a pas quelque influence sur le peu d'extension des tremblements de terre. Il paraît, en effet, que, dans le centre de la Cordilière du Chili, on ressent encore de très fortes secousses, lors des tremblements de terre qui ravagent la côte, près de laquelle ils agissent avec le maximum d'intensité.

« Une autre particularité qui distingue les chaînons du *Système chilien* de ceux du *Système bolivien*, c'est la présence de lambeaux encore problématiques de terrain jurassique et de masses très développées de terrain crétacé en couches fortement disloquées et soulevées à de grandes hauteurs. Aussi, d'après M. d'Orbigny, ce serait après la période crétacée, mais avant celle des dépôts tertiaires, que le *Système chilien* aurait pris naissance. Il devrait son origine à l'éruption des roches porphyriques, ou peut-être d'une partie seulement de ces roches, qui sont, dans l'Amérique méridionale, de natures très variées.

» M. d'Orbigny a trouvé, en effet, à Cobija, sur la côte même de l'océan Pacifique, des porphyres syénitiques, noirâtres, très compactes; au Morro d'Arrica, des porphyres pyroxéniques; à Palca (Bolivia) et à Machacamarca, des porphyres syénitiques; aux montagnes de Cobija et de Palca (Pérou) et sur toute la ligne occidentale des Cordilières, ce sont des wackes anciennes amygdalaires très variées, contenant une grande quantité de substances diverses; aux Missions, c'est une roche amygdalaire grise ou violacée. Des roches porphyriques ont été aussi observées par MM. Gay, Darwyn et Demeyko, dans diverses parties de la Cordilière du Chili.

» Suivant M. d'Orbigny, la fin de la période crétacée aurait été marquée, dans l'Amérique méridionale, par une série de dislocations qui se serait manifestée à l'ouest des terres déjà hors des eaux, et qui aurait donné à la Cordilière du Chili son premier relief, en laissant surgir une série continue de masses porphyriques. Ce vaste épanchement porphyrique s'est effectué dans la direction du N. 5° E. au S. 5° O., depuis le détroit de Magellan jusqu'à la jonction du *Système chilien* avec le *Système bolivien* que la bande de roches éruptives a longé à l'ouest, en élevant les terrains crétacés du plateau de Guancavelica. Le bouleversement des eaux dû à ce mouvement aurait eu pour résultat, suivant M. d'Orbigny, de former, en lavant les terres continentales, le dépôt tertiaire guaranien qui couvre la province de Moxos, et qui paraît niveler le fond d'une grande partie du bassin des Pampas. C'est attribuer à ce dépôt une origine analogue à celle qu'on a souvent été conduit à attribuer en Europe à une partie du terrain de l'argile plastique. Le manque de fossiles dans le dépôt guaranien, sa nature toujours ferrugineuse, peu stratifiée, sembleraient favorables à cette supposition.

» Une nouvelle période de repos succédant alors aux perturbations, les mers tertiaires se dessinent à l'est et à l'ouest du *Système chilien*. Sur le dépôt de nivellement du terrain guaranien commencent à s'étendre les sédiments marins du terrain patagonien. Des affluents terrestres apportent, des continents voisins, des ossements de mammifères, des bois et des coquilles fluviatiles. Les uns proviennent, sans doute, de la crête du *Système chilien*, et apportent des ossements encore pourvus de leurs ligaments dans la mer patagonienne du sud-est; d'autres arrivent du grand continent du nord, c'est-à-dire du Brésil, déjà en grande partie hors des eaux.

» Le continent de l'Amérique méridionale possède déjà, pour ainsi dire, à l'état d'esquisse, la configuration qu'il doit conserver; il offre déjà une chaîne hors des eaux traçant la Cordilière du nord au sud, et séparant ainsi l'un de l'autre l'océan Atlantique et le grand Océan par une bande de terre étroite, comme de nos jours l'isthme de Panama. On conçoit dès-lors comment les terrains tertiaires des deux versants peuvent être contemporains, quoiqu'ils ne renferment pas d'espèces fossiles de coquilles qui leur soient communes; et, malgré les réserves que j'ai cru devoir faire dans le rapport d'où tout ceci est extrait (1), on doit convenir que l'hypothèse proposée par M. d'Orbigny explique si heureusement la différence complète des faunes de ces deux terrains, d'âge au moins très rapproché, qu'il est difficile de ne pas lui attribuer, par cela seul, une assez grande probabilité.

» Mais les mers, qui empiétaient alors si largement sur les contours qu'a pris définitivement l'Amérique méridionale, devaient reculer et s'éloigner du pied de la Cordilière, en laissant le continent s'agrandir, vers l'est, de tout l'espace occupé par le terrain tertiaire patagonien, et, vers l'ouest, de la bande occupée par les terrains tertiaires du Chili, qui longe dans toute son étendue la Cordilière chilienne.

» M. d'Orbigny rattache cet événement à l'apparition des trachytes qui ont fait éruption dans l'axe de cette Cordilière, et qui en ont complété le relief à une époque évidemment très moderne.

» En étudiant la position des trachytes et des conglomérats trachytiques, M. d'Orbigny a pu se convaincre que ces deux espèces de roches ont joué un rôle tout différent. Ses cartes font voir, en effet, que les trachytes

(1) *Comptes rendus hebdomadaires des séances de l'Académie des sciences*, t. XVII, p. 393.

solides ont dû, à diverses reprises, surgir sur de grandes lignes à l'état incandescent. Quelquefois soulevés en masses pâteuses presque solides, ils ont donné naissance à ces cônes obtus si remarquables et en même temps si caractéristiques, qui, au sommet des Cordilières, ont absolument la même forme qu'en Auvergne. Si, sur d'autres points, ces roches ont une apparence stratifiée, cela résulte évidemment de l'épanchement de masses plus ou moins fluides qui se sont étendues en nappes. On en voit un exemple dans la coupe laissée par le Rio-Maure, où l'auteur a distinctement remarqué l'alternance des bancs de trachytes avec les conglomérats ponceux, ou sur la côte près de Tacna, où les conglomérats ponceux recouvrent les trachytes durcis également en nappes.

» A l'exception près de l'alternance observée au Rio-Maure, M. d'Orbigny a toujours trouvé les trachytes sous les conglomérats. Les premiers présentent des aspérités de formes très diverses, qui se manifestent à la surface du sol par différents accidents extérieurs, tandis que les derniers forment partout des sortes de couches, pour ainsi dire, horizontales, qui nivellent ces aspérités. Les conglomérats ponceux sont composés par bancs alternatifs de ponces plus ou moins grosses, ou de fragments de verres volcaniques, dont les éléments ne sont réunis par aucun ciment, ce qui pourrait porter à croire que ces conglomérats ont été projetés à l'état de cendres pendant la sortie et postérieurement à la sortie des trachytes. On pourrait même se demander si tous les conglomérats appartiennent à la même époque que les trachytes, et si leur position supérieure ne les rapporte pas quelquefois à un âge un peu plus moderne.

» Dans l'Amérique méridionale, les roches trachytiques ne se montrent que sur la chaîne des Cordilières, et dès lors accompagnent le plus souvent les roches porphyritiques. En Bolivie, elles se montrent seulement sur le grand plateau bolivien, sur le plateau occidental et sur le versant ouest de la Cordilière. Personne n'en a signalé au Brésil.

» M. d'Orbigny admet que sur le versant occidental de la longue crête, première esquisse de la Cordilière, formée par les éléments réunis des divers Systèmes mentionnés ci-dessus, le sol s'ouvrit de nouveau, et que les matières incandescentes trachytiques, poussées avec violence vers cette vaste issue, débordèrent de toutes parts, disloquèrent les porphyres, les roches crétacées, et envahirent tout le sommet de la chaîne.

» Dans le vaste massif de la Bolivie, les choses se sont passées d'une manière plus compliquée, au moins en apparence. Les lignes de dislocation du *Système chilien*, rencontrant les reliefs préexistants au *Système bolivien* et ne pouvant rompre ce large massif, l'ont longé à l'ouest comme l'avaient fait antérieurement les roches porphyritiques. Les trachytes et leurs conglomérats qui, d'après M. de Humboldt, forment un dôme immense sur le plateau de Quito, constitueraient, d'après M. d'Orbigny, un autre dôme sur le plateau occidental de la Bolivie. En outre, ces roches seraient sorties par des fentes anciennes des roches de sédiment, sur cette ligne si interrompue de mamelons trachytiques, qui, à l'est du grand plateau bolivien, borde le pied des dislocations des roches dévoniennes, depuis Achachoche jusqu'à Potosi. Elles ne sont pas la cause première du *Système bolivien*, mais elles ont pu en soulever quelques parties en en augmentant le relief, de même qu'elles ont peut-être donné à la Cordilière chilienne la plus grande partie de son relief. Les trachytes auraient donc agi dans le nouveau monde comme dans l'Italie méridionale et en Grèce, où leurs lignes d'éruption ont suivi celles de Systèmes de montagnes d'une origine plus ancienne, notamment du *Système des Pyrénées*.

» Une dislocation de 50 degrés ou de 550 myriamètres de longueur, qui a produit une des plus hautes chaînes du monde, qui a élevé au-dessus des mers tous les terrains tertiaires marins des Pampas sur une immense largeur, n'a guère pu avoir lieu sans amener un déplacement proportionnel dans les eaux marines. C'est alors, suivant M. d'Orbigny, que, balancées avec force, celles-ci ont envahi les continents, anéanti et entraîné les grands animaux terrestres, tels que les *Mylodons*, les *Mégalonyx*, les *Mégatheriums*, les *Platonyx*, les *Toxodons* et les *Mastodontes* de la faune perdue, en les déposant avec les particules terreuses, à toutes les hauteurs, dans les bassins terrestres ou dans les mers voisines.

» Ces matières nivelantes, simultanément entraînées et déposées sur les plateaux des Cordilières jusqu'à 4,000 mètres au-dessus de l'Océan, sur les plaines de Moxos, de Chiquitos et sur tout le fond du grand bassin des Pampas, ont constitué le terrain pampéen.

» Le terrain pampéen, qui est à toutes les hauteurs en couches horizontales, qui se compose partout des mêmes limons, qui ne renferme que des restes de Mammifères, n'a pu être, en effet, que le produit d'une cause terrestre générale. M. d'Orbigny a cru trouver cette cause dans l'un des soulèvements opérés dans la grande Cordilière, qui a dû produire un déplacement subit des eaux de la mer, lesquelles, mues et balancées avec force, ont envahi les continents et anéanti les grands animaux terrestres en les entraînant tumultueusement dans les parties les plus basses des continents ou dans le sein des mers, et ce n'est évidemment qu'au soulèvement des trachytes que le phénomène peut être rapporté.

» M. d'Orbigny a remarqué que sur quelques points du plateau bolivien, les conglomérats trachytiques paraissent recouvrir le terrain pampéen, ce qui ferait croire qu'ils sont postérieurs à ce grand dépôt. Cette remarque coïncide avec celle rapportée plus haut, que les conglomérats trachytiques semblent n'être pas tous exactement de la même époque. La plupart seraient contemporains du terrain pampéen, mais quelques uns seraient postérieurs.

» En Auvergne, les nombreux Mammifères de la faune antérieure à cette époque qu'on a trouvés en différents points sont enveloppés de roches trachytiques et de leurs conglomérats. Il y aurait ici un rapprochement qui ne serait pas sans valeur.

» A ce mouvement pourraient peut-être se rattacher ou se comparer beaucoup de faits observés en diverses parties de la surface du globe, puisque partout on rencontre des restes d'une faune terrestre particulière entièrement éteinte, et que dans une foule de localités on trouve des dépôts analogues à ceux des Pampas, renfermant des ossements de Mammifères d'espèces détruites.

» L'apparition des roches trachytiques, auxquelles appartiennent les sommets les plus élevés des Cordilières du Chili et du Pérou, ne paraît cependant pas avoir été le dernier des grands mouvements géologiques dont l'Amérique méridionale a été le théâtre. Cette apparition paraît se lier à l'origine du limon pampéen, et ce terrain est recouvert, ainsi qu'on peut le voir dans l'ouvrage de M. d'Orbigny ou dans le rapport dont ce rapport est extrait (1), par d'autres dépôts qui indiquent un autre grand événement plus moderne. Ce dernier grand évé-

(1) *Comptes rendus hebdomadaires des séances de l'Académie des sciences*, t. XVII, p. 400.

nement semble ne pouvoir être cherché ailleurs que dans la première effervescence des volcans américains actuellement en activité, qui, jusqu'au moment dont nous parlons, n'avaient pas encore commencé la série de leurs éruptions. »

M. d'Orbigny a esquissé, comme M. Pissis, sur des cartes insérées dans son atlas, les formes successives que les soulèvements ont imprimées au sol américain, et qui ont fini par l'amener à sa configuration actuelle.

Il résulte en somme de son vaste travail, que le nouveau continent s'est formé, comme l'ancien, par les soulèvements successifs des différents Systèmes de montagnes qui en sillonnent la surface; que ces Systèmes peuvent être suivis sur des étendues de plus en plus grandes, à mesure que leur origine se rapproche de l'époque actuelle; que les reliefs résultant de ces différents Systèmes se sont ajoutés successivement les uns aux autres en avançant généralement de l'E. à l'O. Ainsi, les saillies les plus anciennes que présente le continent américain paraissent avoir pris naissance dans les régions orientales du Brésil actuel, après la formation du gneiss. Les terrains de transition sont venus à l'ouest accroître ce premier continent de tout le *Système ita-*

comien. Les terrains carbonifères à l'ouest des deux autres font partie d'un nouvel appendice du *Système chiquitéen*. Les terrains triasiques, à l'ouest des trois premiers systèmes , ont été soulevés dans le *Système bolivien*, surface bien plus vaste que les autres.

Jusqu'alors l'Amérique était allongée de l'est à l'ouest. Les terrains crétacés cessent de se déposer, et la Cordilière, toujours à l'ouest des terres exhaussées, prend un premier relief du nord au sud , en changeant totalement la forme du continent. Plus tard, l'éruption des trachytes et la première effervescence des volcans actuels ont complété les formes de cette vaste chaîne , et donné aux rivages du continent leur configuration actuelle, et il est bien remarquable que ces derniers phénomènes se sont surtout manifestés dans la région occidentale du continent, où les tremblements ont, de nos jours, concentré leur action.

Cette remarque générale sur la marche des soulèvements de l'est à l'ouest, conduit à un rapprochement curieux entre le nouveau monde et l'ancien.

Buffon avait déjà été frappé de la différence d'orientation des deux grands continents. Il avait remarqué que dans l'ancien continent, ou plus exactement dans l'Europe, l'Asie et le nord de l'Afrique, les grands traits orographiques sont disposés par rapport à la ligne est et ouest, à peu près comme ils le sont dans le nouveau monde, par rapport à la ligne nord-sud.

M. Poulett-Scrope (1) avait ajouté à la remarque de Buffon celle de la différence essentielle que présentent les deux côtés est et ouest du continent de l'Amérique méridionale, en ce que l'un offre une longue crête hérissée de pics et de volcans, tandis que l'autre présente de larges montagnes arrondies sans aucun indice de phénomènes volcaniques.

Les résultats de M. d'Orbigny conduisent à formuler plus nettement ce rapprochement, en remarquant que dans l'Amérique méridionale, les soulèvements successifs qui ont façonné le relief du continent ont généralement leur principal point d'application de plus en plus à l'ouest, à mesure qu'ils sont plus modernes, tandis qu'en Europe les soulèvements de plus en plus modernes ont exercé leurs principaux effets de plus en plus au sud.

En Amérique, les grandes plaines des

(1) Poulett-Scrope, *Considerations on volcanos* (London, 1825), p. 195.

Pampas et de l'Amazone répondent à cette grande plaine du nord de l'Europe, dont une légère dépression est occupée par les eaux de la mer Baltique, et le vaste lac de Titicaca remplit des anfractuosités produites par la rencontre des divers Systèmes qui se croisent dans les Andes, à peu près comme la Méditerranée remplit les anfractuosités plus vastes et plus profondes dues au croisement du *Système des Pyrénées*, des *Systèmes alpins* et de quelques autres Systèmes modernes.

Les deux continents présentent chacun une grande exception à la règle indiquée relativement au sens dans lequel les soulèvements se sont succédé. L'une se trouve dans les dislocations modernes qui, suivant les observations de M. Pissis, ont achevé de façonner la côte orientale du Brésil ; l'autre dans le soulèvement présumé moderne de la grande ligne des Alpes scandinaves. Mais l'existence d'exceptions correspondantes de part et d'autre constitue un rapprochement de plus, et ce rapprochement est d'autant plus curieux que les deux chaînes qui font exception se rapportent à un seul et même Système de montagnes, le *Système des Alpes occidentales*.

Des comparaisons analogues à celles que

nous venons d'établir entre l'Europe et l'Amérique méridionale avaient déjà été faites entre l'Italie et l'Inde, et entre l'Europe et l'Amérique du Nord ; ces comparaisons tendent à montrer que la nature, tout en combinant diversement les faits de détail, a suivi une marche analogue dans les diverses parties de la surface du globe. Elles prendront de plus en plus d'intérêt à mesure que les contrées comparées entre elles seront connues avec plus de précision.

M. Pissis s'occupe en ce moment à compléter l'étude des Systèmes de montagnes de l'Amérique méridionale. Ce savant et infatigable voyageur, qui s'est fixé depuis plusieurs années en Bolivie, a bien voulu me faire l'honneur de m'écrire, à la fin de 1848, une lettre qui renferme, dans les termes suivants, l'exposé de ses premiers résultats :

« Le dernier soulèvement dont on retrouve les traces a eu lieu parallèlement au méridien. C'est à lui que se rattachent les volcans modernes de la Cordilière occidentale. Dans les Andes orientales, on retrouve des fractures suivant la même direction. Elles sont, en général, placées près des points culminants, et, dans les parties inférieures, on observe des dykes de gypse enveloppant des fragments en partie calcaires, en partie à l'état de sulfate, et qui paraissent provenir des couches sous-jacentes.

» Les masses de trachyte quartzifère et le terrain d'eau douce qui recouvre la surface du plateau bolivien ont aussi été fracturés suivant cette direction. Entre ce soulèvement et celui des Andes orientales, on en reconnaît un autre qui est en rapport avec les trachytes quartzifères et les conglomérats ponceux antérieurs au terrain à paludines.

» Enfin, avant le soulèvement des Andes occidentales, on retrouve deux ordres de fractures dirigées, les unes au nord-est, et les autres au nord-ouest. Les premières sont antérieures au terrain à trilobites. On les rencontre à l'est des Andes, dans la partie occupée par le gneiss et le schiste talqueux, tandis que les secondes séparent les diverses chaînes formées par le terrain ardoisier, les psammites à trilobites et orthis. On les observe vers l'extrémité sud du plateau, depuis Oruro jusqu'auprès de Potosi.

» Le terrain rapporté au lias par MM. Pentland et d'Orbigny est adossé à ces chaînes, et forme une ceinture qui les entoure à l'est, au sud et à l'ouest. »

Ces premiers résultats de M. Pissis ne coïncident qu'en partie avec ceux de M. d'Orbigny, exposés précédemment. Il semblerait que M. Pissis a observé plusieurs Systèmes de dislocation qui auraient échappé à son devancier, et n'aurait pas encore retrouvé tous les Systèmes reconnus par ce dernier.

Je n'essaierai pas d'aplanir ces difficultés, même en me servant de la belle carte de la Bolivie, que M. Pentland a publiée dernièrement. Je me bornerai à exprimer le regret que ce savant voyageur, qui a donné une si grande précision à la base géodésique de ses travaux, n'ait pas encore publié la partie stratigraphique de ses observations.

Les excellentes observations que M. I. Domeyko a publiées dans les *Annales des mines*, 4e série, t. IX et XIV, paraissent tendre, en général, à confirmer les aperçus de M. d'Orbigny sur l'âge relatif de la Cordilière du Chili, et sur les bouleversements qu'elle a éprouvés.

Mais quelle que soit la solution que l'avenir réserve aux doutes qui subsistent encore, les travaux de MM. Pissis et d'Orbigny permettent au moins d'entrevoir que, lorsque la géologie de l'Amérique méridionale sera complète, elle présentera, comme celle de l'Europe, une série de Systèmes de montagnes d'âges différents et de directions différentes, ayant entre eux des rapports analogues à ceux des Systèmes européens, mais presque tous distincts de ces derniers tant par leurs directions que pour leurs âges.

Système des Andes.

En parlant des montagnes de la Bolivie, j'ai déjà dit ci-dessus quelques mots du dernier soulèvement des Andes, mais je n'ai fait que l'indiquer.

Le nom des Andes est emprunté, comme l'a remarqué M. d'Orbigny, à la langue des Incas ; mais ces montagnes font partie d'un Système qui, loin d'être renfermé en entier dans l'Amérique méridionale ou même dans le nouveau monde, me paraît s'étendre, comme plusieurs de ceux que nous avons déjà étudiés, dans les deux continents. Seulement, au lieu de n'établir entre eux qu'une liaison problématique masquée par la vaste dépression que remplit l'océan Atlantique, il les relie l'un à l'autre vers le détroit de Behring, où leur contact est presque immédiat.

Ce Système est probablement très moderne ; dans le voisinage des Andes, on observe des faits analogues à ceux que j'ai mentionnés ci-dessus, page 592, comme attestant, sur les bords de la Méditerranée, l'origine peu ancienne du *Système du Ténare.*

M. d'Orbigny, qui a étudié ces faits avec beaucoup d'attention, conclut de ses observations, que les coquilles récentes soulevées sur les plages de l'océan Atlantique et du grand Océan ne doivent pas l'avoir été par une action lente, mais par un mouvement brusque. Ces remarques, jointes à certains faits également observés par lui, relativement aux bancs de *conchillas* des Pampas, aux coquilles émergées de Montevideo, de la Patagonie, et du littoral du grand Océan, le conduisent à admettre (1) un exhaussement subit et général de toute la côte, qui aurait donné au continent la configuration que nous lui connaissons. Ce mouvement général aurait sans doute été le prélude des mouvements partiels qui, de nos jours, comme sur les bords de la Méditerranée (temple de Sérapis), élèvent encore, assure-t-on, certaines parties des rivages du nouveau monde.

Ce dernier mouvement général du sol américain, qui aurait coïncidé avec la première effervescence des volcans, aurait dé-

(1) Voyez le Voyage de M d'Orbigny, ou le rapport fait à l'Académie des sciences, *Comptes rendus*, t. XVII, p. 402 (séance du 28 août 1843).

terminé, suivant M. d'Orbigny, un balancement des mers adjacentes, dont les eaux, en bondissant par-dessus les crêtes des montagnes, auraient raviné, dégradé les terres à toutes les hauteurs, et entraîné de vastes alluvions dans les plaines. Il est évident que cet événement est postérieur, tout au moins, à l'existence de la faune maritime actuelle; ce qui a fourni déjà à M. d'Orbigny un motif suffisant pour nommer *terrains diluviens* ceux qui en sont les produits. Mais le mouvement dont nous parlons pourrait avoir été postérieur à l'origine de la faune terrestre actuellement existante, comme à celle de la faune maritime; car quelque violent qu'il ait été, il peut sans doute n'avoir pas anéanti la totalité des habitants des terres de l'hémisphère américain, et surtout ceux des autres terres précédemment émergées.

L'apparition d'une chaîne de montagnes, qui, à en juger par quelques uns des résultats des observations géologiques, a produit, dans les contrées voisines, des effets si violents, a pu, au contraire, n'influer sur des contrées très lointaines que par l'agitation qu'elle a causée dans les eaux de la mer et par un dérangement plus ou moins grand dans leur niveau, événements comparables à l'inondation subite et passagère dont on retrouve l'indication à une date presque uniforme dans les archives de tous les peuples. Si cet événement historique n'était autre chose que la dernière des révolutions de la surface du globe, on serait naturellement conduit à se demander quelle est la chaîne de montagnes dont l'apparition remonte à la même date ; et peut-être serait-ce le cas de remarquer que le *Système des Andes*, dont les soupiraux volcaniques sont généralement en activité, forme le trait le plus étendu, le plus tranché, et, pour ainsi dire, le moins effacé de la configuration actuelle du globe terrestre. En donnant le nom de *Système des Andes* à ce Système, que je suppose être le plus récent de tous, je prends la partie pour le tout, comme je l'ai fait dans le cas des Pyrénées et des Alpes. Je veux, en effet, parler ici de cet énorme bourrelet montagneux qui court entre l'océan Pacifique, d'une part, et les continents des deux Amériques et de l'Asie de l'autre, en suivant, depuis le Chili jusqu'à l'empire des Birmans, la direction d'un demi-grand cercle de la terre ; du long relèvement de l'écorce terrestre servant comme d'axe central à cette ligne volcanique en zigzag qui borde le grand Océan, en suivant çà et là des fractures plus anciennes, mais sans s'écarter de la zone littorale.

Ce fut sans doute un jour redoutable dans l'histoire des habitants du globe, et peut-être même dans l'histoire du genre humain, que celui où cette immense batterie volcanique, qui ne compte pas moins de 270 bouches principales, vint à gronder pour la première fois. Peut-être les traditions d'un déluge universel qu'on rencontre chez la plupart des peuples américains comme chez ceux de l'ancien continent, se rapportent-elles à ce grand événement qui n'aurait pu manquer d'être un grand désastre. M. d'Orbigny est favorable à cette opinion, qui déjà avait été émise avant lui, mais seulement comme une hypothèse. Il cite à l'appui plusieurs faits qui, dussent-ils même rester isolés, mériteraient l'attention des géologues. La découverte de débris de l'industrie humaine faite par M. d'Orbigny dans les alluvions des plaines de Moxos, sur les rives du Rio-Securi, ne peut qu'ajouter à la probabilité d'une pareille conjecture.

La position du *grand cercle de comparaison du Système des Andes* est, pour le moment, assez difficile à fixer avec précision. La ride de l'écorce terrestre à laquelle on peut rapporter son origine paraît avoir fait éclater des volcans dans tous les Systèmes de montagnes plus anciens qu'elle a rencontrés. Les tronçons discontinus et diversement orientés de cette immense traînée de volcans peuvent être cités à l'appui de l'une des plus belles théories de M. de Buch, comme autant d'exemples de volcans alignés, soit au pied, soit sur la crête de chaînes de montagnes appartenant, par leur origine première et par leur direction, à différents Systèmes plus ou moins anciens. Les volcans sont alignés entre eux suivant les directions propres à ces Systèmes, mais ils n'existent que dans la zone où le nouveau ridement s'est fait sentir. Leurs différents groupes, pris chacun en masse, en jalonnent la direction, mais d'une manière assez confuse; et ils dessinent, surtout vers ses extrémités, des configurations bizarres, où se montre, dans sa sauvage grandeur, la puissance que la nature s'est réservée pour échapper aux lois régulières qu'elle s'est tracées elle-même.

Ainsi, on voit sur les belles cartes de M. de Buch (1), vers la limite S.-E. du continent asiatique, une série nombreuse de volcans suivre une direction polygonale, et se

(1) Leopold de Buch, *Descr. physique des îles Canaries*.

recourber sous la forme d'un hameçon immense autour de l'île de Bornéo et de la presqu'île de Malacca. Une autre traînée de volcans se sépare de celle-ci pour se diriger vers la Nouvelle-Zéelande. La longue file des volcans du Chili, rangée suivant l'axe de la bande trachytique, tient aussi comme un chaînon extrême à cette grande chaîne volcanique en zigzag qui, s'appuyant sur un demi-grand cercle de la terre, marque les limites entre la grande masse des terres américaines et asiatiques, et la vaste étendue maritime de l'océan Pacifique. Elle prolonge de son côté cette série de crevasses encore entr'ouvertes, qui forme, ainsi que l'a remarqué M. de Buch, la limite la plus naturelle de l'Asie, et qui peut même être considérée comme séparant la partie aujourd'hui la plus continentale du globe terrestre de sa partie la plus maritime; mais elle se détache obliquement de l'extrémité S.-E. de la zone.

Ces vastes et singuliers appendices pourraient être attribués aux fractures que l'écorce terrestre a éprouvées aux deux extrémités de la ride principale, et celle-ci pourrait être représentée par une demi-circonférence de grand cercle qui, partant des Andes du Pérou, et passant à une distance plus ou moins grande au sud du détroit de

Behring, aboutirait à l'antipode des Andes du Pérou dans la presqu'île orientale de l'Inde. Dans les Andes du Pérou, à l'est de Lima, l'orientation de ce grand cercle serait à peu près celle que la chaîne elle-même présente dans cette partie.

Faute de données mieux arrêtées, on pourrait être tenté de déterminer ce demi grand cercle par des considérations hypothétiques.

Le *grand cercle de comparaison de la chaîne principale des Alpes* atteint la côte de la Guiane près de l'embouchure du Maroni, et coupe les Andes du Pérou près de Guancavélica, avec une orientation à très peu près perpendiculaire à celle qu'elles présentent dans cette partie de leur cours. Ce même grand cercle passe nécessairement à l'antipode des Andes de Guancavélica, dans la presqu'île orientale de l'Inde.

Le *grand cercle de comparaison du Système du Ténare, de l'Etna et du Vésuve* aboutit, comme nous l'avons déjà vu p. 597, dans les mers de l'Amérique russe, avec une orientation à peu près perpendiculaire à celle que doit présenter, dans cette partie de son cours, le *grand cercle de comparaison du Système des Andes*. Nous avons vu d'ailleurs que le *grand cercle de comparaison du Système de la chaîne principale des Alpes*, et le *grand cercle de comparaison du Système du Ténare*, se coupent en Italie, dans les Abruzzes, à très peu près à angle droit.

Voilà donc trois grands cercles de comparaison appartenant à trois Systèmes très modernes, et probablement les plus modernes de tous, qui se coupent respectivement à angle droit. De plus, il ne s'en faut pas de beaucoup que le point d'intersection des deux premiers dans les Abruzzes ne soit à des distances égales, c'est-à-dire à 90° des Andes de Guancavélica et de leur antipode, et qu'il ne soit aussi à 90° du point où le *grand cercle de comparaison du Système du Ténare* coupe le *grand cercle de comparaison du Système des Andes* dans les mers de l'Amérique russe. Ne serait-on pas tenté de croire que la condition essentielle de ces trois grands cercles serait de se couper à angle droit à des distances de 90°, de manière à diviser la surface du globe en huit triangles sphériques tri-rectangles ?

On réaliserait presque complétement cette combinaison si l'on adoptait pour *grand cercle de comparaison du Système de la chaîne principale des Alpes*, ainsi que les observations de M. Newbold conduiraient à le faire (p. 646), l'arc tiré du milieu de l'empire de Maroc au nord de l'empire des Birmans, que j'avais indiqué dans l'origine (p. 606), ou bien l'arc qui joint le pic de Ténériffe à l'Etna, adopté par M. Renou pour représenter les directions de l'Atlas.

L'arc de grand cercle qui joint l'Etna au pic de Ténériffe, étant prolongé vers l'ouest, traverse obliquement l'océan Atlantique dans la région qu'a dû occuper l'*Atlantide de Platon* (si réellement elle a existé). Il coupe les rivages de l'Amérique méridionale au midi de Cayenne, et laissant au sud l'embouchure de l'Amézone et tout le cours du Madeira et du Rio-Beni, il atteint la chaîne des Andes vers Cuzco, c'est-à-dire dans la région où les Andes de la Bolivie s'articulent avec celles du Pérou dont la direction est différente.

L'arc mené de l'Etna au pic de Ténériffe est perpendiculaire au méridien situé à 29° 18′ 43″ à l'E. de Paris, et il le coupe par 38° 57′ 6″ de lat. N. Il n'est autre chose que la perpendiculaire à la méridienne du point d'intersection qui tombe dans l'Asie Mineure au N.-O. de Konieh. Partant de ces données, on peut déterminer un point quelconque de ce grand cercle par la résolution d'un triangle sphérique rectangle. On trouve ainsi qu'une longueur de 90° mesurée sur ce grand cercle, à partir de l'Etna, conduit à un point P de l'Amérique méridionale situé par 8° 10′ 31° de lat. S., et par 70° 55′ 29″ de long. O. de Paris. Ce point tombe dans les plaines situées entre le Madeira et l'Ucayèle, à environ 650 kilomètres au N.-E. de Cuzco : un peu en dehors des Andes, mais à une assez faible distance de leur pied. L'arc de grand cercle y est orienté vers l'O. 38° 13′ 1″ S., et sa continuation coupe la chaîne des Andes entre Cuzco et Guancavélica.

Maintenant si, par ce point P situé au pied oriental des Andes du Pérou, on fait passer un grand cercle dirigé perpendiculairement à celui que jalonent l'Etna et le pic de Ténériffe, ce grand cercle passera également à l'antipode du point P, qui se trouve dans la mer de la Chine, entre la presqu'île orientale de l'Inde et l'île de Bornéo, par 8° 10′ 31″ de lat. N., et par 109° 4′ 31″ de long. E. de Paris. Il coupera perpendiculairement par 52° 14′ 28″ de lat. N. le méridien situé à 167° 18′ 48″ à l'O. de Paris, et ne sera autre chose que la perpendiculaire à la méridienne du point d'intersection.

A partir de ce point qui tombe dans le nord de l'océan Pacifique, vers l'extrémité orientale des îles Aléoutiennes, au sud de l'île d'Oumniak, le grand cercle ainsi déterminé suit vers l'ouest la ligne des îles Aléoutiennes, laisse un peu au nord la chaîne des îles Kouriles, traverse le Japon et coupe le 127e méridien (à l'E. de Paris) par 27° 59' 40" de lat. N. avec l'orientation N. 43° 54' 23" E., de sorte qu'il passe dans l'archipel volcanique des îles Lou-Tchou dont il suit à peu près la direction, telle qu'elle est dessinée sur la belle carte de M. de la Roche Poncié. Il passe ensuite entre les îles de Formose et de Luçon, et traverse la mer de la Chine presque parallèlement aux côtes des îles de Paragua et de Bornéo. Vers l'est, le même grand cercle atteint la côte de l'Amérique septentrionale au sud de la rivière Oregon, en suivant une direction presque parallèle à l'axe de l'île de Vancouver. Il traverse la haute Californie, et il coupe le parallèle San-Francisco (San-Francisco, lat. 37° 48' 30" N., long. 124° 48' 26" O. de Paris), à 10° 33' 17" à l'E. de cette ville, c'est-à-dire à 114° 15' 9" à l'O. de Paris, avec l'orientation O. 39° 11' 26" N. Il traverse le nouveau Mexique, et atteint le golfe du Mexique en côtoyant parallèlement et à une petite distance le Rio del Norte. Il atteint ensuite la côte de la presqu'île d'Yucatan, en coupant le parallèle de la Vera-Cruz (Vera-Cruz, lat. 19° 11′ 52″ N., long. 98° 29′ 0″ O. de Paris) par 92° 57′ 32″ de long. O., c'est-à-dire à 5° 31′ 28″ à l'E. de la Vera-Cruz, avec l'orientation N. 40° 25′ 15″ O. Il coupe plus loin le lac de Nicaragua, le golfe de Panama, la chaîne des Andes près de Popayan, et revient enfin, dans les plaines de l'Amérique méridionale, au point de départ P déjà mentionné, où il est orienté vers le N. 38° 13′ 1″ O.

Ce demi grand cercle ne serait pas celui qui coïnciderait le plus heureusement avec le rebord continental de l'océan Pacifique; mais il ne serait pas éloigné de représenter, aussi bien que possible, l'axe du réseau volcanique, qui s'étend de la Bolivie aux îles de la Sonde. Réuni avec les grands cercles de comparaison du *Système du Ténare* et du *Système de la chaîne principale des Alpes*, il réaliserait presque exactement la combinaison de trois grands cercles perpendiculaires entre eux dont nous avons déjà parlé. Une distance de 90°, mesurée, à partir de l'Etna, sur le *grand cercle de comparaison du Système du Ténare*, arrive, en effet, nécessairement, à très peu de chose près, au point où il serait coupé par le *grand cercle de comparaison du Système des Andes*, tel que nous venons de le tracer.

De légères modifications dans la position des grands cercles, faciles à obtenir par tâtonnement, et qui ne les empêcheraient pas de représenter à très peu près les données de l'observation, suffiraient pour rendre la figure totale complétement régulière, c'est-à-dire pour placer les grands cercles de manière à se couper respectivement à angle droit, et à diviser exactement la sphère terrestre en huit triangles tri-rectangles.

Mais, pour le moment, je n'irai pas plus loin dans cette voie, où l'on courrait le danger de substituer à l'observation une hypothèse séduisante par sa simplicité. La question capitale est, avant tout, de savoir si, dans les ridements successifs de l'écorce terrestre, la nature s'est assujettie à cette complète régularité sur laquelle nous venons de spéculer. Cette question, l'observation seule peut la décider, et elle sera d'autant plus intéressante à résoudre, qu'elle permettra d'apprécier le degré d'influence que des irrégularités partielles de l'écorce terrestre pourraient avoir exercée sur la disposition des Systèmes des montagnes. Mais pour y puiser cet enseignement, il faudrait tenir compte de l'influence que peut avoir exercée aussi l'aplatissement du sphéroïde terrestre; ce qui serait sans doute fort difficile à exécuter numériquement.

Je terminerai ce paragraphe en faisant remarquer que j'ai signalé deux Systèmes de montagnes, le *Système du Ténare* et le *Système des Andes*, comme étant peut-être d'une origine postérieure à l'existence de l'homme sur le globe. Ces deux Systèmes sont-ils contemporains, ainsi que M. de Villeneuve en a exprimé l'opinion, dans un travail déjà cité? Leur perpendicularité, ainsi que je l'ai dit pour d'autres Systèmes qui se trouvent dans la même condition respective, rendrait pour moi leur contemporanéité peu difficile à admettre. Mais, en fait, l'activité volcanique du *Système des Andes* surpasse tellement celle du *Système du Ténare*, et l'activité volcanique du *Système du Ténare* surpasse tellement celle du *Système de la chaîne principale des Alpes*, que ces trois Systèmes me paraissent devoir être rapportés à trois époques différentes, qui se seraient succédé dans l'ordre suivant : *Alpes*, *Ténare*, *Andes*.

J'ajouterai que les observations qui conduisent à présumer que les deux derniers Systèmes pourraient être postérieurs à l'origine de l'homme me paraissent encore mériter confirmation. Ce sont de premiers jalons qui demandent à être suivis avec une attention proportionnée à l'importance de la question. Jusqu'à présent les questions de ce genre ont été plus souvent éludées qu'abordées par la science, et ont été traitées comme sortant en quelque sorte du domaine de la géologie ; mais on ne voit pas pourquoi la géologie s'arrêterait au point où commence l'histoire. Elle a puisé d'utiles lumières dans l'étude des changements journaliers qui s'opèrent sur la surface du globe et dans les documents historiques qui constatent l'étendue de ces changements. Elle pourrait en puiser aussi dans les grandes traditions du genre humain, et déjà elle a réussi à dépouiller une partie de ces traditions de ce qu'elles ont eu d'incroyable pour quelques uns de nos devanciers.

Des crises violentes, accompagnées de l'élévation de chaînes de montagnes et suivies de mouvements impétueux des mers, capables de désoler de vastes étendues de la surface du globe, paraissant avoir pendant un laps de temps, probablement immense, fait partie du mécanisme de la nature, il n'y a rien d'absurde à admettre que ce qui est arrivé à un grand nombre de reprises, depuis les plus anciennes jusqu'aux plus modernes périodes de l'histoire de la terre, soit arrivé une fois depuis que l'homme existe sur sa surface. Ainsi, comme le remarque avec justesse M. le professeur Sedgwick, nous nous trouvons avoir écarté tout ce que présentait d'incroyable la tradition d'un déluge récent.

APERÇUS THÉORIQUES.

On peut remarquer en outre, relativement à l'avenir de notre planète, que si le nombre des révolutions de la surface du globe et des Systèmes de montagnes réellement distincts, est encore indéterminé, si la série formée par ces termes successifs n'est encore que très imparfaitement connue, les observations déjà faites circonscrivent pourtant déjà entre certaines limites la loi qui, lorsqu'ils seront tous complétement connus, pourra se manifester dans leur succession. Par cela seul que la hauteur actuelle du Mont-Blanc et du Mont-Rose ne date que des dernières révolutions de la surface du globe, il est visible que, quelle que soit la place définitive que pourront occuper dans la même série d'autres montagnes plus hautes encore, cette série ne prendra jamais cette forme longuement et régulièrement décroissante qui conduirait directement à conclure que la limite est atteinte. Rien n'indiquera que des phénomènes dont les derniers paroxysmes ont été si violents ne se renouvelleront plus. Quelque provisoire que soit la succession de termes qui résulte de l'état actuel des observations, il est difficile d'y prévoir une modification qui change son aspect au point de porter à supposer que l'écorce minérale du globe terrestre ait perdu la propriété de se rider successivement en différents sens; il est difficile d'y prévoir un changement qui permette d'assurer que la période de tranquillité dans laquelle nous vivons ne sera pas troublée à son tour par l'apparition d'un nouveau Système de montagnes, effet d'une nouvelle dislocation du sol que nous habitons, et dont les tremblements de terre nous avertissent assez que les fondements ne sont pas inébranlables.

Tout nous conduit donc à supposer que les causes qui ont produit les phénomènes géologiques subsistent encore, et que la tranquillité dont nous jouissons aujourd'hui est due à leur sommeil bien plutôt qu'à leur anéantissement.

On a essayé d'expliquer par la répétition prolongée des effets lents et continus que nous voyons se produire sur la surface du globe, l'ensemble des phénomènes qui s'observent dans les pays de montagnes; mais on n'est parvenu de cette manière à aucun résultat général complétement satisfaisant. Tout annonce en effet que le redressement des couches d'une chaîne de montagnes est un événement d'un ordre différent de ceux dont nous sommes journellement les témoins.

Chaque chaînon de montagnes présente généralement dans sa structure individuelle un caractère d'unité qui dénote l'action d'une cause unique et instantanée. J'ai signalé depuis longtemps les montagnes de l'Oisans comme offrant des traces non équivoques de phénomènes d'une grandeur bien supérieure aux phénomènes que nous voyons s'accomplir journellement, et non susceptibles d'être décomposés en phénomènes partiels et successifs (1). On pourrait citer un grand nombre d'observations du même genre, et y associer celle de sir Roderick Murchison sur les bouleversements des couches de Pembrokeshire (2), et celles relatives à une foule de couches repliées, auxquelles s'appliquent également bien les remarques judicieuses de cet habile géologue. Non

(1) Faits pour servir à l'histoire des montagnes de l'Oisans. *Annales des mines*, 3e série, t. V, p. 63, et *Mémoires pour servir à une description géologique de la France*, t. II, p. 413.

(2) Murchison, *Silurian system*, p. 408.

seulement toutes ces observations se confirment les unes les autres, mais en se multipliant assez pour former une série régulière, elles perdent en partie ce qu'elles semblent offrir de paradoxal lorsqu'on les considère isolément.

Le *Système des causes actuelles* a pu paraître un retour à la froide raison, lorsqu'il n'avait à combattre que la notion vague de quelques grandes révolutions, dont la nature et la cause étaient également indéterminées. Il n'attaquerait pas sous des auspices aussi favorables une série régulière de faits clairement définis. On connaît déjà en Europe plus de vingt Systèmes de montagnes, c'est-à-dire les traces principales de plus de vingt révolutions. Le temps n'est peut-être pas éloigné où l'on pourra en signaler plus de cent sur la surface entière du globe. Cette série de grands phénomènes, par cela seul qu'elle sera très nombreuse, sera moins opposée dans sa forme à la série de petits effets dans laquelle on a cru pouvoir circonscrire la puissance de la nature. En prenant une forme analogue à cette dernière, elle cessera de paraître incompatible avec elle et de sembler *à priori* moins probable.

L'école de Saussure ne s'est jamais montrée opposée à l'invocation des causes actuelles. Jamais elle n'a nié que le vent, la pluie, les torrents, les courants, les marées, les tremblements de terre, etc., etc., ne soient des puissances aussi vieilles que le monde : seulement elle a reconnu que la surface du globe porte aussi les traces de phénomènes plus énergiques. Si les partisans *exclusifs* des causes actuelles pouvaient admettre quelques correctifs à une doctrine dont le prestige repose en grande partie sur ce qu'elle a d'absolu, ils reconnaîtraient qu'une série régulière de plus de cent révolutions peut être est beaucoup moins contraire à leurs principes que ne l'auraient été trois ou quatre révolutions jetées au hasard au milieu des âges, comme celles auxquelles on semble quelquefois encore rapporter vaguement, par une vieille habitude, le commencement ou la fin des périodes *paléozoïque*, *secondaire* et *tertiaire ;* ils comprendraient qu'en consolidant, en personnifiant et en multipliant les révolutions du globe, sous la forme et la dénomination de *Systèmes de montagnes*, composant une série nombreuse et d'une régularité rationnelle, je marche relativement à eux dans une *voie de conciliation*.

J'y marcherais plus directement encore en cherchant, comme nous le verrons plus loin, la cause de ces phénomènes violents et passagers dans les effets nécessaires d'une cause lente et toujours subsistante, le refroidissement séculaire de notre globe, si cette cause n'était pas *systématiquement* repoussée par les personnes qui soutiennent que la nature minérale n'a jamais subi aucun changement.

Le nombre, la périodicité, la similitude des grands événements que nous présente l'histoire du globe, fourniraient, s'il en était besoin aujourd'hui, de puissants arguments contre la plupart des causes cosmologiques, telles qu'un déplacement de l'axe de la terre ou le choc d'une comète, auxquelles on a souvent eu l'idée de recourir pour les expliquer. Le choc d'un corps en mouvement serait beaucoup plus propre à produire dans la croûte solide extérieure du globe des inégalités disposées plus ou moins symétriquement autour d'un point, que des rides courant parallèlement les unes aux autres sur une grande étendue. L'absence de tout rapport direct entre la direction des chaînes de montagnes, et la position des pôles et de l'équateur, indique d'autre part à elle seule que ces rides ne doivent pas leur origine à des phénomènes astronomiques réguliers.

Les chaînes de montagnes ne présentent

de relations évidentes que les unes avec les autres, par leur répartition en groupes rectilignes, à orientations connexes, et avec les dimensions du globe terrestre, par la propriété que paraît avoir chaque Système d'embrasser plus ou moins exactement une demi-circonférence de la terre.

Chaque Système de montagnes paraît être renfermé, ainsi que je l'ai déjà annoncé, dans un fuseau de la sphère terrestre, dont le grand cercle médian serait ce que nous avons appelé le *grand cercle de comparaison du Système*.

Ces grands cercles ne sont pas placés complétement au hasard sur le globe. Ils sont d'abord en rapport avec la disposition des terres et des mers. « La forme des continents dépend, en effet, d'une manière évidente, ainsi que je l'ai fait remarquer dès l'origine de mes recherches (1), de celle des chaînes de montagnes qui les traversent. L'Europe, quelque compliquée que soit sa structure, comparée à celle d'autres grandes contrées, en offre un exemple frappant. Sa forme générale est celle d'une pointe qui s'avance dans les mers, du N.-E. au S.-O., depuis

(1) Recherches sur quelques unes des révolutions de la surface du globe (*Annales des sciences naturelles*, t. XIX, p. 279 (1830).

l'Oural et le Caucase jusqu'aux côtes occidentales et méridionales du Portugal et de l'Espagne.

» Il est vrai que, pour des rapports de ce genre, la limite fournie par une coupure aussi étroite et aussi accidentelle que le détroit de Gibraltar a quelque chose d'assez précaire; mais on doit remarquer que la disposition angulaire dont il s'agit se présente d'une manière encore plus marquée peut-être, lorsque, comprenant avec l'Europe les contrées montueuses de l'empire de Maroc et de la Barbarie, on substitue comme limite à la Méditerranée cette vaste mer de sable qui, sous le nom de grand désert de Sahara, va se lier aux déserts de l'Arabie et de la Perse, et par eux aux plaines basses du haut Indus et du Bengale.

» La plupart des Systèmes de montagnes que nous avons considérés dans cette extrémité occidentale du grand massif asiatique courent, sinon du N.-E. au S.-O., du moins vers des points de l'horizon compris entre l'O. et le S., et plus ou moins rapprochés de la direction H. 3—4 de la boussole de Freyberg, qui, comme M. de Humboldt l'a remarqué dès 1792, est la moyenne des directions les plus fréquentes en Europe. La ligne N.-E.-S.-O., qui partagerait en deux parties égales l'angle formé par les deux côtés de cette pointe, est parallèle à la direction du *Système de l'Erzgebirge, de la Côte-d'Or et du Pilas*, et divise aussi en deux parties à peu près égales l'angle formé par les directions du *Système des Alpes* occidentales et du *Système de la chaîne principale des Alpes*, Systèmes les plus récents de l'Europe (sauf le *Système du Ténare*, qui n'a été distingué que plus tard), et qui sont, pour ainsi dire, les deux axes principaux auxquels se lient les traits les plus saillants de sa forme. La direction des Pyrénées, à laquelle se rattachent les principales dentelures des côtes de la Méditerranée, forme l'anomalie la plus considérable qu'on puisse signaler dans cette disposition. Cette anomalie ne pouvait échapper aux vastes et profondes recherches auxquelles M. de Humboldt s'est livré depuis la première émission des idées qu'il avait d'abord rattachées à l'expression de loxodromisme des formations, idées dont la poursuite a contribué, comme il nous l'apprend lui-même, à l'attirer, il y a trente ans (en 1799), vers les régions équinoxiales du nouveau continent. Plus d'une fois, cet illustre voyageur a eu la bonté de me faire remarquer cette différence de direction, aussi bien que celle qui existe entre la direction des Alleghanys et celle des Andes, et la dissemblance que présentent les parties méridionales de cette dernière chaîne et les montagnes du Brésil. »

L'Amérique septentrionale, terminée à l'est par la grande île polygonale de Terre-Neuve, à peu près comme l'Europe, vers le S.-O., par la masse quadrangulaire de l'Espagne, offre un second exemple d'un continent finissant en pointe, par l'effet de la convergence vers un même centre de plusieurs des Systèmes de montagnes qui y dominent.

M. Pissis a donné dernièrement des développements inattendus à mes premiers aperçus, dans un Mémoire qu'il a composé à Paris entre son retour du Brésil et son départ pour la Bolivie, *Sur les rapports qui existent entre la configuration des continents et la direction des chaînes de montagnes.*

Dans ce Mémoire (1), M. Pissis a employé une méthode qui lui est propre pour déterminer les principaux Systèmes de montagnes qui sillonnent la surface du globe. Il en a signalé 15, qu'il a désignés de la manière suivante :

1° *Système de la Côte-d'Or.*

(1) A. Pissis, *Bulletin de la Société géologique de France*, 2e série, t. V, p. 453.

2° *Système de la Cordilière du Chili.*

3° *Système des Andes du Pérou.*

4° *Système des Andes de Quito.*

5° *Système du Zwarteberg.*

6° *Système des montagnes du Madagascar.*

7° *Système du mont Viso.*

8° *Système du Kouen-lun.*

9° *Système des montagnes du Canada.*

10° *Système de la chaîne principale des Alpes.*

11° *Système des Pyrénées.*

12° *Système du Thüringerwald.*

13° *Système des îles de Corse et de Sardaigne.*

14° *Système des Alpes occidentales.*

15° *Système atlantique.*

Ces différents Systèmes, dont le rang d'inscription n'indique pas l'âge relatif, rentrent à peu près, pour la plupart, dans ceux dont je me suis occupé, quoique M. Pissis leur assigne généralement des directions un peu différentes de celles que j'ai adoptées, et que je crois devoir conserver quant à présent. L'un d'eux, le *Système du Zwarteberg*, coïncide sensiblement avec celui que M. Charles Deville a signalé dans son Mémoire sur le tremblement de terre de la Guadeloupe comme jouant un rôle important dans la charpente du sol des petites Antilles et dans la propagation de leurs tremblements de terre. Le système appelé par M. Pissis *Système de la Cordilière du Chili* rentre dans un de ceux de M. d'Orbigny, et se rapproche beaucoup de l'un des Systèmes méridiens de M. le professeur Hitchcock. Son *Système des Andes du Pérou* diffère peu de mon *Système des Andes*. Son *Système des Andes de Quito* correspond à peu près au *Système colombien* de M. d'Orbigny (voyez ci-dessus, p. 738). Son *Système du Kouenlun* se rapproche également du *Système du Vyndhya* de M. Newbold. Son *Système de Madagascar* est à peu près mon *Système de la côte S.-E. de l'Afrique*. Enfin, son *Système atlantique* est peu éloigné à la fois du *Système méridien de l'île Tarrakaï, de l'île Jeso, des îles Mariannes, de la terre de Carpentarie et de la terre de Van-Diémen*, que j'ai mentionné ci-dessus, page 676, et du *Système du Kamtschatka, du Groënland et du Labrador*, que j'ai signalé page 716 : je doute cependant que ces deux Systèmes puissent être confondus en un seul.

Une désignation détaillée des Systèmes de montagnes reconnus par M. Pissis n'ajouterait donc rien d'essentiel à mon travail ; et je me bornerai à consigner textuellement ici la conclusion de son très intéressant Mémoire, conclusion dont le sujet se rapporte plus particulièrement aux considérations qui nous occupent en ce moment.

Conclusion du Mémoire de M. Pissis. — « Il résulte des faits qui viennent d'être exposés, que les directions des chaînes de montagnes sont également celles des lignes qui forment les limites des continents, des grandes dépressions occupées par les mers intérieures ou des principales vallées; que ces directions se rapportent à quinze Systèmes de fractures renfermées dans des zones comprises entre deux plans parallèles à un grand cercle, dont la position reste la même pour chaque Système; que les quinze cercles forment quatre groupes ou centres d'intersection d'où partent les lignes, qui donnent à la fois la direction des côtes et des chaînes de montagnes des terres voisines.

» Le premier de ces centres, placé à l'entrée du détroit de Gibraltar, comprend six cercles correspondant à six des Systèmes de soulèvement de M. Élie de Beaumont, savoir : la *chaîne principale des Alpes*, le *Système des Alpes occidentales*, celui du *mont Viso*, la *chaîne des Pyrénées*, le *Système des îles de Corse et de Sardaigne*, et celui de la *Côte-d'Or*.

» Le second, situé à l'entrée du détroit de

Malacca, en renferme quatre, qui correspondent aux plus grandes chaînes du globe ; trois à la grande Cordilière de l'Amérique du Sud, se composant de la Cordilière du Chili, des Andes du Pérou et des Andes de Quito ; et le quatrième au Kouen-lun, au Taurus et aux montagnes de l'intérieur de l'Afrique.

» Le troisième occupe l'extrémité sud de l'Afrique ; les trois cercles qui en partent donnent les directions de la chaîne de la colonie du Cap, celles des montagnes de Zanguebar et de la Guinée.

» Enfin, le quatrième comprend deux cercles se coupant dans la baie de Baffin, avec d'autres cercles des premier et deuxième centres. L'un de ces cercles correspond au *Système du Thüringerwald* de M. Elie de Beaumont.

» Sur ces quinze cercles il y en a donc quatorze qui correspondent à de grandes chaînes de montagnes. La position particulière du quinzième ne permet pas d'établir de semblables rapports, puisque les terres dont il s'approche le plus sont encore presque entièrement inconnues ; mais sa position est fort remarquable, en ce qu'il se maintient à peu près au milieu de l'océan Atlantique, et qu'il sépare, suivant l'heureuse expression de M. de Humboldt, l'hémisphère aquatique de l'hémisphère terrestre. Il correspond aux grandes dépressions de la baie de Baffin et du détroit de Behring, qui établissent la séparation des deux continents, et rencontre dans sa marche autour du globe les terres les plus rapprochées des deux pôles, le Groënland et la terre d'Enderby. Ce cercle, pénétrant dans la Nouvelle-Hollande, près de la côte orientale, il serait bien à désirer que les voyageurs pussent nous donner quelques indications sur les montagnes de cette région; peut-être serait-il possible de fixer l'âge des failles qui s'y rapportent, et de reconnaître si la grande dépression occupée par l'océan Atlantique appartient à la dernière révolution du globe, ainsi que l'ont pensé quelques géologues et un grand nombre d'historiens. La presqu'île de Kamtschatka qui lui est parallèle, et ne s'en trouve qu'à une petite distance, fournirait encore des données pour la solution de cet intéressant problème. »

M. Pissis a multiplié les exemples de la tendance que présentent les Systèmes de montagnes à converger vers certains points, et il a cru pouvoir attribuer à cette convergence beaucoup plus de précision que je ne l'avais fait; mais pour lui donner cette précision, il a été obligé de modifier les positions des grands cercles par lesquels il représente chacun de ses Systèmes. Il a fait porter la modification des grands cercles que j'avais considérés sur l'orientation avec laquelle ils traversent certaines régions plutôt que sur leur point de départ, ce qui n'était pas indispensable. Ainsi que je l'ai indiqué, p. 35, on peut déplacer le point de départ du grand cercle de comparaison d'un Système, sans changer sensiblement son orientation dans une région déterminée; et de cette manière on peut le faire aboutir à un centre quelconque, sans modifier l'orientation du Système dans la contrée où les observations de directions ont été recueillies. Mais cette remarque, applicable seulement aux modifications que M. Pissis a fait subir après coup à quelques uns de ses grands cercles, n'attaque en aucune façon la méthode ingénieuse qu'il a imaginée pour les déterminer. Cette méthode, plus géographique que géologique, consiste essentiellement à combiner entre elles, par les moyens que fournit la trigonométrie sphérique, les directions des grandes lignes de côtes, qui offrent sur tous les continents des longues parties rectilignes dans leur ensemble. Il est satisfaisant de voir que, par ce moyen indirect, M. Pissis est arrivé à des résultats à peu près conformes à ceux que fournit l'étude directe et stratigraphique des chaînes de montagnes. Il a reconnu moins de Systèmes que je n'en signale et beaucoup moins que je n'en entrevois ; mais dans sa méthode, les Systèmes dont les orientations sont semblables ou très voisines, quoique leurs âges soient différents, restent naturellement confondus, et d'ailleurs il n'a pu reconnaître que les Systèmes les plus proéminents.

M. Félix de Boucheporn, ingénieur au corps des mines, a cherché de son côté, en même temps que M. Pissis, mais par d'autres moyens et dans un autre but, à grouper en Systèmes les principales chaînes de montagnes du globe. Chacun de ces Systèmes représenterait suivant lui un des équateurs que la terre a eus à diverses époques en changeant successivement de pôles de rotation. Ne pouvant adhérer aux spéculations cosmologiques de l'auteur, je suis heureux de trouver naturellement ici l'occasion de rendre justice à la partie graphique d'un ouvrage qui se recommande plus encore par une foule d'idées ingénieuses, par l'élégance du style et par un véritable talent d'exposition.

Indépendamment de l'équateur actuel,

M. de Boucheporn a tracé sur le globe treize grands cercles qu'il considère comme d'anciens équateurs, et dont chacun est l'axe et revient à peu près à ce que j'appelle le grand cercle de comparaison d'un Système de montagnes. C'est d'après l'ordonnance même des chaînes de montagnes, et, par conséquent, indépendamment de ses vues théoriques ultérieures, que M. de Boucheporn a déterminé ces Systèmes dont il donne le tableau suivant (1), dressé suivant l'ordre d'ancienneté qu'il s'est cru fondé à leur assigner :

1° *Himalaya oriental et Brésil.*
2° *Ecosse et monts Dovre.*
3° *Gates, Bolourdagh et Rocheuses.*
4° *Andes du Pérou et Asie orientale.*
5° *Europe et Afrique occidentales.*
6° *Monts Lupata et Oural méridional.*
7° *Caucase et Alpes orientales.*
8° *Guinée et Canada.*
9° *Andes du Chili.*
10° *Pyrénées et Alleghanys.*
11° *Altaï et Terre de Feu.*
12° *Guatemala.*
13° *Atlas et Himalaya occidental.*

Le travail de M. de Boucheporn et celui

(1) F. de Boucheporn, *Etudes sur l'histoire de la terre et sur les causes des révolutions de sa surface.* Paris, Carilian-Gœury, 1844.

de M. Pissis, embrassant l'un et l'autre la totalité de la surface du globe, devaient naturellement conduire à des résultats analogues. Cependant, ayant suivi des méthodes différentes, et n'ayant ni l'un ni l'autre épuisé la matière, leurs résultats présentent justement assez de ressemblances pour montrer qu'ils se sont exercés sur un sujet commun et de sa nature bien déterminé, et assez de différences pour prouver qu'il n'y a eu aucune entente entre eux. Cette double remarque s'applique également aux traits de ressemblance qui existent aussi entre leurs résultats partiels et ceux d'autres investigateurs dont les travaux ont été contemporains et indépendants des leurs.

Ainsi que je l'ai fait observer ailleurs (1), les *quinze* grands cercles dont M. Pissis a calculé les positions ne sont pas identiques avec les *treize* grands cercles de M. de Boucheporn. Plusieurs des cercles de la seconde série manquent tout à fait dans la première, et *vice versâ* ; plusieurs se rapprochent sans coïncider ; d'autres enfin coïncident plus ou moins exactement, et, parmi ces derniers, on remarque particulièrement ceux qui traversent l'Europe et l'Algérie.

(1) *Comptes rendus hebdomadaires des séances de l'Académie des sciences*, t XX, pag. 179 (séance du 20 janvier 1845).

En effet, si on rapproche le tableau des Systèmes de M. de Boucheporn de celui des Systèmes de M. Pissis, et si on compare en même temps la mappemonde que M. de Boucheporn a intitulée *Carte des anciens équateurs* avec le Planisphère de M. Pissis, on verra que :

1° Le Système n° 13 de M. de Boucheporn (*Atlas et Himalaya occidental*) est très peu différent du Système n° 10 de M. Pissis (*Chaîne principale des Alpes*).

2° Le Système n° 7 de M. de Boucheporn (*Caucase et Alpes orientales*) coïncide très sensiblement avec le *Système des Pays-Bas*, et, par conséquent, avec le *Système du Tatra* qui lui est presque exactement superposé. Le grand cercle par lequel M. de Boucheporn représente son Système n° 7, suit exactement l'axe de l'île de Sumatra, et du côté opposé, celui de l'un des principaux chaînons des montagnes de la Nouvelle-Grenade. Par suite de cette dernière circonstance il représente très sensiblement le *Système colombien* de M. d'Orbigny, que représente aussi assez exactement le système n° 4 de M. Pissis (*Andes de Quito*), dont le Système n° 7 de M. Boucheporn se rapproche par conséquent beaucoup, sans toutefois coïncider complètement avec lui.

3° Le Système n° 10 de M. de Boucheporn (*Pyrénées et Alleghanys*) se rapproche du Système n° 11 de M. Pissis (*Pyrénées*). Mon propre *Système des Pyrénées* est à peu près intermédiaire entre les deux.

4° Le Système n° 5 de M. de Boucheporn (*Europe et Afrique occidentales*) coïncide à très peu près avec mon *Système du Rhin*. Le Système n° 14 de M. Pissis (*Alpes occidentales*) se rapporte assez bien à mon *Système des Alpes occidentales*. Les deux Systèmes de MM. de Boucheporn et Pissis ne diffèrent donc entre eux que de la faible quantité dont diffèrent mes deux Systèmes *du Rhin* et *des Alpes occidentales*.

5° Le Système n° 2 de M. de Boucheporn (*Ecosse et monts Dovre*) se rapproche de mon *Système du Westmoreland et du Hundstrück*, avec lequel cependant il ne cadre pas complètement. Le Système n° 1 de M. Pissis (*Côte-d'Or*) est, à très peu de chose près mon *Système de la Côte d'Or*. De là il résulte que le Système n° 2 de M. de Boucheporn et le Système n° 1 de M. Pissis, diffèrent un peu plus entre eux que les deux Systèmes de ma propre série dont ils se rapprochent respectivement. Il est peut-être douteux qu'on puisse les considérer comme pouvant représenter les mêmes éléments orographiques.

6° Le Système n° 4 de M. de Boucheporn (*Andes du Pérou et Asie orientale*) se rapproche beaucoup du Système n° 3 de M. Pissis (*Andes du Pérou*), et en même temps, de mon *Système des Andes*.

7° Le Système n° 9 de M. de Boucheporn a beaucoup d'analogie avec le Système n° 2 de M. Pissis (*Cordilière du Chili*), et l'un et l'autre se rapprochent des *Systèmes méridiens* de M. le professeur Hitchcock.

8° Le Système n° 8 de M. de Boucheporn (*Guinée et Canada*) se rapproche beaucoup du Système n° 9 de M. Pissis (*Montagnes du Canada*). L'un et l'autre se rapprochent également du Système E.-O. que j'ai signalé ci-dessus (p. 716) dans le nord des États-Unis, et qui comprend les Açores, ainsi que du Système E.-O. de M. le professeur Hitchcock que j'avais oublié de mentionner (1).

9° Le Système n° 12 de M. de Boucheporn (*Guatemala*) se rapproche beaucoup du Système n° 5 de M. Pissis (*Zwarteberg*), et l'un et l'autre coïncident à peu près avec celui que M. Charles Deville a signalé le premier aux Antilles, dans son Mémoire sur le tremblement de terre de la Guadeloupe.

10° Le Système n° 1 de M. de Bouche-

(1) E. Hitchcock, *Final Report on the Geology of Massachusetts*, t. II, p. 711 (1841).

porn (*Himalaya oriental et Brésil*) est de même fort analogue au Système n° 8 de M. Pissis (*Kouen-Lun*), et l'un et l'autre se rapprochent du *Système du Windhya* de M. Newbold.

Les trois autres systèmes de M. de Boucheporn ne se rapprochent pas même d'une manière éloignée de ceux de M. Pissis; mais son Système n° 3 (*Gates, Bolourdagh et Rocheuses*) coïncide très sensiblement avec le *Système des Ghauts et du Bolor* que j'ai indiqué précédemment (p. 644 et 654), d'après M. Newbold et M. de Humboldt.

Son Système n° 6 (*monts Lupata et Oural méridional*) et son Système n° 11 (*Altaï et Terre-de-Feu*) se rapprochent: le premier de la ligne anticlinale de Sakmarsk (p. 663) que sir Roderick Murchison a figurée dans l'Oural méridional, et le dernier du *Système fuégien* de M. d'Orbigny (p. 738).

Parmi les quinze Systèmes de M. Pissis, cinq sont complètement différents de ceux de M. de Boucheporn : ce sont les Systèmes n° 6 (*montagnes de Madagascar*), n° 12 (*Thüringerwald*), n° 13 (*îles de Corse et de Sardaigne*) et n° 15 (*Système atlantique*).

Les deux séries réunies présentent donc au moins dix-huit Systèmes essentiellement différents. On pourrait même soutenir qu'elles en présentent un plus grand nombre, et que j'ai identifié trop facilement des Systèmes que les deux auteurs ont représentés par des grands cercles de comparaison très sensiblement différents, notamment le *Système de l'Écosse et des monts Dovre* de M. de Boucheporn et le *Système de la Côte-d'Or* de M. Pissis. J'ai cru devoir dans les deux séries, réunir les Systèmes dont les grands cercles, sans coïncider exactement, paraissent destinés par les auteurs à représenter à peu près les mêmes éléments orographiques, et ne pas oublier que la différence des grands cercles employés serait moins grande, si M. Pissis n'avait pas déplacé légèrement les siens pour les faire passer par les *centres d'intersection* qu'il a considérés.

Il faut remarquer en outre que ces Systèmes ne sont pas des Systèmes simples comme ceux que j'ai signalés en Europe, mais que la plupart au moins d'entre eux sont des groupes de Systèmes presque exactement superposés, comme le *Système du Tatra* et le *Système des Pays-Bas*, et sont, par conséquent, destinés à être dédoublés lorsqu'on joindra pour chacun d'eux la considération de l'âge à celle de la direction. En procédant comme l'ont fait M. de Boucheporn et M. Pissis, on doit nécessairement réunir tous les éléments orographiques qui ne présentent pas au premier aspect de différences tranchées; c'est ainsi que M. de Buch (voy. ci-dessus p. 13) avait distingué originairement en Allemagne quatre Systèmes seulement, dont trois, au moins, doivent être partagés en plusieurs autres d'âges différents et même de directions sensiblement différentes. Les dix-huit Groupes ou Systèmes de MM. Pissis et de Boucheporn comprenant peut-être plus de cinquante Systèmes simples, et comme ces Systèmes peuvent n'être pas superposés d'une manière complétement exacte, il n'est pas étonnant que des investigateurs différents, procédant par des méthodes différentes, aient été conduits à les représenter par des grands cercles un peu différents.

Il est beaucoup plus remarquable de voir que la plupart de ces groupes ont été reconnus séparément par des investigeurs différents qui ont opéré indépendamment les uns des autres.

Ainsi, le groupe des *Systèmes des Pays-Bas et du Tatra* a été reconnu par six investigateurs; savoir, en suivant l'ordre des dates : 1° par moi-même (*Système des Pays-Bas*); 2° par M. Viquenel (*Système de Rilo-*

dagh) ; 3° par l'auteur de la *Carte géologique du Tatra et des soulèvements parallèles* (voy. p. 483) ; 4° par M. d'Orbigny (*Système colombien*) ; 5° et 6° par MM. Pissis et de Boucheporn.

Le groupe des Systèmes méridiens de M. le professeur Hitchcock a été reconnu de même par six investigateurs : 1° je l'avais indiqué en 1830 ; 2° M. Hitchcock l'a nettement formulé en 1841, et a indiqué sa grande extension ; 3° M. d'Orbigny l'a signalé sous le nom de *Système chilien* ; 4° M. Pierre de Tchihatcheff l'a reconnu dans l'Altaï ; 5° et 6° M. de Boucheporn et M. Pissis l'ont reconnu chacun de leur côté.

Le Sytème signalé dans les Petites-Antilles par M. Charles Deville, a été retrouvé séparément par M. Pissis et par M. de Boucheporn.

Plusieurs autres Systèmes peuvent donner lieu à des remarques analogues que j'ai déjà indiquées, et on peut dès à présent concevoir que les Systèmes ou les groupes de Systèmes qui se trouvent dans ce cas, seront désormais, sauf une détermination ultérieure plus précise, des *constantes inévitables de la stratigraphie*.

La matière de ces recherches n'est pas encore épuisée. MM. Pissis et de Boucheporn n'ont pas retrouvé en totalité, même les Systèmes les plus largement dessinés que j'ai signalés dans le cours de cette notice, et beaucoup de Systèmes anciens qui ne sont plus que faiblement esquissés par les accidents orographiques, leur ont nécessairement échappé.

Mais quelques Systèmes de plus, formulés de la même manière, ne feraient que confirmer davantage cette conclusion; que toutes les côtes à peu près rectilignes, comme tous les chaînons de montagnes, sont disposées par faisceaux parallèles chacun à un grand cercle de la sphère terrestre. Des côtes fort étendues, sans doute, dont j'ai cité ailleurs de nombreux exemples (1), bordées par des lignes de dunes et des *cordons littoraux*, forment des courbes arrondies d'une régularité remarquable. Telles sont les côtes de la Hollande, de la Gascogne, du golfe de Lyon, du golfe de Venise, du golfe du Mexique. Les méandres des rivières, ceux des vallées, les diverses inflexions de ces dernières, offrent encore des lignes essentiellement sinueuses; mais les grandes lignes terminales des continents suivent en masse des directions rectilignes

(1) *Leçons de géologie-pratique*, t. I, p. 223.

déterminées par les chaînes de montagnes qui en forment l'ossature.

De là il résulte que la surface du globe terrestre, malgré son irrégularité apparente, n'est pas dessinée au hasard comme les courbes de fantaisie d'un jardin anglais, mais qu'elle a beaucoup plus d'analogie avec nos parcs à la française, tels que ceux de Versailles et de Saint-Cloud, dont l'ordonnance générale se rapporte à des lignes droites, connexes entre elles, et où les lignes sinueuses ne se montrent que dans les détails. Ce qui rend l'analogie plus complète encore, c'est que les lignes droites, ou, pour mieux dire, les arcs de grands cercles auxquels se coordonne la configuration extérieure du globe terrestre, semblent converger vers des espèces d'étoiles ou de ronds-points, comme les allées des Champs-Élysées, et se coupent très souvent à angle droit, à 45°, où de manière que l'une des lignes partage en parties égales ou aliquotes l'angle formé par deux autres.

La combinaison de ces éléments rectilignes a été susceptible d'une très grande variété due à leur discontinuité, à l'inégalité de leur saillie, à leurs enchevêtrements et aux raccordements opérés entre eux par diverses causes accessoires telles que celles qui viennent d'être mentionnées. Il faut faire aussi la part du désordre occasionné par le croisement des accidents stratigraphiques, appartenant à des systèmes différents : de là la confusion qui paraît régner dans les cartes géographiques et géologiques ; mais il ne faut qu'un peu de dextérité pour découvrir l'ordre caché dans ce pêle-mêle qui semble d'abord si désordonné. Il en a fallu beaucoup plus pour faire sortir le cristallographie de l'irrégularité apparente de la plupart des cristaux souvent incomplets, usés, maclés, etc., dont nos collections minéralogiques sont composées.

Les rapports angulaires qui existent entre les positions des grands cercles de comparaison des différents Systèmes de montagnes, sont peut-être destinés à figurer un jour parmi les éléments fondamentaux de la stratigraphie et de la géographie.

Je signalais déjà un de ces rapports dans le passage de mon premier mémoire que j'ai transcrit ci-dessus, en indiquant que la direction du *Système de la Côte-d'Or* divise en deux parties à peu près égales l'angle formé par les directions du *Système des Alpes occidentales* et du *Système de la chaîne principale des Alpes*. La bisection approche en effet beaucoup d'être exacte ; car la direction E. 40° N. du *Système de la Côte-d'Or*, transportée de Dijon (lat. 47° 19′ 25″ N., long. 2° 41′ 50″ E. de Paris) à la cime du Mont-Blanc (lat. 45° 49′ 59″ N., longitude 4° 31′ 45″ E. de Paris) devient à très peu près E. 38° 40′ N. Or, nous avons vu ci-dessus, p 547, qu'une parallèle au *grand cercle de comparaison du Système des Alpes occidentales*, menée par la cime du Mont-Blanc est orientée vers le N. 26° 49′ E., et, p. 583, qu'une parallèle au *grand cercle de comparaison du Système de la chaîne principale des Alpes* (supposé partir d'un point M situé au nord de l'île de Minorque), menée de même par la cime du Mont-Blanc, y est orientée vers l'E. 14° 43′ 20″ N. Nous avons vu aussi (p. 649) qu'une parallèle, menée par la cime du Mont-Blanc à un second grand cercle de comparaison, que les observations de M. Newbold pourraient conduire à adopter pour le *Système de la chaîne principale des Alpes*, y serait orientée vers l'E. 17° 1′ 32″ N. Enfin, on peut également calculer qu'une parallèle, menée par la cime du Mont-Blanc au grand cercle qui joint l'Etna au pic de Ténériffe, et qui, d'après M. Renou, peut être pris pour grand cercle de comparaison du *Système de la chaîne principale des Alpes* (p. 630 et 767), est orientée à la cime du Mont-Blanc, vers l'E. 15° 29′ 2″ N.; et de là il résulte qu'à la cime du Mont-Blanc la parallèle au *grand cercle de comparaison du Système de la Côte-d'Or*, orientée vers l'E. 38° 40′ N., fait un angle de 24° 31′ avec la direction du *Système des Alpes occidentales*, et un angle de 23° 56′ 40″, de 21° 38′ 28″, ou de 23° 10′ 58″, avec la direction du *Système de la chaîne principale des Alpes*, suivant le grand cercle de comparaison qu'on adopte pour ce dernier. La différence des deux angles est dans les trois cas inférieure à trois degrés, et en moyenne de 1° 35′ 27″.

J'ai signalé aussi depuis longtemps (1) ce fait curieux que les directions du *Système du Pilas et de la Côte-d'Or*, de celui *des Pyrénées*, et de celui *des îles de Corse et de Sardaigne*, sont respectivement presque parallèles à celles du *Système du Westmoreland et le Hundsrück*, du *Système des Ballons et des collines du Bocage* et du *Système du Nord de l'Angleterre*. Les directions correspondantes ne diffèrent que d'un petit nombre de degrés, et les systèmes correspondants se sont succédé dans le même ordre,

(1) Traduction française du *Manuel géologique* de M de la Bèche, p. 646, et *Traité de géognosie* de M. Daubuisson, continué par M. Amédée Burat, t. III, p. 342.

ce qui conduit à l'idée d'une *sorte de récurrence périodique* des mêmes directions de soulèvement ou de directions très voisines.

J'ai multiplié depuis, soit dans le présent volume, soit ailleurs, les exemples de cette récurrence des mêmes directions à des époques éloignées les unes des autres. Ayant embrassé une plus longue période de l'histoire du globe, j'ai même pu citer des exemples de directions reproduites deux fois avec de très légers changements.

Ainsi nous avons vu ci-dessus, p. 593 et 599 que la direction du *Système du Forez* ne diffère que de 2° 48' de celle du *Système de la Vendée* rapportée au même point de la France centrale, et que la direction du *Système de Ténare* rapportée aussi au même point est intermédiaire entre les deux autres et divise presque en deux parties égales l'angle de moins de 3° qu'elles forment entre elles.

On voit de même, par les données consignées ci-dessus, p. 548, que la direction du *Système des Alpes occidentales* forme un angle 2° 56' seulement (on a mis par erreur 1° 56') avec celle du *Système du Longmynd* et un angle de 7° 15 avec celle du *Système du Rhin*. Ces deux dernières directions forment un angle de 10° 11' et la direction du

Système des Alpes occidentales tombe entre les deux. Ici toutefois le rapprochement est moins étroit.

En Amérique, les trois *Systèmes méridiens* de M. le professeur Hitchcock présentent de même un groupe de trois directions, dont deux sont très voisines l'une de l'autre, et dont la troisième diverge un peu plus, sans cependant s'écarter encore beaucoup des deux autres (1).

En Asie, le *Système du Bolor* se partagera peut-être en plusieurs autres d'âges différents et de directions très voisines.

Indépendamment de ces groupes *multiples*, l'Europe présente plusieurs systèmes d'âges très différents, dont les directions approchent plus ou moins d'être parallèles entre elles *deux à deux*.

La direction du *Système du Thüringerwald* (p. 399) s'écarte de 9° 15′ de celle du *Systeme du Morbihan* (on a mis par erreur 9° 4′).

La direction du *Système de la Côte-d'Or*, transportée au Binger-loch, devient E. 37° 55′ N. Elle diffère de 6° 25′ seulement de la direction E. 31° 30′ N. du *Système du Westmoreland et du Hundsrück*.

La direction du *Système des Pyrénées*,

(1) E. Hitchcock, *Final report on the Geology of Massachusetts*, t. II, p. 711.

transportée au Brocken dans le Hartz, est O. 25° 58′ N. Elle y forme un angle de 7° 12′ 40″ seulement avec celle du *Système des Ballons*, qui pour le même point est O. 18° 45′ 20″ N. (1).

La direction du *Système des îles de Corse et de Sardaigne* transportée dans le Yoredale ne diffère de celle du *Système du Nord de l'Angleterre* (p. 477) que de 4° 12′ 25″.

La direction du *Système de Tatra* forme avec celle du *Système des Pays-Bas* un angle qu'on peut évaluer à 1° 12′ 33″ (p. 499), ou à 2° 2′, suivant le grand cercle de comparaison qu'on adopte pour ce dernier.

La direction du *Système de la chaîne principale des Alpes*, rapportée au Binger-loch, forme en ce point, avec celle du *Système du Finistère* (p. 586), un angle de 2° 36′ 14″ seulement.

En résumé, on peut citer, pour l'Europe seulement, douze exemples de directions plus ou moins exactement reproduites après un long intervalle.

Dans six de ces exemples, la direction

(1) J'ai indiqué, p. 249, l'O. 19° 15′ N. pour la direction du Système des Ballons transportée au Brocken ; mais je viens de reconnaître qu'en effectuant ce transport je m'étais trompé, abstraction faite des secondes, d'un demi-degré. Il en résulterait une rectification à faire dans tous les calculs où j'ai employé cette direction.]

première est reproduite à moins de trois degrés près, c'est-à-dire qu'elle est reproduite d'une manière qu'on peut regarder comme sensiblement exacte; car, ainsi que je l'ai déjà dit plusieurs fois, les directions, comparées entre elles ne peuvent être supposées déterminées d'une manière complétement rigoureuse, et on ne peut guère répondre de la plupart d'entre elles à un degré et demi près.

Dans les six autres exemples, la direction première n'est reproduite qu'avec une altération de 4, de 6, de 10 degrés. On peut alors supposer que la seconde direction est réellement indépendante de la première, ou du moins qu'il y a eu dans le phénomène qui l'a reproduite une cause qui tendait à l'altérer. La direction du *Système du Rhin* diffère de 7° 15′ de celle du *Système des Alpes occidentales*, et de 10° 11′ de celle du *Système du Longmynd*. Ces deux dernières directions, qui diffèrent seulement de 2° 56, pourraient être supposées identiques et remplacées par leur moyenne; mais la direction du *Système du Rhin* diffère de 8° 43′ de cette moyenne, qui devrait être supposée à très peu près exacte; or, il me paraît bien douteux que la direction du *Système du Rhin* puisse être en erreur de près de 9°.

Par conséquent, si la direction du *Système du Rhin* a été réellement reproduite, ainsi que je l'ai indiqué, dans celle du *Système des Alpes occidentales*, elle l'a été avec une *altération essentielle*.

Cette récurrence des mêmes directions, ou de directions peu différentes à des époques successives, a produit des *groupes de Systèmes* ou des *Systèmes complexes* qui ne peuvent guère être dédoublés que lorsqu'on tient compte de l'âge relatif des dislocations; et tels sont probablement, ainsi que je l'ai dit plus haut page 797, la plupart des Systèmes reconnus par M. Pissis et par M. de Boucheporn.

Si les directions de certains systèmes de montagnes sont plus ou moins exactement parallèles entre elles, d'autres approchent également d'être perpendiculaires, et comme l'ont remarqué M. A. Le Blanc et M. Rivière, cette relation s'observe souvent entre des systèmes qui se sont succédé sans intermédiaire dans la contrée où ils se croisent. Elle existe aussi quelquefois entre des systèmes dont les âges sont très différents.

D'après M. Rivière, la direction du *Système de la Vendée* est N.-N.-O ou N. 22° 30' O. Cette direction peut être rapportée à Vannes. La direction du *Système du Fi-*

nistère, transportée à Vannes, devient E. 20° 27′ N. Il s'en faut de 2° 3′ seulement que ces deux directions ne soient perpendiculaires entre elles. Le pôle boréal est compris dans l'angle obtus formé par ces directions.

Nous avons vu ci-dessus, p. 281 que le grand cercle de comparaison du *Système du Finistère* et celui du *Système du Forez* se coupent sous des angles de 89° 27′, ou plus exactement 89° 28′ 13″, et de 90° 31′ 47″. Il ne s'en faut que de 31′ 47″ qu'ils se rencontrent à angle droit. Le pôle boréal est compris dans l'angle aigu.

Nous avons vu aussi, p. 361, que le grand cercle de comparaison du *Système des Pays-Bas* rencontre le grand cercle de comparaison du *Système du nord de l'Angleterre* sous des angles de 94° 50′ et de 85° 10. En recalculant le même angle plus exactement, j'ai trouvé 85° 28′ 34″ ; il ne s'en faut que de 4° 31′ 26″ qu'ils se rencontrent à angle droit. Le pôle boréal est compris dans l'angle aigu.

Le grand cercle de comparaison du *Système du Rhin* coupe le grand cercle de comparaison du *Système des Ballons* sous des angles de 85° 33′ et de 94° 27′. Il ne s'en faut que de 4° 27′ que ces deux grands cercles se coupent à angle droit. Le pôle boréal est compris dans l'angle obtus.

Le grand cercle de comparaison du *Système de la Côte-d'Or* est presque exactement perpendiculaire (p. 658) à la direction du *Système méridien de l'Ural.*

Le grand cercle de comparaison du *Système des Pyrénées* coupe le grand cercle de comparaison du *Système du Rhin* (p.549) sous des angles de 91° 46′ et de 88° 14′, ou plus exactement de 91° 54′ et de 88° 6′. Il ne s'en faut que de 1° 52′ qu'ils ne soient perpendiculaires entre eux. Le pôle boréal est compris dans l'angle aigu.

Le grand cercle de comparaison du *Système du Tatra* coupe le grand cercle de comparaison du *Système des îles de Corse et de Sardaigne* (p. 517) sous des angles de 86° 37′ 07″ et de 93° 22′ 53″. Il ne s'en faut que de 3° 22′ 53″ qu'ils ne soient perpendiculaires entre eux. Le pôle boréal se trouvant sur le grand cercle de comparaison du Système des îles de Corse et de Sardaigne, il n'y a pas lieu de demander s'il est compris dans l'angle aigu ou dans l'angle obtus.

La direction E. 26° N. que M. V. Raulin a assignée au *Système du Sancerrois* approche beaucoup (p.526) (à 24′ près) d'être perpendiculaire à celle du *Système du Mont-Viso.*

Le grand cercle de comparaison du *Sys-*

tème des Alpes occidentales coupe le grand cercle de comparaison du *Système des Pyrénées* (p. 549) sous des angles de 84° 31′ et de 95° 29′, ou plus exactement 84° 33′ 34″ et 95 26′ 26″. Il s'en faut de 5° 26′ 26″ qu'ils soient perpendiculaires entre eux. Le pôle boréal est compris dans l'angle aigu.

Le grand cercle de comparaison du *Système de la chaîne principale des Alpes*, orienté au point M de la Méditerranée (p. 575 et 576) vers l'E. 16° 25′ 17″ N., et le grand cercle de comparaison du *Système de la Vendée*, orienté à Vannes (p. 93) vers le N. 22° 30′ O., se rencontrent, ainsi qu'on peut aisément le calculer par la résolution de deux triangles sphériques, sous des angles de 91° 22′ 57″ et de 88° 37′ 3″. Il ne s'en faut que de 1° 22′ 57″ qu'ils se coupent à angle droit, et le pôle boréal est compris dans l'angle obtus.

En comparant ce résultat à celui obtenu ci-dessus, p. 810, on voit que le grand cercle de comparaison du *Système de la chaîne principale des Alpes* et celui du *Système du Finistère*, coupent le grand cercle de comparaison du *Système de la Vendée* sous des angles qui ne diffèrent que de *deux minutes*, et qui, l'un et l'autre, sont presque droits.

Cela n'empêche pas que les directions des

deux Systèmes, rapportées à un même point, par exemple, au *Binger-Loch*, ne fassent entre elles un angle appréciable, ainsi que nous l'avons vu p. 586. Ces contradictions apparentes, qui ne se rencontraient pas sur un plan, sont un effet nécessaire de la courbure de la terre.

La résolution de deux nouveaux triangles sphériques montre que le grand cercle de comparaison du *Système de la chaîne principale des Alpes*, orienté au point M de la Méditerranée, vers l'E. 16° 25′ 17″ N., et le grand cercle de comparaison du *Système du Forez*, orienté au centre de Forez (p. 266) vers le N. 15° O., se coupent sous des angles de 88° 49′ 33″ et de 91° 10′ 27″. Il ne s'en faut que de 1° 10′ 27″ qu'ils ne soient perpendiculaires entre eux. Le pôle boréal est compris dans l'angle aigu.

Les deux grands cercles approchent encore plus d'être perpendiculaires entre eux que dans le cas précédent; mais la déviation est en sens inverse, de sorte que l'orientation du grand cercle de comparaison du *Système de la chaîne principale des Alpes* est à très peu près la moyenne de celles qu'il devrait avoir pour être perpendiculaire, soit au grand cercle de comparaison du *Système de la Vendée*, soit au grand cercle de comparaison du *Système du Forez.*

Si on adopte pour grand cercle de comparaison du *Système de la chaîne principale des Alpes*, comme l'a proposé M. Renou, celui qui passe par l'Etna et par le pic de Ténériffe, on trouve, en résolvant de même les triangles convenables, qu'il coupe le grand cercle de comparaison du *Système de la Vendée*, sous des angles de 88° 54′ 35″ et de 91° 5′ 25″, et le grand cercle de comparaison du Système du Forez, sous des angles de 87° 39′ 22″ et de 92° 20′ 38″. Il s'en faut de 1° 5′ 25″ qu'il ne soit perpendiculaire au premier, et de 2° 20′ 38″ qu'il ne soit perpendiculaire au second. Ces conditions diffèrent peu des précédentes ; les angles obtus et aigus sont tournés de même en sens inverse dans les deux intersections.

En résolvant encore deux triangles sphériques, on voit que le grand cercle de comparaison du *Système de la chaîne principale des Alpes*, orienté au point M de la Méditerranée, vers l'E. 16° 25′ 17″ N., et le grand cercle de comparaison du *Système du Ténare, de l'Etna et du Vésuve*, orienté à la cime de l'Etna (p. 549), vers le N. 8° 20′ 43″ O., se coupent sous des angles de 89° 4′ 10″ et de 90° 55′ 50″. Il ne s'en faut que de 55′ 50″ qu'ils ne soient perpendiculaires entre eux (1). Le pôle boréal est compris dans l'angle aigu.

Si on prenait, avec M. Renou, pour grand cercle de comparaison du *Système de la chaîne principale des Alpes*, celui qui joint l'Etna au pic de Ténériffe, et qui est orienté à la cîme de l'Etna, vers l'E. 10° 21' 45.' N., il couperait le grand cercle de comparaison du *Système du Ténare*, sous des angles de 87° 58' 58" et de 92° 1' 2"; il s'en faudrait de 2° 1' 2" que la rencontre n'eut lieu à angle droit, et le pôle boréal serait compris dans l'angle aigu. Mais je dois placer ici une remarque que j'ai faite après l'impression de l'article consacré au Système du Ténare (p. 586).

Le Vésuve n'est pas le seul volcan qui s'aligne à peu près avec l'Etna dans la direction assignée par MM. Boblaye et Virlet au *Système du Ténare*. Plusieurs autres volcans, et d'autres points remarquables de la surface du globe, remplissent à très peu près la même condition. J'ai calculé les orientations des grands cercles qui joignent séparément l'Etna au Beerenberg, dans l'île de Jan-Mayen, au N.-E. de l'Islande (lat. 71° 4' N., long. 9° 57' 54" O. de Paris);

(1) Ce résultat diffère de 2' 6" de celui indiqué p. 589 ; il existe plus rigoureusement.

Au mont Saint-Élie, volcan de l'Amérique russe (lat. 60° 17′ 35″ N., long. 143° 11′ 21″ O. de Paris);

Au Maouna-Roa, dans l'Ile d'Owhyhi, l'une des Sandwich (lat. 19° 28′ 30″ N., long. 157° 53′ 30″ O. de Paris, d'après la carte de M. Vincendon-Dumoulin);

Au Mauna-Hualalaï, dans la même île d'Owhyhi (lat. 19° 45′ 18″ N., long. 158° 13′ 51″ O. de Paris, d'après la carte du capitaine Wilkes);

A l'île de Noël (Christenas) (lat. 1° 58′ 20″ N., long. 159° 47′ 00″ O. de Paris, d'après la carte de M. Vincendon-Dumoulin);

Au mont Érèbe, volcan découvert par le capitaine James Ross dans les glaces du pôle austral (lat. 77° 40′ S., long. 164° 19′ 40″ E. de Paris).

Enfin au cap Cave-Rock, pointe S.-E. de l'Afrique (lat. 33° 15′ S., long. 25° 30′ E. de Paris),

Nous avons déjà vu (p. 589) qu'en joignant par un arc de grand cercle la cime de l'Etna à celle du Vésuve, on a pour son orientation à l'Etna :

Etna. — Vésuve. . . . . . . N. 8° 20′ 43″ O.

on trouve de même :

Etna. — Mont Erèbe. . . .	S.	8	46	32	E.
Etna. — Mouna-Hualalaï. .	N.	10	4	26	O.
Etna. — Mouna-Roa	N.	10	29	44	O.
Etna. — Cap Cave-Rock . .	S.	11	14	44	E.
Etna. — Ile de Noël	N.	11	31	16	O.
Etna. — Mont Saint-Élie. .	N.	11	52	13	O.
Etna. — Beerenberg	N.	12	29	00	O.

Ces huit grands cercles forment un faisceau étroit, dont l'amplitude dépasse à peine 4°, et dont le grand cercle Etna-Mouna-Roa occupe à peu près le milieu, tandis que le grand cercle Etna-Vésuve en occupe un des bords. Le grand cercle Etna-Mouna-Roa ne s'écarte guère plus que le grand cercle Etna-Vésuve de l'orientation originairement assignée par MM. Boblaye et Virlet au Système du Ténare; seulement il s'en écarte en sens inverse. La plupart des rapprochements que j'ai indiqués ci-dessus (p. 589 et suiv.) entre l'orientation du Système de Ténare et certains alignements des points volcaniques de l'Europe deviendraient encore plus exacts en prenant pour grand cercle de comparaison du *Système du Ténare* le grand cercle mené de l'Etna au Mouna-Roa. D'après cela, ce dernier grand cercle me paraîtrait devoir être préféré au grand cercle qui joint l'Etna au Vésuve; or le grand cercle Etna-Mouna-Roa, orienté à l'Etna au N. 10° 29′ 44″ O., forme avec le grand cercle mené de l'Etna au pic de Ténériffe des angles de 89° 58′ 1″ et de 90° 7′ 59″; il s'en faut de 7′ 59″ seulement qu'il lui soit perpendiculaire.

On peut reconnaître par la combinaison des résultats qui précèdent, que le grand cercle de comparaison du *Système du Ténare* et le grand cercle de comparaison du *Système du Finistère*, se coupent aussi sous des angles peu éloignés de l'angle droit.

En Asie, d'après M. de Humboldt (1), le *Système du Thian-chan* est sensiblement perpendiculaire au *Système du Bolor*; et suivant les données consignées ci-dessus, p. 643 et 644, d'après M. Newbold, le *Système du Vindhya* est sensiblement perpendiculaire au *Système des Ghauts* qui semble se confondre avec le *Système du Bolor*.

En Amérique, ainsi que nous l'avons déjà remarqué, p. 717, la direction du *Système des Pyrénées* est sensiblement perpendiculaire à celle du grand plateau mexicain, et M. le professeur Hitchcock signale dans le Massachusetts (2) un Système orienté vers

(1) Humboldt, *Asie centrale*, tom. I, pag. 100; et tom. II, page 8, etc.

(2) E. Hitchcock, *Final report on the geology of Massachusetts*, t. II, p. 713

le N.-O. (dont j'ai oublié de faire mention précédemment), perpendiculairement à la direction de son Système N.-E., S.-O. que nous avons trouvé (p. 687) peu différent du *Système des Ballons*.

J'ai signalé aussi le grand cercle de comparaison du *Système des Andes*, comme coupant à peu près perpendiculairement les grands cercles de comparaison du *Système de la chaîne principale des Alpes* et du *Système du Tenare*, et en adoptant pour le *Système du Ténare* le nouveau grand cercle de comparaison indiqué dans les pages précédentes, le triangle formé par les trois systèmes approchera beaucoup plus d'être trirectangle, qu'avec les données auxquelles je m'étais arrêté p. 771.

Voilà en tout, dans les diverses parties du globe, dix-neuf exemples de Systèmes qui se coupent à très peu près à angle droit, et, dans près de la moitié des cas, l'incidence ne s'éloigne de la perpendicularité que d'une quantité inférieure à l'incertitude des directions comparées.

Depuis longtemps déjà, ainsi que je l'ai rappelé précédemment, M. Rivière et M. Leblanc ont signalé les incidences à peu près perpendiculaires de plusieurs de nos Systèmes européens, et ils ont même pensé que cette relation était propre aux Systèmes immédiatement consécutifs (1). Mais tout en rendant hommage aux vues théoriques ingénieuses que ces savants géologues ont émises et sur lesquelles je reviendrai plus loin, j'ai cru ne devoir enregistrer ci-dessus qu'un seul des exemples qu'ils ont cités, savoir, la perpendicularité approximative du *Système du nord de l'Angleterre* et du *Système des Pays-Bas*. Dans les autres exemples cités par M. Leblanc, *Système du Rhin* et *Système du Thuringerwald*, *Système de la Côte-d'Or* et *Système du mont Viso*, *Système des Pyrénées* et *Système des îles de Corse et de Sardaigne*, la perpendicularité n'existe qu'à 15 ou 20° près. Ces exemples ne sont donc pas comparables à ceux que j'ai indiqués ci-dessus.

Mais le parallélisme et la perpendicularité ne sont pas les seules relations angulaires qu'on puisse remarquer entre les orientations des différents Systèmes de montagnes qui se croisent dans une même contrée. Dans une précédente publication (2), j'en ai

(1) A. Leblanc, *Bulletin de la Société géologique de France*, t. XII, p. 140, 1841. — A. Rivière, *Études géologiques et minéralogiques*, p. 252.

(2) *Bulletin de la Société géologique de France*, 2 série, t. IV, p. 864 (séance du 17 mai 1847).

déjà signalé d'autres entre les différents Systèmes qui sillonnent la presqu'île de Bretagne, et je crois devoir rappeler ici les plus remarquables. Les relations angulaires de plusieurs de ces Systèmes, sans se réduire à ce qu'on pourrait appeler des chiffres absolument mathématiques, sont cependant remarquables par la simplicité dont elles approchent dans des limites qui ne dépassent pas beaucoup l'incertitude dont il est certain que chacune d'elles, en particulier, demeure encore affectée.

Le *Système de la Vendée* est dirigé à Vannes, d'après M. Rivière, au N.-N.-O., soit N. 22° 30′ O.

La direction du *Système du Finistère*, transportée à Vannes, est à très peu près E. 20° 27′ N.

La direction du *Système du Longmynd*, transportée à Vannes, est à très peu près N. 22° 49′ E.

La direction du *Système du Morbihan*, est à Vannes, E. 38° 15′ S.

La direction du *Système du Westmoreland et du Hundsrück*, transportée à Vannes, est à très peu près E. 39° 59′ N.

On voit, en comparant ces directions, que celle du *Système du Finistère* est perpendiculaire, deux degrés trois minutes près, ainsi que nous l'avons déjà remarqué, à celle du *Système de la Vendée*, auquel le premier a succédé peut-être immédiatement.

On voit, de plus, que la direction du *Système du Longmynd*, qui a suivi les deux autres, forme d'une part, avec celle du *Système de la Vendée*, un angle de 45° 19', et de l'autre, avec celle du *Système du Finistère*, un angle de 46° 44'; c'est-à-dire que la direction du *Système du Longmynd* divise l'angle formé par les directions des deux Systèmes qui l'ont précédé en deux parties égales entre elles, à moins d'un degré et demi près, et qu'elle fait avec chacune d'elles un angle peu différent de 45°.

La direction du *Système du Morbihan* forme un angle de 29° 15' avec celle du *Système de la Vendée*, et un angle de 58° 42' avec celle du *Système du Finistère;* elle a divisé l'angle compris entre les directions de ces deux Systèmes antérieurs, en deux parties dont l'une est à très peu près double de l'autre. De plus, elle fait un angle de 15° 26' avec une ligne perpendiculaire à la direction du *Système du Longmynd* (ligne qu'on pourrait appeler une *direction virtuelle*), de sorte qu'elle a aussi divisé en deux parties, dont l'une est à peu près double de l'autre, l'angle formé par la direction du *Système de la Vendée* et la perpendiculaire à la direction du *Système du Longmynd*. Il n'est pas inutile d'ajouter qu'en faisant subir à la direction du *Système du Morbihan* un changement de 20′ seulement, on rendrait ce double rapport à très peu près exact, et que dans ces deux divisions comparées entre elles, la partie double de l'autre se trouve placée en sens inverse.

Ces relations me paraissent remarquables, en ce qu'elles semblent indiquer que la direction du *Système du Morbihan* a été une conséquence des directions des trois autres Systèmes, et en ce qu'elles tendent, par conséquent, à confirmer les raisonnements qui nous ont fait conclure qu'*il leur est postérieur*.

La direction du *Système du Westmoreland et du Hundsrück* fait, d'une part, avec la direction du *Système de la Vendée*, un angle de 72° 31′, et de l'autre, avec celle du *Système du Morbihan*, un angle de 78° 14′; ces deux angles ne diffèrent l'un de l'autre que de 5° 43′. Ainsi, on peut dire que la direction du *Système du Westmoreland et du Hundsrück* a divisé en deux parties peu éloignées d'être égales entre elles l'angle formé par les directions de deux des Systèmes antérieurs. De plus, la direction du *Système du Westmoreland et du Hundsrück* forme d'une part, avec la direction du *Système du Finistère*, un angle de 19° 32′, et de l'autre, avec la direction du *Système du Longmynd*, un angle de 27° 12′. Le premier de ces deux angles est à peu près, au second, dans le rapport de 2 à 3; et l'on peut remarquer que si l'on faisait subir à la direction du *Système du Westmoreland et du Hundsrück* un changement de 59 minutes seulement, et qu'on la supposât E. 39° N., le rapport de 2 à 3 deviendrait sensiblement exact, tandis que les angles que cette direction ferait avec celles des *Systèmes de la Vendée et du Morbihan* ne différeraient plus que de 3° 45′.

Les directions des Systèmes de montagnes qui, dans l'ordre chronologique, ont succédé au *Système du Westmoreland et du Hundsrück*, se prêtent également à des rapprochements du genre de ceux qui viennent de nous occuper.

La direction du *Système des Ballons*, transportée du Brocken à Vannes, est à peu près E. 8° 10′ S.

La direction du *Système du nord de l'Angleterre*, transportée à Vannes, est à peu près N. 5° 36′ O.

Enfin, pour nous arrêter aux Systèmes de la période paléozoïque, la direction du *Système des Pays-Bas*, transportée de Mons à Vannes, est à peu près E. 10° 10′ N.

De là il résulte qu'à Vannes, la direction du *Système des Ballons* fait avec la direction du *Système du Westmoreland et du Hundsrück* un angle de 48° 9′, avec la direction du *Système du Morbihan* un angle de 30° 5′, avec la direction du *Système du Finistère* un angle de 28° 37′, avec une perpendiculaire à la direction du *Système du Longmynd* un angle de 14° 39′, et avec la direction du *Système de la Vendée*, un angle de 59° 20′. Ainsi, la direction du *Système des Ballons* a divisé en deux parties à peu près égales l'angle formé par les directions des *Systèmes du Finistère* et *du Morbihan*, et elle a formé avec la perpendiculaire à la direction du *Système du Longmynd*, et avec les directions des *Systèmes du Westmoreland et du Hundsrück* et *de la Vendée*, des angles qui approchent beaucoup d'être dans les rapports de 1 : 3 : 4.

On voit encore que la direction du *Système du nord de l'Angleterre* a formé avec la direction du *Système de la Vendée* un angle de 16° 54′, avec la direction du *Système du Longmynd* un angle de 28° 25′, avec la direction du *Système du Finistère* un angle de 75° 09′, et avec la direction du *Système des Ballons* un angle de 76° 14′. Ainsi elle a divisé l'angle formé par les directions des *Systèmes du Finistère* et *des Ballons* en deux parties à peu près égales, et l'angle formé par les *Systèmes de la Vendée* et *du Longmynd* en deux parties, dont le rapport est à peu près celui de 3 à 5.

Enfin, la direction du *Système des Pays-Bas* a formé avec la direction du *Système du Finistère* un angle de 10° 17′, avec la direction du *Système des Ballons* un angle de 18° 20′, avec la direction du *Système du Westmoreland et du Hundsrück* un angle de 29° 49′, et avec la direction du *Système du Morbihan* un angle de 48° 25′. Ainsi elle a divisé l'angle formé par les directions des *Systèmes du Finistère* et *des Ballons* en deux parties qui sont à peu près dans le rapport de 1 à 2, l'angle formé par les directions des *Systèmes du Westmoreland et du Hundsrück* et *du Morbihan* en deux parties qui sont à peu près dans le rapport de 2 à 3, et l'angle formé par les directions des *Systèmes du Finistère du Morbihan* en deux parties, qui sont à peu près dans le rapport de 1 à 5.

Parmi les relations angulaires que je viens

d'énoncer, quelques unes ont une précision singulière, d'autres en ont beaucoup moins. Elles seront sujettes à une révision et probablement à des rectifications ultérieures. Il n'est pas établi qu'il soit dans l'essence du phénomène des ridements successifs de l'écorce terrestre que ces bissections et ces trisections s'opèrent avec une exactitude absolue; et dans tous les cas cette rigueur ne devrait se manifester qu'autant qu'on pourrait comparer entre eux les VÉRITABLES *grands cercles de comparaison* des différents Systèmes, au lieu des *grands cercles de comparaison* PROVISOIRES dont nous avons dû nous contenter jusqu'à présent.

D'ailleurs, les rapprochements auxquels nous venons de nous livrer ne conduiraient pas aux mêmes résultats dans tous les points où l'on pourrait transporter les directions à comparer. Nous nous sommes bornés à opérer uniformément toutes nos comparaisons sur les directions transportées à Vannes; mais il y a telle de ces comparaisons pour laquelle un point de l'Europe, fort éloigné de Vannes, serait peut-être plus heureusement choisi, et amènerait par son choix seul dans certaines comparaisons des modifications assez notables. Nous avons vu, en effet, précédemment (p. 70) que dans l'étendue d'un carré sphérique de 400 lieues seulement de côté, la correction due à l'*excès sphérique*, dans le transport d'une direction d'un point à un autre, peut s'élever à près de 2°. S'il y avait plusieurs directions à transporter en un même point dans cet espace circonscrit, les corrections seraient différentes et pourraient être en sens opposés. De pareils transports pourraient donc quelquefois changer de 3 à 4° les angles formés par les directions transportées, et si les transports s'opéraient dans un espace plus étendu, les modifications deviendraient plus grandes encore.

Pour chacune des divisions d'angles qui s'opèrent approximativement entre les directions transportées à Vannes, il y aurait généralement un point de la sphère terrestre où il faudrait transporter les directions auxquelles elles se rapportent pour qu'elles s'opérassent le plus exactement possible. La recherche de ces points ne serait pas sans intérêt pour la détermination des rapports des différents Systèmes de montagnes comparés entre eux, et pourrait même éclairer sur la corrélation des *grands cercles de comparaison* de différents Systèmes.

Lorsque j'ai commencé à entrevoir la possibilité de poursuivre sur cet objet une série méthodique de recherches, j'ai pensé que je devrais en premier lieu reprendre les tâtonnements que j'avais entrepris pour Vannes en les appliquant à des points choisis, de manière que les grandes lignes de dislocation qui déterminent les reliefs de l'écorce terrestre présentassent par rapport à ces points la disposition la plus symétrique possible. J'ai d'abord songé, pour cet objet, au *Binger-Loch* sur le Rhin (lat. 49° 55′ N., long. 5° 30′ E. de Paris) que j'avais déjà été conduit à prendre pour centre de réduction du *Système du Longmynd* et du *Système du Westmoreland* et du *Hundsrück*. J'ai fait choix en outre de *Milford* dans le pays de Galles (lat. 51°42′42″ N., long. 7°22′6″ O. de Paris), où j'avais déjà transporté (p. 300) les directions de plusieurs systèmes de montagnes et de *Corinthe*, en Grèce (lat. 37° 54′ 15″ N., long. 20° 32′ 45″ E. de Paris).

Milford est un point assez symétriquement placé au milieu des contrées bouleversées qui entourent les entrées de la Manche, du canal de Bristol et du canal de Saint-Georges. *Corinthe* est un point plus central encore pour les *terres articulées* (1) de la Grèce. Le *Binger-Loch* est situé sur un méridien qui traverse les Alpes entre le

(1) Humboldt, *Fragments asiatiques*.

Mont-Blanc et le mont Rose, et la Norwége dans ses parties les plus montueuses, et sur un parallèle qui passe au milieu de la Bohême. Il m'a paru que ces trois points, indépendamment des avantages stratigraphiques de chacun d'eux en particulier, divisaient assez heureusement les parties de l'Europe occidentale et méridionale sur lesquelles ont principalement porté jusqu'à présent les observations relatives à la structure des chaînes des montagnes.

Je me suis borné à ces trois points, parce que j'ai pensé qu'ils me suffiraient pour un premier aperçu ; et, après les avoir arrêtés, je me suis occupé de préparer les moyens de reprendre pour chacun d'eux, de manière à en éclaircir l'objet, les tâtonnements que j'avais commencés pour Vannes, et de rendre accessoirement ces mêmes moyens utiles à d'autres parties des recherches stratigraphiques.

J'ai d'abord mené trigonométriquement, de Milford, des arcs de grands cercles perpendiculaires à chacun des vingt et un *grands cercles de comparaison* des systèmes de montagnes européens, puis, toujours par Milford, des perpendiculaires à ces perpendiculaires. J'ai eu ainsi à Milford des arcs de grand cercle respectivement parallèles à chacun des vingt et un *grands cercles de com-*

paraison et propres à représenter la direction normale que devraient avoir théoriquement les dislocations appartenant à chacun de ces systèmes s'ils s'étendaient jusqu'à Milford.

J'ai fait une opération semblable pour le Binger-Loch et une autre pareille pour Corinthe. Les résultats de ces trois opérations sont contenus dans les trois colonnes du tableau ci-après, qui, d'après ce qui vient d'être dit, sera compris à la première vue.

Les différents systèmes de montagnes y sont rangés suivant l'ordre présumé des dates de leur formation, ordre qui cependant, comme je l'ai indiqué dans le cours du volume, a encore quelque chose d'incertain pour les systèmes les plus anciens, et n'est déterminé jusqu'à présent qu'entre des limites assez larges pour le *Système du Vercors*.

Je regrette de n'avoir pu comprendre dans ce tableau, et dans la partie subséquente de mon travail, les systèmes de montagnes signalés dernièrement par M. Durocher, d'après les observations qu'il a faites dans la Scandinavie, et que je crois, au moins pour la plupart, parfaitement établis. Je me suis borné aux vingt et un systèmes qui m'étaient connus, en Europe, lorsque j'ai commencé mon travail, et dont les orientations sont déterminées et discutées dans ce volume.

TABLEAU *des orientations des Systèmes de montagnes de l'Europe occidentale.*

	A MILFORD.				AU BINGER-LOCH.				A CORINTHE.			
Vendée.	N.	24°	14′	O.	N.	14°	32′	O.	N.	6°	50′	O.
Finistère.	E.	22	10	N.	E.	12	21′	N.	E.	0	33	N.
Longmynd. . . .	N.	21	24	E.	N.	31	15	E.	N.	41	19	E.
Morbihan. . . .	O.	36	35	N.	N.	45	58	O.	N.	35	21	O.
Hundsruck. . . .	E.	41	12	N.	E.	51	30	N.	E.	20	24	N.
Ballons.	O.	6	17	N.	O.	16	33	N.	O.	28	36	N.
Forez.	N.	21	51	O.	N.	11	50	O.	N.	3	15	O.
Nord de l'Angleterre.	N.	7	27	O.	N.	2	30	E.	N.	10	44	E.
Pays-Bas.	E.	11	54	N.	E.	2	0	N.	O.	9	48	N.
Rhin.	N.	11	8	E.	N.	21	4	E.	N.	30	50	E.
Thuringerwald. . .	O.	26	22	N.	O.	36	47	N.	N.	41	59	O.
Côte-d'Or	N.	42	27	E.	E.	37	55	N.	E.	27	3	N.
Vercors.	N.	0	14	O.	N.	9	48	E.	N.	19	9	E.
Mont Viso. . . .	N.	31	33	O.	N.	21	51	O.	N.	12	50	O.
Pyrénées.	O.	14	14	N.	O.	23	3	N.	O.	32	2	N.
Corse et Sardaigne.	N.	11	21	O.	N.	1	11	O.	N.	8	23	E.
Tatra.	E.	14	15	N.	E.	4	32	N.	O.	6	59	N.
Sancerrois. . . .	E.	31	52	N.	E.	22	18	N.	E.	10	59	N.
Alpes occidentales. .	N.	18	30	E.	N.	28	19	E.	N.	38	25	E.
Alpes principales. .	E.	23	10	N.	E.	15	6	N.	E.	5	29	N.
Ténare.	N.	26	15	O.	N.	15	46	O.	N.	3	45	O.

Les grands cercles de comparaison auxquels ce tableau se rapporte sont ceux que j'ai indiqués successivement pour chaque système de montagnes à l'article qui lui est consacré. Relativement au *Système de la chaîne principale des Alpes*, j'ai considéré successivement (p. 576, 648 et 767) trois grands cercles de comparaison. J'ai employé pour construire le tableau le troisième de ces grands cercles, celui que M. Renou a fait passer par l'Etna et par le pic de Ténériffe. Pour le *Système du Ténare*, j'ai considéré de même successivement deux grands cercles de comparaison (p. 590 et 817), et j'ai employé pour construire le tableau le second de ces grands cercles, celui qui passe par l'Etna et par le Mouna-Roa. On remarquera que les positions et les orientations de plusieurs de ces grands cercles ont été fixées par d'autres que par moi, et que la détermination de ceux que j'ai fixés moi-même a été publiée depuis un temps plus ou moins long, pour quelques uns depuis plus de vingt ans, et en dernier lieu dans l'article SYSTÈMES DE MONTAGNES du *Dictionnaire d'histoire naturelle* qui a paru en 1848 et 1849. Le grand cercle de comparaison du *Système du Ténare* est le seul dont la détermination n'ait pas été consignée dans des publications antérieures à celle-ci ; mais le grand cercle auquel je me suis arrêté diffère très peu, quant à l'orientation, de celui qui a été adopté originairement par MM. Boblaye et Virlet.

Lorsqu'une fois ce tableau a été dressé, j'ai pensé qu'indépendamment des recherches pour lesquelles je l'avais préparé, il pourrait servir à faciliter beaucoup de comparaisons approximatives en raison de ce que les directions contenues dans la colonne de Milford peuvent être employées, sans plus de 2 ou 3 degrés d'erreur, pour la plus grande partie des îles Britanniques et de la Bretagne ; tandis que les directions contenues dans la colonne du Binger-Loch peuvent être employées de même pour une grande partie de l'Allemagne, de la France orientale, de la Suisse, du Piémont et de la Norwége, et celles contenues dans la colonne de Corinthe pour la Grèce, la Turquie et une partie de la Russie et de la Pologne.

Afin de faciliter ce genre d'applications, j'ai tracé ces directions sur trois petites cartes (planche 1, 2 et 3), qui ont respectivement pour centres *Milford*, le *Binger-Loch* et *Corinthe*. Ces cartes peuvent servir non seulement à peindre aux yeux, dans les contrées qu'elles représentent, les directions des différents systèmes de montagnes, mais encore à mesurer approximativement les angles que ces directions forment avec les divers méridiens qu'elles rencontrent. Elles pourront dispenser de beaucoup de calculs pour les opérations où l'on ne viserait pas à une très grande rigueur. Je crois que les personnes qui voudraient étudier spécialement la stratigraphie d'une contrée restreinte, telle qu'une province ou un département, s'épargneraient beaucoup de peines inutiles, en commençant par dresser pour le centre de cette contrée un tableau analogue à l'une des colonnes du tableau précédent et une carte analogue à l'une des planches 1, 2, 3.

Le tableau donne, par de simples additions ou soustractions, les angles que forment entre elles à *Milford*, au *Binger-Loch* et à *Corinthe*, les directions des différents systèmes des montagnes. Il m'a fourni par conséquent les moyens de reprendre pour ces trois points les comparaisons d'angles que j'avais commencées pour Vannes. Ainsi j'ai trouvé pour les angles que forment en ces trois points les directions des *Systèmes de la Vendée, du Finistère et du Longmynd :*

	A Milford.	Au Binger-Loch.	A Corinthe.
Vendée. — Finistère. . .	92° 04′	92° 14′	96° 15′
Vendée. — Longmynd. .	45 58	45 47	48 09
Finistère. — Longmynd.	46 26	46 24	48 06

On voit que les angles diffèrent d'un point à l'autre, ainsi qu'il était facile de le prévoir, et qu'en aucun des trois points ils ne sont identiques avec ceux trouvés pour Vannes; mais on voit aussi que les variations sont peu étendues, et qu'en ces trois points, de même qu'à Vannes, la direction du *Système du Longmynd* approche de diviser en deux parties égales l'angle formé pour les directions des *Systèmes de la Vendée et du Finistère*. On peut remarquer qu'en passant du Binger-Loch à Corinthe, l'ordre de grandeur des deux parties dans lesquelles la première direction divise l'angle formé par les deux autres se trouve renversé; d'où il résulte qu'entre ces deux points il s'en trouverait un troisième (et même une ligne) où la bisection s'opérerait exactement.

Les autres comparaisons d'angles déjà faites pour Vannes, étant reprises pour les trois nouveaux points, conduiraient à des remarques du même genre, et l'on peut en faire d'analogues relativement aux directions de tous les autres systèmes de montagnes dont nous ne nous sommes pas encore occupé sous ce rapport. Mais il serait difficile de tirer une conclusion générale de cette nombreuse série de remarques isolées.

Afin de mettre en évidence, s'il était possible, ce que cet ordre de considérations permettra de conclure, j'ai pensé qu'il fallait avant tout écrire avec symétrie tous les angles qu'on peut obtenir au moyen du tableau de la p. 832. J'ai placé en conséquence, au milieu d'une feuille particulière, le nom de chacun des vingt et un systèmes des montagnes de l'Europe occidentale, en y joignant les données qui fixent la position et l'orientation de son grand cercle de comparaison. Puis j'ai écrit au-dessus et au-dessous, dans trois colonnes séparées, les angles que sa direction, transportée à *Milford*, au *Binger-Loch* et à *Corinthe*, forme avec celles des vingt autres systèmes. J'ai placé en dessus, par ordre de grandeur, dans la colonne du Binger-Loch, les angles qui se comptent vers la gauche lorsqu'on suit la direction du système auquel on compare les autres du côté qui s'élève au nord. J'ai placé les autres au-dessous; j'ai suivi le même ordre pour Milford et pour Corinthe, et j'ai formé ainsi les trois premières colonnes des vingt et un tableaux ci-après que j'ai placés l'un à la suite de l'autre sans aucun égard pour l'âge relatif des systèmes auxquels ils se rapportent, et suivant l'ordre dans lequel les directions de ces systèmes se présentent sur l'horizon du Binger-Loch lorsqu'on va de l'ouest vers l'est en passant par le nord.

J'ai ensuite ajouté à ces tableaux une quatrième colonne, contenant pour chaque angle la moyenne des trois valeurs différentes qu'on lui trouve à *Milford*, au *Binger-Loch* et à *Corinthe;* plus tard j'en ai ajouté une cinquième renfermant les valeurs des angles formés, non plus par des parallèles aux grands cercles de comparaison menées toutes par un même point, mais par ces grands cercles eux-mêmes prolongés jusqu'à leur point d'intersection. Ces derniers angles devaient être calculés chacun en particulier, et j'ai en effet exécuté le calcul pour tous ceux d'entre eux dans la valeur desquels j'ai inscrit les secondes; mais, afin de vérifier les résultats du calcul, j'ai construit les vingt et un grands cercles de comparaison sur la carte d'Europe en projection stéréographique dont j'ai parlé plus haut (p. 20). Cette construction m'a donné les moyens de mesurer approximativement la surface du triangle sphérique que forment trois quelconques des grands cercles, et de m'assurer que la somme des trois angles obtenus pour les intersections des trois cercles qui forment un même triangle surpasse 180° d'une quantité égale à l'excès sphérique du triangle déterminé d'après sa surface. On pourrait se servir avec plus d'avantage encore, pour le même objet, d'une carte sur la projection de Flamsteed modifiée; mais il faudrait pour cela tracer avec un soin particulier la courbe qui représente chaque grand cercle de comparaison.

Le procédé que je viens d'indiquer, révélant impitoyablement les fautes de calcul, m'a permis, je l'espère, de les faire disparaître à peu près complétement; et en outre, comme ce procédé conduit à considérer un grand nombre de triangles très petits, dont l'excès sphérique n'est que de quelques minutes ou même inférieur à une minute, et peut se calculer avec certitude, d'après la figure, à moins d'une minute près, il m'a permis de déduire de proche en proche beaucoup d'angles les uns des autres, sans avoir besoin de les calculer directement, et sans être exposé à me tromper de plus d'une ou deux minutes. Les angles ainsi déduits sont ceux qui sont inscrits dans la cinquième colonne en degrés et minutes seulement.

J'ai mis du soin à dresser ces vingt et un tableaux et je crois pouvoir espérer que si on les vérifie, on n'y trouvera pas un bien grand nombre de fautes supérieures à deux ou trois minutes.

ANGLES DU SYSTÈME DES BALLONS avec les 20 autres.	A Milford.		Au Binger-Loch.		A Corinthe.		Moyenne.		INTERSECTIONS des grands cercles de comparaison.		
Rhin.	85°	9′	85°	51′	87	46′	86°	9′	85°	55′	»″
Alpes occidentales.	77	47	78	46	80	11	78	45	78	21	»
Longmynd.	74	53	75	20	77	17	75	50	75	21	»
Côte-d'Or.	53	50	54	30	55	39	54	40	54	35	»
Hundsrück.	47	29	48	5	49	00	48	11	48	07	»
Saucerrois.	58	9	38	53	59	35	58	52	59	00	»
Alpes principales.	29	27	31	41	34	5	31	44	34	58	31
Finistère.	28	27	28	56	29	11	28	51	28	56	»
Tatra.	20	50	21	7	21	37	21	5	21	16	»
Pays-Bas.	18	11	18	35	18	48	18	51	18	59	»
SYSTÈME DES BALLONS, O. 18° 45′ 20″ N. Au Brocken, lat. 51° 48′ 20″ N., long. 8° 16′ 20″ E.											
Pyrénées.	7	57	6	28	5	26	5	57	12	59	02
Thüringerwald	20	05	20	12	19	25	19	54	20	12	09
Morbihan.	30	18	29	27	26	5	28	36	30	57	59
Mont Viso.	51	48	51	34	48	54	50	39	51	46	»
Ténare.	57	28	57	39	55	41	56	56	57	55	54
Vendée.	59	29	58	53	54	34	57	59	59	51	43
Forez.	61	52	61	35	58	9	60	32	61	49	»
Corse et Sardaigne.	72	22	72	14	69	47	71	28	72	12	40
Nord de l'Angleterre.	76	16	75	55	72	8	74	46	76	13	45
Vercors.	85	29	85	13	80	33	82	25	85	15	»

ANGLES DU SYSTÈME DES PYRÉNÉES avec les 20 autres.	A Milford.	Au Binger-Loch.	A Corinthe.	Moyenne.	INTERSECTIONS des grands cercles de comparaison.
Alpes occidentales. . . .	85° 44′	84° 44′	85° 57′	84° 42′	84° 55′ 54″
Longmynd.	82 50	81 48	80 45	81 47	81 55 »
Côte-d'Or.	61 47	60 58	59 5	60 57	61 11 »
Hundsrück.	55 26	54 55	52 26	54 8	55 00 »
Sancerrois.	46 06	45 21	45 01	44 49	45 45 »
Alpes principales	57 24	58 9	57 51	57 41	57 41 48
Finistère.	56 24	55 24	52 57	54 48	56 50 56
Tatra.	28 27	27 55	25 5	27 2	28 54 50
Pays-Bas	26 08	25 5	22 14	24 28	26 56 45
Ballons.	7 57	6 28	5 26	5 57	12 59 02
SYSTÈME DES PYRÉNÉES, O. 18° N. Au Pic de Néthou, lat. 42° 57′ 54″ N., long. 1° 40′ 55″ O.					
Thüringerwald.	12 08	15 44	15 59	15 57	17 55 45
Morbihan.	22 21	22 59	22 57	22 59	22 55 12
Mont Viso.	45 51	45 6	45 08	44 42	45 17 »
Ténare.	49 51	51 11	52 15	50 59	52 10 17
Vendée.	51 52	52 25	51 08	51 42	51 55 59
Forez.	55 55	55 7	54 45	54 55	54 58 »
Corse et Sardaigne. . . .	64 25	65 46	66 21	65 51	66 15 50
Nord de l'Angleterre. . . .	68 19	69 27	68 42	68 49	68 50 »
Vercors.	75 52	76 45	77 7	76 28	76 47 »
Rhin.	86 54	88 1	88 48	87 54	88 06 »

ANGLES DU SYSTÈME DU THÜRINGERWALD avec les 20 autres.	A Milford.	Au Binger-Loch.	A Corinthe.	Moyenne.	INTERSECTIONS des grands cercles de comparaison.
Côte-d'Or.	73° 55′	74° 42′	75° 04′	74° 54′	74° 45′ »″
Hundsrück.	67 34	68 17	68 25	68 05	68 18 »
Sancerrois.	58 14	59 5	59 00	58 46	59 07 49
Alpes principales.	49 52	51 53	53 30	51 38	53 32 22
Finistère	48 32	49 08	48 36	48 45	49 08 »
Tatra.	40 35	41 19	41 02	40 59	41 24 50
Pays-Bas.	38 16	38 47	38 13	38 25	38 48 »
Ballons.	20 05	20 12	19 25	19 54	20 12 09
Pyrénées.	12 08	13 44	15 59	13 57	17 53 43
SYSTÈME DU THÜRINGERWALD, O. 39° N. Au Greifenberg, lat. 50° 45′ 10″ N., long. 8° 21′ 10″ E.					
Morbihan.	10 13	9 15	6 58	8 42	12 16 20
Mont Viso.	31 45	31 22	29 09	30 45	31 38 »
Ténare.	37 25	37 27	36 16	37 02	37 25 20
Vendée.	39 24	38 41	35 09	37 45	39 38 47
Forez.	41 47	41 25	38 44	40 38	41 41 »
Corse et Sardaigne.	52 17	52 2	50 22	51 34	52 01 05
Nord de l'Angleterre	56 11	55 45	52 45	54 52	56 07 36
Vercors	63 24	65 01	61 08	62 31	65 03 22
Rhin.	74 46	74 17	72 49	73 57	74 16 »
Alpes occidentales.	82 08	81 32	80 24	81 21	81 28 38
Longmynd.	85 02	84 28	83 18	84 16	84 28 »

ANGLES DU SYSTÈME DU MORBIHAN avec les 20 autres.	A Milford.	Au Binger-Loch.	A Corinthe.	Moyenne.	INTERSECTIONS des grands cercles de comparaison.
Côte-d'Or.	84 08	85 57	81 42	85 16	85° 55′ 08″
Hundsrück.	77 47	77 52	75 5	76 47	77 56 05
Sancerrois.	68 27	68 20	65 58	67 28	68 20 »
Alpes principales.	59 45	61 8	60 08	60 20	60 29 29
Finistère.	58 45	58 25	55 14	57 27	58 42 »
Tatra.	50 48	50 54	47 40	49 41	50 45 »
Pays-Bas.	48 29	48 2	44 51	47 7	48 26 46
Ballons.	50 18	29 27	26 5	28 56	30 57 59
Pyrénées.	22 21	22 59	21 57	22 59	22 55 12
Thüringerwald.	10 15	9 15	6 58	8 42	12 16 20
SYSTÈME DU MORBIHAN, O. 38° 15′ N. A Vannes, lat. 47° 39′ 26″ N., long. 5° 5′ 19″ O.					
Mont-Viso.	21 30	22 7	22 31	22 5	22 24 00
Ténare.	27 10	28 12	29 58	28 20	29 27 52
Vendée.	29 11	29 26	28 51	29 5	29 15 00
Forez.	51 54	52 8	52 6	51 56	52 06 49
Corse et Sardaigne.	42 4	42 47	45 44	42 52	45 20 52
Nord de l'Angleterre.	45 58	46 28	46 5	46 10	46 10 25
Vercors.	55 11	55 46	54 30	55 49	55 55 49
Rhin.	64 55	65 2	66 11	65 15	65 15 »
Alpes occidentales.	71 55	72 17	75 46	72 59	72 55 22
Longmynd.	74 49	75 15	76 40	75 54	75 19 7

ANGLES DU SYSTÈME DU MONT VISO avec les 20 autres.	▲ Milford.	Au Binger-Loch.	▲ Corinthe.	Moyenne.	INTERSECTIONS des grands cercles de comparaison.
Alpes principales.	81° 15′	83° 15′	82° 39′	82° 25′	82° 52′ 34″
Finistère.	80 15	80 30	77 45	79 30	80 32 »
Tatra.	72 18	72 41	70 11	71 45	72 40 »
Pays-Bas	69 59	70 9	67 22	69 10	70 12 »
Ballons.	51 48	51 54	48 34	50 39	51 46 »
Pyrénées	45 51	45 6	45 08	44 42	45 17 »
Thüringerwald.	31 45	31 22	29 09	30 45	31 38
Morbihan.	21 50	22 7	22 31	22 5	22 24 00
SYSTÈME DU MONT VISO, N. 22° 30′ O. Au Mont Viso, lat. 44° 44′ 2″ N., long. 4° 43′ 10″ E.					
Ténare.	5 40	6 5	7 07	6 17	7 42 32
Vendée.	7 41	7 19	6 00	7 00	8 47 12
Forez.	10 4	10 1	9 55	9 55	10 05 51
Corse et Sardaigne. . . .	20 34	20 40	21 15	20 49	20 56 50
Nord de l'Angleterre . . .	24 28	24 21	25 34	24 8	24 30 18
Vercors.	31 41	31 59	31 59	31 46	31 40
Rhin	45 5	42 55	45 40	45 15	45 00
Alpes occidentales. . . .	50 25	50 10	51 15	50 57	50 18
Longmynd.	55 19	55 6	54 09	55 31	55 08
Côte-d'Or.	74 22	75 36	75 47	74 42	75 59 »
Hundsrück.	80 45	80 21	82 26	81 10	80 21 »
Sancerrois.	90 5	89 55	91 51	90 29	89 36 »

ANGLES DU SYSTÈME DU TÉNARE avec les 20 autres.	A Milford.	Au Binger-Loch.	A Corinthe.	Moyenne.	INTERSECTIONS des grands cercles de comparaison.
Alpes principales.	86° 55′	89° 20′	89° 46′	88° 40′	89° 52′ 01″
Finistère.	85 55	86 35	84 52	85 47	86 52 40
Tatra.	77 58	78 46	77 18	78 1	78 49 25
Pays-Bas.	75 39	76 14	74 29	75 27	76 15 32
Ballons.	57 28	57 59	55 41	56 56	57 55 54
Pyrénées.	49 51	51 11	52 15	50 59	52 10 17
Thüringerwald.	57 25	57 27	56 16	57 02	57 25 20
Morbihan.	27 10	28 12	29 38	28 20	29 27 52
Mont Viso.	5 40	6 05	7 07	6 17	7 42 32
SYSTÈME DU TÉNARE, N. 10° 29′ 44″ O. A la cime de l'Etna, lat. 37° 45′ 40″ N., long. 12° 41′ 10″ E.					
Vendée.	2 01	1 14	— 1 07	0 45	9 42 46
Forez.	4 24	5 56	2 28	5 56	7 6 15
Corse et Sardaigne.	14 54	14 35	14 6	14 52	14 58 18
Nord de l'Angleterre. . . .	18 48	18 16	16 27	17 50	19 58 46
Vercors.	26 01	25 34	24 52	25 29	25 45 44
Rhin.	57 25	56 50	56 55	56 55	56 51 45
Alpes occidentales.	44 45	44 5	44 08	44 19	44 05 18
Longmynd.	47 39	47 1	47 02	47 14	47 05 27
Côte-d'Or.	68 42	67 51	68 40	68 24	67 49 58
Hundsrück.	75 05	74 16	75 19	74 55	74 16 59
Sancerrois.	84 25	85 28	84 44	84 12	85 26 57

ANGLES DU SYSTÈME DE LA VENDÉE avec les 20 autres.	A Milford.		Au Binger-Loch.		A Corinthe.		Moyenne.		INTERSECTIONS des grands cercles de comparaison.		
Alpes principales	88°	56′	90°	54′	88°	59′	89°	25′	88°	54′	35″
Finistère	87	56	87	49	85	45	86	50	87	57	00
Tatra	79	59	80	00	76	11	78	45	80	00	»
Pays-Bas.	77	40	77	28	75	22	76	10	77	40	09
Ballons.	59	29	58	55	54	54	57	59	59	51	45
Pyrénées.	51	32	52	25	51	08	51	42	51	55	59
Thüringerwald	59	24	58	41	55	09	57	45	59	58	47
Morbihan.	29	11	29	26	28	51	29	5	29	15	00
Mont Viso.	7	41	7	19	6	00	7	00	8	47	12
Ténare.	2	01	1	14	— 1	7	0	45	9	42	46
Système de la Vendée, N. 22° 30′ O. A Vannes, lat. 47° 39′ 26″ N., long. 5° 5′ 19″ O.											
Forez.	2	25	2	42	5	35	2	53	4	55	52
Corse et Sardaigne. . . .	12	55	15	21	15	13	15	49	15	41	57
Nord de l'Angleterre . . .	16	47	17	2	17	54	17	8	16	56	56
Vercors.	24	00	24	20	25	59	24	46	25	06	45
Rhin.	55	22	55	56	57	40	56	15	56	20	»
Alpes occidentales. . . .	42	44	42	51	45	15	45	57	45	59	28
Longmynd.	45	58	45	47	48	09	46	51	46	15	46
Côte-d'Or.	66	41	66	57	69	47	67	42	66	55	58
Hundsrück.	75	2	75	2	76	26	74	10	75	10	15
Sancerrois.	82	22	82	14	85	51	85	29	82	27	»

ANGLES DU SYSTÈME DU FOREZ avec les 20 autres.	A Milford.	Au Binger-Loch.	A Corinthe.	Moyenne.	INTERSECTIONS des grands cercles de comparaison.
Tatra	82° 22′	82° 42′	79° 46′	81° 57′	82° 30′ »″
Pays-Bas	80 5	80 10	76 57	79 5	80 15 »
Ballons	61 52	61 55	58 9	60 52	61 49 »
Pyrénées	55 55	55 7	54 45	54 55	54 58 »
Thüringerwald	41 47	41 25	38 44	40 38	41 41 »
Morbihan	51 54	52 8	52 6	51 56	52 06 49
Mont Viso	10 4	10 1	9 55	9 55	10 05 51
Ténare	4 24	5 56	2 28	5 56	7 06 15
Vendée	2 25	2 42	5 55	2 55	4 55 52
Système du Forez, N. 15° O. Au centre du Forez, lat. 45° 51′ N., long. 1° 24′ E.					
Corse et Sardaigne	10 50	10 59	11 58	10 56	11 57 9
Nord de l'Angleterre	14 24	14 20	13 59	14 14	14 27 21
Vercors	21 57	21 58	22 24	21 55	21 49 05
Rhin	52 59	52 54	54 05	55 19	55 08 »
Alpes occidentales	40 21	40 09	41 40	40 45	40 29 »
Longmynd	45 15	45 5	44 54	45 58	45 15 »
Côte-d'Or	64 18	65 55	66 12	64 48	64 05 »
Hundsrück	70 59	70 20	72 51	71 17	70 25 »
Sancerrois	79 59	79 52	82 16	80 56	79 59 »
Alpes principales	88 41	86 44	87 46	87 44	87 59 22
Finistère	89 41	89 29	92 40	90 57	89 28 15

ANGLES DU SYSTÈME DES ÎLES DE CORSE ET DE SARDAIGNE avec les 20 autres.	A Milford.	Au Binger-Loch.	A Corinthe.	Moyenne.	INTERSECTIONS des grands cercles de comparaison.
Ballons.	72° 22′	72° 14′	69° 47′	71° 28′	72° 12′ 40″
Pyrénées.	64 25	65 46	66 21	65 51	66 15 50
Thüringerwald.	52 47	52 2	50 22	51 54	52 01 05
Morbihan.	42 4	42 47	45 44	42 32	45 20 32
Mont Viso.	20 54	20 40	21 15	20 49	20 56 50
Ténare.	14 54	14 55	14 6	14 52	14 38 18
Vendée.	12 55	15 21	15 15	15 49	15 41 57
Forez.	10 30	10 59	11 38	10 56	11 57 00
SYSTÈME DES ÎLES DE CORSE ET DE SARDAIGNE, N. S. Au cap Corse, long. 7° 2′ 40″ E.					
Nord de l'Angleterre	3 54	5 41	2 21	5 19	6 55 06
Vercors.	11 7	10 59	10 46	10 57	11 08 50
Rhin.	22 29	22 15	22 27	22 24	22 14 48
Alpes occidentales. . . .	29 51	29 30	30 2	29 48	29 29 21
Longmynd.	32 45	32 26	32 56	32 42	32 26 45
Côte-d'Or	55 48	55 16	54 54	55 55	55 15 20
Hundsrück.	60 9	59 41	61 15	60 21	59 41 14
Sancerrois.	69 29	68 55	70 38	69 40	68 55 12
Alpes principales.	78 11	76 5	76 08	76 48	76 15 07
Finistère	79 11	78 50	81 02	79 41	78 51 22
Tatra.	87 8	86 59	88 36	87 28	86 57 07
Pays-Bas.	89 27	89 11	91 25	90 01	89 11 07

ANGLES DU SYSTÈME DU NORD DE L'ANGLETERRE avec les 20 autres.	A Milford.	Au Binger-Loch.	A Corinthe.	Moyenne.	INTERSECTIONS des grands cercles de comparaison.
Ballons	76° 16′	75° 55′	72° 8′	74° 46′	76° 13′ 45″
Pyrénées	68 19	69 27	68 42	68 49	68 30 »
Thüringerwald	56 11	55 45	52 45	54 32	56 07 36
Morbihan	45 58	46 28	46 5	46 10	46 10 25
Mont-Viso	24 28	24 21	25 54	24 8	24 30 18
Ténare	18 48	18 16	16 27	17 50	19 58 46
Vendée	16 47	17 2	17 34	17 8	16 56 56
Forez	14 24	14 20	15 59	14 14	14 27 21
Corse et Sardaigne	5 54	3 41	2 21	3 19	6 55 06
SYSTÈME DU NORD DE L'ANGLETERRE, N. 5° O. Dans le Yoredale, lat. 54° 15′ N., long. 4° 15′ O.					
Vercors	7 15	7 18′	8 25	7 59	9 21 02
Rhin	18 55	18 34	20 06	19 5	19 56 10
Alpes occidentales	25 57	25 40	27 41	26 29	26 52 »
Longmynd	28 51	28 45	30 55	29 24	29 19 »
Côte-d'Or	49 54	49 55	52 15	50 34	49 59 »
Hundsrück	56 15	56 00	58 52	57 2	56 14 »
Sancerrois	65 55	65 12	68 17	66 21	65 30 »
Alpes principales	74 17	72 24	75 47	75 29	74 21 40
Finistère	75 17	75 09	78 41	76 22	75 10 »
Tatra	85 14	82 58	86 15	84 9	85 05 »
Pays-Bas	85 55	85 30	89 04	86 42	85 28 54

ANGLES DU SYSTÈME DU VERCORS avec les 20 autres.	A Milford.	Au Binger-Loch.	A Corinthe.	Moyenne.	INTERSECTIONS des grands cercles de comparaison.
Ballons.	85° 29′	85° 13′	80° 33′	82° 25′	85° 15′ »″
Pyrénées	75 32	76 45	77 7	76 28	76 47 »
Thüringerwald.	63 24	63 01	61 08	62 31	63 03 22
Morbihan.	53 11	53 46	54 30	53 49	53 53 49
Mont Viso.	51 41	51 59	51 50	51 46	51 40 59
Ténare.	26 01	25 54	24 52	25 29	25 45 44
Vendée.	24 00	24 20	25 59	24 46	25 06 45
Forez.	21 57	21 58	22 24	21 55	21 49 05
Corse et Sardaigne. . . .	11 07	10 59	10 46	10 57	11 08 30
Nord de l'Angleterre. . . .	7 13	7 18	8 25	7 59	9 21 02
SYSTÈME DU VERCORS, N. 8° E. A la Chapelle en Vercors, lat. 44° 58′ N. long. 3° 6′ E.					
Rhin.	11 22	11 16	11 41	11 26	11 19 15
Alpes occidentales. . . .	18 44	18 31	19 16	18 50	18 40 »
Longmynd.	21 38	21 27	22 10	21 45	21 27 »
Côte-d'Or.	42 41	42 17	43 48	42 55	42 18 »
Hundsrück.	49 2	48 42	50 27	49 24	48 42 »
Sancerrois.	58 22	57 54	59 52	58 45	57 55 »
Alpes principales.	67 4	65 06	65 22	65 51	65 58 55
Finistère.	68 4	67 51	70 16	68 44	67 51 »
Tatra.	76 1	75 40	77 50	76 30	75 41 »
Pays-Bas.	78 20	78 12	80 39	79 4	78 11 »

ANGLES DU SYSTÈME DU RHIN avec les 20 autres.	A Milford.		Au Binger-Loch.		A Corinthe.		Moyenne.		INTERSECTIONS des grands cercles de comparaison.		
Pyrénées	86°	54′	88°	1′	88°	48′	87°	54′	88°	06′	»″
Thüringerwald	74	46	74	17	72	49	73	57	74	16	»
Morbihan	64	33	65	2	66	11	65	15	65	15	»
Mont Viso	43	3	42	55	43	40	43	13	43	00	»
Ténare	37	23	36	50	36	33	36	55	36	51	45
Vendée	35	22	35	36	37	40	36	13	36	20	»
Forez	32	59	32	54	34	05	33	19	33	08	»
Corse et Sardaigne	22	29	22	15	22	27	22	24	22	14	48
Nord de l'Angleterre	18	35	18	34	20	06	19	5	19	36	10
Vercors	11	22	11	16	11	41	11	26	11	19	15
SYSTÈME DU RHIN, N. 21° E. A Strasbourg, lat. 48° 34′ 57″ N., long. 5° 24′ 54″ E.											
Alpes occidentales	7	22	7	15	7	35	7	24	7	21	»
Longmynd	10	16	10	11	10	29	10	19	10	12	»
Côte-d'Or	31	19	31	1	32	07	31	29	31	01	»
Hundsrück	57	40	57	26	58	46	57	57	57	27	»
Sancerrois	47	0	46	38	48	11	47	16	46	59	»
Alpes principales	55	42	53	50	53	41	54	24	54	47	21
Finistère	56	42	56	35	58	33	57	17	56	57	»
Tatra	64	59	64	24	66	09	65	04	64	23	»
Pays-Bas	66	58	66	56	68	58	67	37	66	57	»
Bullons	85	9	85	31	87	46	86	9	85	33	»

ANGLES DU SYSTÈME DES ALPES-OCCIDENTALES avec les 20 autres.	A Milford.	Au Binger-Loch.	A Corinthe.	Moyenne.	INTERSECTIONS des grands cercles de comparaison.
Thüringerwald.	82° 08′	81° 32′	80° 24′	81° 21′	81° 28′ 38″
Morbihan.	71 55	72 17	75 46	72 59	72 55 22
Mont Viso.	50 25	50 10	51 15	50 57	50 18 56
Ténare.	44 45	44 5	44 8	44 19	44 05 18
Vendée.	42 44	42 51	45 15	45 57	45 59 28
Forez.	40 21	40 9	41 40	40 45	40 29 »
Corse et Sardaigne.	29 51	29 50	30 2	29 48	29 29 21
Nord de l'Angleterre	25 57	25 49	27 41	26 29	26 52 »
Vercors.	18 44	18 51	19 16	18 50	18 40 »
Rhin.	7 22	7 15	7 55	7 24	7 21 »
SYST. DES ALPES OCCIDENTALES, N. 29° 05′ 48″ E. A Hohentwiel, lat. 47° 46′ 00″ N., long. 6° 28′ 21″ E.					
Longmynd.	2 54	2 56	2 54	2 55	3 20 46
Côte-d'Or.	25 57	25 46	24 52	24 05	25 46 »
Hundsrück.	50 18	50 11	51 11	50 55	50 15 45
Sancerrois.	59 58	59 25	40 56	59 52	59 24 »
Alpes principales.	48 20	46 55	46 6	47 00	47 29 57
Finistère.	49 20	49 20	51 00	49 55	49 24 »
Tatra.	57 17	57 9	58 54	57 40	57 08 »
Pays-Bas.	59 56	59 41	61 25	60 15	59 45 »
Ballons.	77 47	78 16	80 11	78 45	78 21 »
Pyrénées.	85 44	84 44	85 57	84 42	84 55 54

ANGLES DU SYSTÈME DU LONGMYND avec les 20 autres.	A Milford.	Au Binger-Loch.	A Corinthe.	Moyenne.	INTERSECTIONS des grands cercles de comparaison.
Thüringerwald.	85° 02′	84° 28′	85° 18′	84° 16′	84° 28′ »″
Morbihan.	74 49	75 15	76 40	75 34	75 19 7
Mont Viso.	55 19	55 6	54 09	55 51	55 08 »
Ténare.	47 59	47 01	47 02	47 14	47 05 27
Vendée.	45 58	45 47	48 09	46 51	46 15 46
Forez.	45 15	45 5	44 54	45 58	45 15 »
Corse et Sardaigne. . . .	52 45	52 26	52 56	52 42	52 26 45
Nord de l'Angleterre . . .	28 51	28 45	30 55	29 24	29 19 »
Vercors.	21 58	21 27	22 10	21 45	21 27 »
Rhin.	10 16	10 11	10 29	10 19	10 12 »
Alpes occidentales. . . .	2 54	2 56	2 54	2 55	3 20 46
SYSTÈME DU LONGMYND, N. 51° 15′ E. A Binger-Loch, lat. 49° 55′ N., long. 5 30′ E.					
Côte-d'Or.	21 05	20 50	21 58	21 10	20 50 51
Hundsrück.	27 24	27 15	28 17	27 59	27 15 00
Sancerrois.	56 44	56 27	57 42	56 58	56 28 15
Alpes principales	45 26	45 59	45 12	44 06	45 09 59
Finistère.	46 26	46 24	48 06	46 59	46 24 45
Tatra.	54 25	54 15	55 40	54 45	54 12 »
Pays-Bas.	56 42	56 45	58 29	57 19	56 45 »
Ballons.	74 55	75 20	77 17	75 50	75 21 »
Pyrénées.	82 50	81 48	80 45	81 47	81 55 »

72

ANGLES DU SYSTÈME DE LA CÔTE-D'OR avec les 20 autres.	A Milford.	Au Binger-Loch.	A Corinthe.	Moyenne.	INTERSECTIONS des grands cercles de comparaison.
Mont Viso.	74° 22′	75° 56′	75° 47′	74° 42′	75° 59′ »″
Ténare.	68 42	67 51	68 40	68 24	67 49 58
Vendée.	66 41	66 57	69 47	67 42	66 55 58
Forez.	64 18	65 55	66 12	64 48	64 05 »
Corse et Sardaigne. . . .	55 48	53 16	54 34	53 55	55 15 20
Nord de l'Angleterre. . . .	49 54	49 35	52 13	50 34	49 59 »
Vercors.	42 41	42 17	45 48	42 55	42 18 »
Rhin.	31 19	31 1	32 07	31 29	31 01 »
Alpes occidentales. . . .	23 57	25 46	24 52	24 05	25 46 »
Longmynd.	21 05	20 50	21 38	21 10	20 50 51
SYSTÈME DE LA CÔTE-D'OR, E. 40° N. A Dijon, lat. 47° 19′ 25″ N., long. 2° 41′ 50″ E.					
Hundsrück.	6 21	6 25	6 59	6 28	6 28 25
Saucerrois.	15 41	15 57	16 04	15 47	15 58 »
Alpes principales.	24 23	22 49	21 34	22 55	25 39 26
Finistère.	28 25	25 34	26 28	25 48	25 58 »
Tatra.	33 20	33 25	34 2	35 55	53 22 »
Pays-Bas.	35 39	35 55	36 51	36 08	55 58 »
Ballons.	53 50	54 30	55 39	54 40	54 35 »
Pyrénées.	61 47	60 58	59 5	60 37	61 11 »
Thüringerwald.	73 55	74 42	75 04	74 54	74 45 »
Morbihan	84 08	83 57	81 42	83 16	83 53 08

ANGLES DU SYSTÈME DU HUNDSRÜCK avec les 20 autres.	A Milford.	Au Binger-Loch.	A Corinthe.	Moyenne.	INTERSECTIONS des grands cercles de comparaison.
Mont Viso.	80° 45′	80° 21′	82° 26′	81° 10′	80° 21′ »″
Ténare.	75 05	74 16	75 19	74 55	74 16 59
Vendée.	75 2	75 2	76 26	74 10	75 10 15
Forez.	70 59	70 20	72 51	71 47	70 25 »
Corse et Sardaigne. . . .	60 9	59 41	61 15	60 21	59 41 14
Nord de l'Angleterre. . . .	56 15	56 00	58 52	57 2	56 14 »
Vercors.	49 2	48 42	50 27	49 24	48 42 »
Rhin.	57 40	57 26	58 46	57 57	57 27 »
Alpes occidentales. . . .	50 18	50 11	51 11	50 55	50 15 45
Longmynd.	27 24	27 15	28 17	27 59	27 15 00
Côte-d'Or.	6 21	6 25	6 59	6 28	6 28 25
Système du Hundsrück, E. 51° 30′ N. Au Binger-Loch, lat. 49° 55′ N., long. 5° 30′ E.					
Sancerrois.	9 20	9 12	9 25	9 19	9 16 48
Alpes principales.	18 2	16 24	14 55	16 27	20 48 26
Finistère.	19 2	19 09	19 49	19 20	19 10 47
Tatra.	26 59	26 58	27 25	27 7	26 59 »
Pays-Bas.	29 18	29 50	30 12	29 40	29 30 »
Ballons.	47 29	48 5	49 00	48 11	48 07 »
Pyrénées.	55 26	54 55	52 26	54 8	55 00 »
Thüringerwald.	67 54	68 17	68 25	68 05	68 18 »
Morbihan.	77 47	77 52	75 5	76 47	77 56 05

ANGLES DU SYSTÈME DU SANCERROIS avec les 20 autres.	A Milford.	Au Binger-Loch.	A Corinthe.	Moyenne.	INTERSECTIONS des grands cercles de comparaison.
Mont Viso.	90° 5′	89° 55′	91° 51′	90° 29′	89° 56′ »″
Ténare.	84 25	85 28	84 44	84 12	85 26 57
Vendée.	82 22	82 14	85 51	85 29	82 27 »
Forez.	79 59	79 52	82 16	80 56	79 59 »
Corse et Sardaigne. . . .	69 29	68 55	70 58	69 40	68 55 12
Nord de l'Angleterre. . . .	65 55	65 12	68 17	66 21	65 50 »
Vercors.	58 22	57 54	59 52	58 45	57 55 »
Rhin.	47 00	46 58	48 11	47 16	46 59 »
Alpes occidentales. . . .	59 58	59 25	40 56	59 52	59 24 »
Longmynd.	56 44	56 27	57 42	56 58	56 28 15
Côte-d'Or.	15 41	15 57	16 04	15 47	15 58 »
Hundsrück.	9 20	9 12	9 25	9 19	9 16 48
SYSTÈME DU SANCERROIS, E. 26° N. A Sancerre, lat. 47° 19′ 52″ N., long. 0° 30′ 7″ E.					
Alpes principales.	8 42	7 12	5 30	7 08	15 55 55
Finistère.	9 42	9 57	10 24	10 01	10 09 »
Tatra.	17 59	17 46	17 58	17 48	17 44 »
Pays-Bas.	19 58	20 18	20 47	20 21	20 20 55
Ballons.	58 9	58 55	59 55	58 52	59 00 »
Pyrénées.	46 06	45 21	45 01	44 49	45 45 »
Thüringerwald	58 14	59 5	59 00	58 46	59 07 40
Morbihan.	68 27	68 20	65 58	67 28	68 20 »

ANGLES DU SYSTÈME DES ALPES PRINCIPALES avec les 20 autres.	A Milford.	Au Binger-Loch.	A Corinthe.	Moyenne.	INTERSECTIONS des grands cercles de comparaison.
Forez.	88° 41′	86° 44′	87° 46′	87° 44′	87° 59 22″
Corse et Sardaigne.	78 11	76 5	76 08	76 48	76 15 7
Nord de l'Angleterre	74 17	72 24	75 47	75 29	74 21 40
Vercors.	67 4	65 6	65 22	65 51	65 58 55
Rhin.	55 42	55 50	55 41	54 24	54 47 21
Alpes occidentales.	48 20	46 55	46 06	47 00	47 29 57
Longmynd.	45 26	45 59	45 12	44 06	45 09 59
Côte-d'Or	24 25	22 49	21 54	22 55	25 59 26
Hundsrück.	18 2	16 24	14 55	16 27	20 48 26
Sancerrois.	8 42	7 12	5 50	7 08	15 55 55
SYSTÈME DES ALPES PRINCIPALES, E. 10° 21′ 45″ N. A la cime de l'Etna, lat. 37° 45′ 40″ N., long. 12° 41′ 40″ E.					
Finistère.	1 00	2 45	4 54	2 53	14 9 51
Tatra.	8 57	10 54	12 28	10 40	16 07 08
Pays-Bas.	11 16	15 6	15 17	15 15	18 49 55
Ballons.	29 27	31 41	54 5	31 44	54 58 51
Pyrénées.	57 24	58 9	57 51	57 41	57 41 48
Thüringerwald	49 52	51 55	55 50	51 58	55 52 22
Morbihan.	59 45	61 8	60 08	60 20	60 29 29
Mont Viso.	81 45	85 15	82 59	82 25	82 52 54
Ténare.	86 55	89 20	89 46	88 40	89 52 01
Vendée.	88 56	90 54	88 59	89 25	88 54 55

ANGLES DU SYSTÈME DU FINISTÈRE avec les 20 autres.	A Milford.	Au Binger-Loch.	A Corinthe.	Moyenne.	INTERSECTOIONS des grands cercles de comparaison.
Forez.	89° 41′	89° 29′	92° 40′	90° 57′	89° 28′ 15″
Corse et Sardaigne. . . .	79 11	78 50	81 02	79 41	78 51 22
Nord de l'Angleterre . . .	75 17	75 09	78 41	76 22	75 10 »
Vercors.	68 4	67 51	70 16	68 44	67 51 »
Rhin.	56 42	56 35	58 35	57 17	56 37 »
Alpes occidentales. . . .	49 20	49 20	51 00	49 55	49 24 »
Longmynd.	46 26	46 24	48 06	46 59	46 24 45
Côte-d'Or.	25 25	25 54	26 28	25 48	25 58 »
Hundsrück.	19 2	19 09	19 49	19 20	19 10 47
Sancerrois.	9 42	9 57	10 24	10 01	10 09 »
Alpes principales.	4 00	2 45	4 54	2 55	14 00 51
SYSTÈME DU FINISTÈRE, E. 21° 45′ N. A Brest, lat. 48° 25′ 14″ N., long. 6° 49′ 55″ O.					
Tatra.	7 57	7 49	7 54	7 47	7 57 54
Pays-Bas.	10 16	10 21	10 25	10 20	10 20 »
Ballons.	28 27	28 56	29 11	28 51	28 56 »
Pyrénées	56 24	55 24	52 57	54 48	56 30 56
Thüringerwald	48 32	49 08	48 56	48 45	49 08 »
Morbihan.	58 45	58 25	55 14	57 27	58 42 »
Mont Viso.	80 15	80 30	77 45	79 50	80 52 »
Ténare	85 55	86 55	84 52	85 47	86 52 40
Vendée.	87 56	87 49	85 45	86 50	87 57 00

ANGLES DU SYSTÈME DE TATRA avec les 20 autres.	A Milford.	Au Binger-Loch.	A Corinthe.	Moyenne.	INTERSECTIONS des grands cercles de comparaison.
Corse et Sardaigne.	87° 8′	86° 59′	88° 56′	87° 28′	86° 57′ 07″
Nord de l'Angleterre.	85 14	82 58	86 15	84 9	85 05 »
Vercors.	76 1	75 40	77 50	76 50	75 41 »
Rhin.	64 59	64 24	66 09	65 04	64 25 »
Alpes occidentales.	57 17	57 9	58 34	57 40	57 08 »
Longmynd.	54 25	54 15	55 40	54 45	54 12 »
Côte-d'Or.	55 20	55 25	34 2	55 55	55 22 »
Hundsrück.	26 59	26 58	27 25	27 7	26 59 »
Saucerrois.	17 59	17 46	17 58	17 48	17 44 »
Alpes principales.	8 57	10 54	12 28	10 40	16 07 08
Finistère.	7 57	7 49	7 54	7 47	7 57 54
SYSTÈME DU TATRA, O. 4° 50′ N. Au mont Lomnica, lat. 49° 11′ N., long. 17° 52′ 40″ E.					
Pays-Bas.	2 19	2 52	2 49	2 55	2 52 57
Ballons.	20 50	21 7	21 57	21 05	21 16 »
Pyrénées.	28 27	27 55	25 5	27 2	28 34 50
Thüringerwald.	40 55	41 19	41 02	40 59	41 24 50
Morbihan.	50 48	50 54	47 40	49 41	50 45 »
Mont Viso.	72 18	72 41	70 11	71 45	72 40 »
Ténare.	77 58	78 46	77 18	78 1	78 49 25
Vendée.	79 59	80 00	76 11	78 45	80 00 »
Forez.	82 22	82 42	79 46	81 57	82 59 »

ANGLES DU SYSTÈME DES PAYS-BAS avec les 20 autres.	A Milford.	Au Binger-Loch.	A Corinthe.	Moyenne.	INTERSECTIONS des grands cercles de comparaison.
Corse et Sardaigne. . . .	89o 27′	89o 11′	91o 25′	90o 01′	89° 11′ 7″
Nord de l'Angleterre . . .	85 55	85 50	89 04	86 42	85 28 54
Vercors.	78 20	78 12	80 59	79 4	78 11 »
Rhin.	66 58	66 56	68 58	67 57	66 57 »
Alpes occidentales. . . .	59 56	59 41	61 25	60 15	59 45 »
Longmynd.	56 42	56 45	58 29	57 19	56 45 »
Côte-d'Or.	55 59	55 55	56 51	56 08	55 58 »
Hundsrück.	29 18	29 50	30 42	29 40	29 30 »
Sancerrois.	19 58	20 18	20 47	20 21	20 20 55
Alpes principales.	11 16	15 6	15 17	15 15	18 49 58
Finistère.	10 16	10 21	10 25	10 20	10 20 »
Tatra.	2 19	2 52	2 49	2 55	2 52 57
SYSTÈME DES PAYS-BAS, E. 5o N. A Mons, lat. 50° 25′ N., loug. 1° 37′ 20″ E.					
Ballons.	18 11	18 55	18 48	18 51	18 59 »
Pyrénées.	26 08	25 5	22 14	24 28	26 56 45
Thüringerwald.	38 16	38 47	38 15	38 25	38 48 »
Morbihan.	48 29	48 2	44 51	47 7	48 26 46
Mont Viso.	69 59	70 9	67 22	69 10	70 12 »
Ténare.	75 59	76 14	74 19	75 27	76 15 52
Vendée.	77 40	77 28	75 22	76 10	77 40 09
Forez.	80 05	80 10	76 57	79 5	80 15 »

Les 21 tableaux qui précèdent se composent chacun de 5 colonnes, et chaque colonne renferme 20 mesures d'angles. Ils en contiennent donc en tout 2100 ; mais chaque mesure d'angle se trouve répétée deux fois; car l'angle Ballons-Pyrénées qui se trouve dans le premier tableau est précisément le même que l'angle Pyrénées-Ballons qui se trouve dans le second. Le nombre total des mesures d'angles réellement différentes qui y sont inscrites se réduit donc à 1050. En se coupant 2 à 2, 21 grands cercles donnent $\frac{21.20}{10} = 210$ intersections, et par conséquent 210 angles, et en suivant dans les 21 tableaux l'une quelconque des cinq colonnes, on y trouve, en effet, 420 mesures d'angles dont chacune est répétée deux fois, ce qui donne 210 mesures différentes; et cinq fois 210 font 1050.

Chaque ligne horizontale de ces tableaux donne cinq mesures relatives aux intersections des deux mêmes systèmes. Ainsi la première ligne du premier tableau donne d'abord dans les trois premières colonnes les angles formés par des parallèles aux grands cercles de comparaison du *Système des Ballons* et du *Système du Rhin* menées respectivement par Milford, par le Binger-

Loch et par Corinthe; la quatrième colonne donne la moyenne de ces trois valeurs, et la cinquième donne l'angle formé par les grands cercles de comparaison du *Système des Ballons* et du *Système du Rhin* prolongés jusqu'à leur point de rencontre. Ces cinq valeurs, quoique se rapportant en principe à un même angle, sont cependant généralement différentes, et s'écartent même souvent de plusieurs degrés, ainsi qu'on peut le voir en parcourant de l'œil les tableaux. Les quatre premières valeurs se rapportent directement à ce qu'on peut appeler la *différence d'orientation* des grands cercles auxquels elles correspondent, et la cinquième donne l'angle qu'ils forment entre eux au point où ils se coupent. Or ces quantités, quoique connexes entre elles, ne sont pas exactement les mêmes. Par exemple, deux grands cercles qui coupent un même méridien, l'un à 40 et l'autre à 50 degrés de latitude, ont sous ce méridien la même orientation, puisqu'ils y sont dirigés l'un et l'autre de l'est à l'ouest; et par conséquent la différence de leurs orientations sous ce méridien est nulle, ce qui n'empêche pas qu'au point où ils vont se rencontrer ils ne se coupent sous un angle de 10 degrés. L'angle formé par les deux cercles à leur point d'intersection surpasse leur différence d'orientation d'une quantité égale à l'excès sphérique du triangle formé par les deux cercles et par le méridien auquel on rapporte leur orientation.

Ainsi que je l'ai déjà indiqué, j'avais d'abord dressé les trois premières colonnes de ces tableaux dans le but de suivre le jeu des variations de la différence d'orientation de deux quelconques de mes vingt et un systèmes à *Milford*, au *Binger-Loch* et à *Corinthe*; mais en calculant et en inscrivant les valeurs d'angles dont ces trois colonnes se composent, j'ai été frappé d'un fait qui n'a pas tardé à attirer toute mon attention : c'est que je retrouvais souvent pour des angles de dénominations différentes des valeurs presque identiques. Ainsi, j'ai trouvé, par exemple :

Morbihan. — Mont Viso (au Binger-Loch).	22°	07′
Vercors. — Longmynd (à Corinthe) . . .	22	10
Pyrénées. — Pays-Bas (à Corinthe). . . .	22	14
Corse et Sardaigne. — Rhin (au Binger-Loch).	22	15
Pyrénées. — Morbihan (à Milford). . . .	22	21
Forez. — Vercors (à Corinthe).	22	24
Corse et Sardaigne. — Rhin (à Corinthe).	22	27
Corse et Sardaigne. — Rhin (à Milford). .	22	29
Morbihan. — Mont Viso (à Corinthe). .	22	31
Pyrénées. — Morbihan (à Corinthe). . .	22	37

Ces sortes de rapprochements s'étant beaucoup multipliés, j'ai pensé que ce serait peut-être par eux que se révélerait la loi à laquelle les angles que j'examinais pouvaient être assujettis.

J'ai voulu voir d'abord si je retrouverais quelque chose d'analogue dans la moyenne des trois valeurs de la différence d'orientation des deux mêmes systèmes, à *Milford*, au *Binger-Loch* et à *Corinthe;* puis, si je trouverais encore matière à de pareils rapprochements dans les angles formés par les *grands cercles de comparaison* à leur point d'intersection. Cela m'a naturellement conduit à former la quatrième et la cinquième colonne de mes vingt et un tableaux; et les nombres inscrits dans ces deux nouvelles colonnes se sont prêtés à des rapprochements du même genre que ceux inscrits dans les trois premières.

Tous, en général, s'y sont prêtés de mieux en mieux, à mesure que je les ai calculés avec plus de précision. Je m'étais contenté d'abord d'approximations plus grossières et plus rapidement obtenues que celles que je présente dans les 21 tableaux ci-dessus; et il pouvait, en effet, paraître superflu de calculer avec une grande rigueur les angles formés par des cercles dont la détermination n'est qu'approximative; mais la remarque suivante m'a fait sentir que je ne pourrais me contenter de conclusions tirées des résultats de calculs d'une exactitude douteuse.

En effet, lorsque j'ai annoncé, ainsi que je l'ai fait plusieurs fois dans le cours de cet ouvrage, qu'on ne pouvait guère répondre de l'orientation d'aucun des *grands cercles de comparaison provisoires* que j'ai essayé de déterminer, à moins de 2 à 3 degrés près, je n'ai pas entendu affirmer que l'orientation de tous ces grands cercles soit en erreur de 2 à 3 degrés. Plusieurs d'entre eux, sans doute, sont en erreur de 2, de 3, peut-être même de 4 degrés, mais il est naturel de penser que d'autres se trouvent plus rapprochés de l'orientation qu'ils sont destinés à représenter, que quelques uns même d'entre eux (sans qu'on puisse dire précisément lesquels) ne s'en éloignent pas sensiblement. Il est présumable que si, par un point pris sur une ligne droite, on traçait d'autres droites qui fissent avec la première, de part et d'autre, des angles égaux à la différence qui existe entre l'orientation de chacun des *grands cercles de comparaison provisoires*, et celle du grand cercle qu'il représente, on formerait un faisceau dont les lignes extérieures feraient, avec la droite fondamentale des angles de 2, de 3, ou même de 4 degrés, tandis que les autres lignes se rapprocheraient davantage de cette droite centrale, et se concentreraient surtout dans son voisinage.

La même observation s'appliquerait aux parallèles aux grands cercles de comparaison provisoires, que j'ai menées par Milford.

Supposons, par exemple, pour fixer les idées, que, parmi ces 21 parallèles, il s'en trouve une *a* dont l'orientation diffère de 4 degrés de celle qu'elle aurait si le grand cercle de comparaison auquel elle se rapporte était déterminé d'une manière complétement exacte, et s'en écarte vers le nord, ce que j'appellerai s'en écarter en plus.

	Degrés.
Que 2 autres parallèles *b* soient en erreur de L'une en plus et l'autre en moins.	3
3, *c* en erreur de . . . . L'une en plus et les deux autres en moins.	2
3, *d* en erreur de . . . . Deux en plus et une en moins.	1 $\frac{1}{2}$
4, *e* en erreur de . . . . Deux en plus et deux en moins.	1
6, *f* en erreur de. . . . . Trois en plus et trois en moins.	0 $\frac{1}{2}$

Et qu'enfin il s'en trouve deux seulement *g* dont l'orientation soit sensiblement exacte.

Dans cette supposition, qui est arbitraire, mais qui ne me paraît pas invraisemblable, on aura deux angles *a b* (de la parallèle *a* avec les deux parallèles *b*), qui seront en erreur, l'un de 1 degré, et l'autre de 7 degrés, ce que j'exprime ainsi :

	Degrés.
1. . . *a b* en erreur de.	1
1. . . *a b*.	7

On aura de même :

1. . . *a c*.	2
2. . . *a c*.	6
2. . . *a d*	2 $\frac{1}{2}$
1. . . *a d*	5 $\frac{1}{2}$
2. . . *a e*.	3
2. . . *a e*	5
3. . . *a f*	3 $\frac{1}{2}$
3. . . *a f*.	4 $\frac{1}{2}$
2. . . *a g*	4
3. . . *b c*.	1
3. . . *b c*.	5
3. . . *b d*.	1 $\frac{1}{2}$
3. . . *b d*	4 $\frac{1}{2}$
4. . . *b e*	2
4. . . *b e*	4
6. . . *b f*.	2 $\frac{1}{2}$
6. . . *b f*.	3 $\frac{1}{2}$
4. . . *b g*.	3
4. . . *c d*.	0 $\frac{1}{2}$
5. . . *c d*.	3 $\frac{1}{2}$
6. . . *c e*.	1

		Degrés.
6.	. . *c e.*	3
9.	. . *c f.*	1 $\frac{1}{2}$
9.	. . *c f.*	2 $\frac{1}{2}$
6.	. . *c g.*	2
6.	. . *d e.*	0 $\frac{1}{2}$
6.	. . *d e.*	1 $\frac{1}{2}$
9.	. . *d f.*	1
9.	. . *d f.*	2
6.	. . *d g.*	1 $\frac{1}{2}$
12.	. . *e f.*	0 $\frac{1}{2}$
12.	. . *e f.*	1 $\frac{1}{2}$
8.	. . *e g*	1
12.	. . *f g.*	0 $\frac{1}{4}$

On aura, en outre, parmi les angles formés par des parallèles affectées d'erreurs égales et désignées par les mêmes lettres :

		Degrés.
1	angle *b b* en erreur de.	6
1	. . . *c c*	0
2	. . . *c c*	4
1	. . . *d d.*	0
2	. . . *d d.*	3
2	. . . *e e.*	0
4	. . . *e e.*	2
6	. . . *f f.*	0
9	. . . *f f.*	1
1	. . . *g g.*	0

La réunion des erreurs de diverses grandeurs contenues dans ces deux tableaux donne :

	Degrés.
1 angle en erreur de.	7
3 angles en erreur de	6
1 angle en erreur de.	5 $\frac{1}{2}$
5 angles en erreur de	5
6	4 $\frac{1}{2}$
8.	4
14.	3 $\frac{1}{2}$
14.	3
17.	2 $\frac{1}{2}$
24.	2
36.	1 $\frac{1}{2}$
36.	1
34.	0 $\frac{1}{2}$
11.	0
210	

On voit donc que, dans l'hypothèse arbitraire dont nous analysons les conséquences, l'un des 210 angles de la colonne *Milford* est en erreur de 7 degrés. Comme on ne sait pas auquel des angles de cette colonne l'erreur de 7 degrés appartient, chacun d'eux, en particulier, peut être soupçonné de la renfermer. Toutefois un seul angle peut être affecté de cette erreur, et les 209 autres ne le sont que d'erreurs moindres. Parmi ces 209 angles, 3 sont affectés d'erreurs de 6 degrés, et les autres d'erreurs plus petites. Puis un angle parmi les 206 restants est affecté d'une erreur de 5° $\frac{1}{2}$; et 5 parmi les 205 autres le sont d'erreurs de 5 degrés. Il reste alors 200 angles dont l'erreur maximum est de 4° $\frac{1}{2}$, et, en continuant de la même manière, on verra que parmi les 210 angles de la colonne *Milford*, 117, ou plus de la moitié, sont affectés d'erreurs dont le maximum est de 1° $\frac{1}{2}$.

Parmi ces 117 angles, il en est peut-être un certain nombre qui seraient égaux, 2 à 2, 3 à 3, etc..., si les parallèles avaient exactement les directions qu'elles devraient avoir, et les valeurs inscrites dans la colonne *Milford* manifesteraient cette égalité à 3 degrés près tout au plus, et souvent d'une manière beaucoup plus approchée. De plus, parmi les 93 angles dont l'erreur surpasse 1° $\frac{1}{2}$, il peut s'en trouver aussi qui soient égaux en principe, et dont les erreurs soient dans le même sens; leur égalité se manifestera encore plus ou moins approximativement dans la comparaison des nombres inscrits dans la colonne *Milford*.

Maintenant, si ce que je viens de dire est vrai pour la colonne *Milford*, on pourra dire à très peu près la même chose pour la colonne *Binger-Loch* et pour la colonne *Corinthe*. La colonne des moyennes donnera elle-même des résultats analogues.

Quant à la colonne des intersections des grands cercles, elle ne présenterait pas des résultats aussi simples à énoncer; mais, au fond, ces résultats seraient à peu près équivalents aux précédents.

On concevra donc aisément que parmi les 1,050 angles inscrits dans les vingt et un tableaux, plus de la moitié doivent, dans l'hypothèse arbitraire que nous analysons, différer de moins de 1° $\frac{1}{2}$ de la valeur qu'ils auraient si les grands cercles de comparaison auxquels ils se rapportent étaient déterminés rigoureusement. On voit, de plus, que si le réseau formé sur la surface du globe par les grands cercles de comparaison était de nature à ce que certaines valeurs d'angles s'y reproduisissent souvent, l'égalité de ces angles serait conservée dans les tableaux, le plus habituellement, à moins de 3 degrés près.

On conçoit, d'après cela, que la rencontre d'égalités approchées de ce genre, dont j'ai donné un exemple ci-dessus, page 863, n'est pas dénuée d'intérêt, et qu'au lieu d'être un simple effet du hasard, elle peut se rattacher à un fait réel; mais on aurait beaucoup moins de chances de distinguer la réalité des apparences dues à des circonstances fortuites, si les angles inscrits dans le tableau n'étaient pas calculés d'une manière à peu près exacte;

car si chacun d'eux était affecté d'une faute de calcul d'un degré seulement, la différence de deux angles égaux entre eux, en principe, serait très souvent doublée.

Il faut tenir compte aussi de cette circonstance, que si les grands cercles de comparaison des différents *Systèmes de montagnes* font partie d'un réseau doué de propriétés particulières, ce réseau peut comporter, pour l'Europe, beaucoup plus de 21 grands cercles, et que tel grand cercle de comparaison provisoire, dont l'orientation différerait par hypothèse de 3 ou 4 degrés de celle du grand cercle de comparaison réel qu'il représente, se rapprocherait peut-être beaucoup plus d'un autre grand cercle du réseau théorique. Il donnerait les résultats relatifs à ce dernier grand cercle d'une manière beaucoup plus approchée que les résultats relatifs au grand cercle auquel il se rapporte nominalement, et il peut arriver que ces résultats soient eux-mêmes susceptibles de présenter avec les autres angles des tableaux les rapports approximatifs que nous considérons.

Ces diverses considérations, et particulièrement la dernière, conduisent naturellement à concevoir que le nuage plus ou moins transparent qui ne peut manquer de planer sur les résultats, pour la recherche desquels les vingt et un tableaux ont été construits, par le seul effet de la détermination imparfaite des 21 grands cercles de comparaison, pourrait facilement être rendu deux fois plus épais, si le calcul des angles n'était pas exécuté avec une exactitude suffisante; mais elles ne fixent pas la limite jusqu'à laquelle l'approximation doit être poussée pour dissiper cette crainte. Je me suis laissé guider à cet égard par les chiffres eux-mêmes ; et ayant remarqué que beaucoup d'angles, calculés exactement, étaient égaux 2 à 2 ou 3 à 3, à quelques minutes près, j'ai pensé qu'il fallait que tous fussent déterminés de manière que leur valeur ne présentât que 2 ou 3 minutes d'incertitude au plus.

Il a été nécessaire, par conséquent, de recourir au calcul, et de n'employer les moyens graphiques que pour les usages accessoires que j'ai indiqués.

Il fallait songer aussi aux moyens de vérification nécessaires pour faire disparaître les fautes qui ne pouvaient manquer de se glisser dans une longue série d'opérations, et les moyens de vérification ne peuvent guère s'appliquer qu'à des résultats à très peu près exacts.

De là est résultée la nécessité, *un peu paradoxale en apparence*, de calculer avec la précision des minutes 1,050 angles, dont chacun en particulier peut être soupçonné de s'écarter de plusieurs degrés de la valeur normale qu'il est destiné en principe à représenter. La détermination de ces 1,050 angles a été à elle seule un assez long travail, et a contribué à retarder la publication du présent volume.

Quand ces angles ont été calculés, j'ai voulu les comparer entre eux d'une manière générale, et de façon à faire ressortir *en masse* les rapports approximatifs d'égalité qu'ils pouvaient présenter.

Pour cela, j'ai dressé un tableau en 5 colonnes, contenant, par ordre de grandeur, d'après les vingt et un tableaux précédents, la première les angles déterminés pour *Milford*, la seconde les angles déterminés pour le *Binger-Loch*, la troisième les angles déterminés pour *Corinthe*, la quatrième la moyenne des trois valeurs trouvées pour l'angle formé par les deux mêmes systèmes en ces trois points, moyenne qu'on peut considérer comme exprimant d'une manière générale la *différence d'orientation* des deux grands cercles dans l'Europe occidentale, et enfin la cinquième les angles formés à leurs points d'intersection par les grands cercles de comparaison ; tous ces angles rangés par ordre de grandeur de 0° à 90 degrés.

La longueur de ce tableau ne me permet pas de le consigner dans cet ouvrage; il ne fait d'ailleurs que reproduire, dans un autre ordre, les angles contenus dans les vingt et un tableaux ci-dessus; je crois cependant utile d'en donner une idée en en présentant, dans la page ci-après, une tranche horizontalequi contient seulement 25 lignes consécutives. Le tableau total en renferme 1,050.

ANGLES des DIFFÉRENTS SYSTÈMES.	A Milford.	Au Binger-Loch.	A Corinthe.	Moyenne.	INTERSECTIONS des grands cercles de comparaison.
Longmynd. — Tatra		54° 13′			
Longmynd. — Tatra	54° 23′				
Rhin. — Alpes principales				54° 24′	
Morbihan. — Vercors			54° 30′		
Ballons. — Côte-d'Or		54 30			
Pyrénées. — Hundsrück		54 33			
Corse et Sardaigne. — Côte-d'Or			54 34		
Ballons. — Vendée			54 34		
Ballons. — Côte-d'Or					
Pyrénées. — Forez				54 35	54° 35′ 0″
Ballons. — Côte-d'Or				54 40	
Pyrénées. — Forez			54 45		
Longmynd. — Tatra				54 45	
Rhin. — Alpes principales					
Thüringerwald. — Nord de l'Angl.				54 52	54 47 21
Pyrénées. — Forez					
Pyrénées. — Hundsrück					54 58 0
Pyrénées. — Forez		55 07			55 0 0
Morbihan. — Finistère			55 14		
Pyrénées. — Hundsrück	55 26				
Ballons. — Côte-d'Or			55 39		
Ballons. — Ténare			55 41		
Rhin. — Alpes principales	55 42				
Thüringerwald. — Nord de l'Angl.		55 43			
Nord de l'Anglet. — Hundsrück		[illegible]			

J'ai pu rendre le tableau manuscrit plus frappant pour les yeux que ne l'est la tranche horizontale reproduite dans le tableau imprimé qui précède, en divisant le papier par des lignes équidistantes espacées de 4 en 4 minutes, et en inscrivant chaque angle à la hauteur correspondante à sa valeur. Toutefois je n'ai pu réaliser ce plan que d'une manière incomplète, parce que, comme on le comprendra en jetant les yeux sur la tranche imprimée, plusieurs angles auraient dû souvent être inscrits sur la même ligne, d'autres sur des lignes tellement rapprochées les unes des autres, qu'il y avait impossibilité de les écrire sans les superposer. Mais l'impossibilité même où je me trouvais, d'inscrire rigoureusement les différents angles à leurs places respectives, a achevé de mettre en évidence la propriété qui les distingue : c'est qu'ils forment, dans l'étendue d'un quart de circonférence, *une série de groupes séparés par des espaces presque vides.*

Afin de mettre cette *propriété curieuse* plus à portée d'être saisie par l'œil, qui est l'instrument le plus délicat pour apprécier les relations géométriques, j'ai refait le tableau d'une manière purement graphique, en construisant d'abord 5 colonnes verticales dans chacune desquelles j'ai tracé un simple trait horizontal à la place que chaque valeur d'angle devait y occuper, et en ajoutant ensuite une sixième colonne pour réunir, tous à leurs hauteurs respectives, les 1,050 valeurs d'angles contenues dans les 5 premières colonnes. Cette construction elle-même n'a pu s'exécuter d'une manière absolument rigoureuse, parce que certains angles des vingt et un tableaux ayant des valeurs numériques identiques, il aurait fallu quelquefois superposer 2 ou 3 lignes; mais alors j'ai composé avec la nécessité en traçant 2 ou 3 lignes, suivant le besoin, à des distances aussi rapprochées que possible.

Mon tableau graphique manuscrit ayant plus d'un mètre de longueur, je n'ai pu l'insérer dans ce volume; mais afin de donner au lecteur une idée de son aspect, j'en ai reproduit une tranche dans la planche IV, qui représente toute la partie comprise entre 52° 30′ et 58° 30′; c'est-à-dire dans un intervalle de 6 degrés, ou dans un quinzième du quart de la circonférence. Ce quinzième peut donner une idée assez exacte du tableau qui représente le quadrant entier.

Les angles figurés par des lignes horizontales, dans les cinq premières colonnes du tableau, sont de grandeurs également diverses. Quelques uns sont d'un très petit nombre de degrés; d'autres sont très voisins de 90 degrés. Le reste est répandu dans toute l'étendue du quadrant.

Mais on peut remarquer d'abord que les petits angles sont un peu moins nombreux dans la cinquième colonne, consacrée aux angles que forment les grands cercles de comparaison en se coupant mutuellement. Cela tient à ce que, comme l'ai déjà indiqué p. 862, des grands cercles qui traversent l'Europe, sous des orientations peu différentes, et qui, par suite, ne donnent pour *Milford*, pour le *Binger-Loch* et pour *Corinthe*, que des angles très petits, vont se couper loin de nos contrées, sous des angles assez considérables, pour peu qu'ils traversent l'Europe dans des régions un peu éloignées l'une de l'autre.

On voit, en outre, que dans les 5 colonnes, les angles sont bien loin d'être répartis d'une manière uniforme dans toute l'étendue du quadrant. Ils ne sont répandus avec une certaine égalité que dans quelques portions peu considérables de chaque colonne, et ils semblent avoir une tendance à se *masser* dans certaines parties de la colonne, et à éviter les espaces intermédiaires; chaque colonne présente un grand nombre de lacunes ou d'espaces blancs qui en occupent une partie assez notable ; dans la cinquième colonne, ces lacunes occupent en tout 20 à 25 degrés, c'est-à-dire environ un quart de la colonne entière. On peut observer de plus que les points du quadrant que les angles semblent affectionner ou éviter sont *à peu près* les mêmes dans les cinq colonnes.

Cette dernière circonstance est surtout mise en évidence dans la sixième colonne où les 1,050 angles sont réunis. Dans cette sixième colonne, les angles se massent en majorité autour de 50 ou 60 points, de manière à y former des groupes plus ou moins denses et plus ou moins nettement dessinés. Les autres angles sont répartis entre les groupes d'une manière plus indéterminée, mais qui n'est cependant pas tout à fait livrée au hasard, car la colonne présente aussi une cinquantaine de lacunes ou d'espaces blancs plus ou moins larges, que les angles semblent avoir évité avec autant de soin qu'ils en ont mis à se rapprocher de certains points.

Cela donne à la sixième colonne l'aspect d'une sorte de spectre qui rappelle pour ainsi dire le *spectre solaire* avec ses bandes diversement colorées, ses lignes de fraue-hofer, etc.

Les angles qui affectent cette distribution sériale étant au nombre de 210 dans chacune des cinq premières colonnes, et au nombre de 1,050 dans la sixième, il m'a paru qu'il serait peu rationnel de chercher à expliquer un pareil phénomène par les seuls *effets du hasard;* j'ai cru devoir m'occuper d'en découvrir la *cause réelle.*

On pourrait croire, au premier abord, que cette cause réside simplement dans les relations qui existent entre les angles. Ils sont, en effet, bien loin d'être indépendants les uns des autres. Les 840 angles des quatre premières colonnes sont, relativement aux 210 angles de la cinquième, dans une dépendance déterminée par les positions de *Milford*, du *Binger-Loch*, de *Corinthe.* Les 210 angles de la cinquième colonne sont eux-mêmes des conséquences des données fondamentales qui fixent les positions des grands cercles de comparaison des vingt et un *Systèmes de montagnes* de l'Europe occidentale.

Ces données fondamentales se réduisent à 42. En effet, chacun des grands cercles coupant successivement les différents méridiens, sa position est déterminée par la latitude à laquelle il coupe un méridien quelconque, et par son orientation en ce point. Deux données sont donc nécessaires et suffisantes pour fixer la position de chaque grand cercle, et quarante-deux pour fixer celle des 21 grands cercles de comparaison.

De plus, la position de chacun des trois points, *Milford*, le *Binger-Loch*, et *Corinthe*, est fixée par deux données, sa latitude et sa longitude.

On voit donc que les 1,050 angles dont nous nous occupons dépendent uniquement de 48 données. Cette circonstance établit, entre les 1,050 angles, une dépendance mutuelle, et l'on pourrait croire, ainsi que je l'ai dit il y a un instant, que la distribution sériale qu'ils affectent n'est autre chose que l'expression de cette dépendance ; mais il est aisé de voir qu'il n'en est absolument rien.

Considérons, en effet, les 210 angles de la cinquième colonne, ceux qui résultent des intersections des grands cercles de comparaison entre eux. Ces 210 angles dépendent tous uniquement des 42 données fondamentales qui fixent les positions des 21 grands cercles de comparaison. Les formules trigonométriques, qui servent à les déterminer, d'après les 42 données fondamentales, constituent un système de 210 équations entre 252 quantités, savoir les 210 angles à déterminer et les 42 données fondamentales. Parmi ces 252 quantités, on peut donner des valeurs arbitraires à 42, dont 39 peuvent être choisies d'une manière quelconque, et déterminer les 210 autres d'après les 210 équations. On ne peut en choisir plus de 39 d'une manière entièrement arbitraire, parce que 39 quantités (angles ou arcs) suffisent pour fixer les positions *relatives* de 21 grands cercles; les trois autres quantités qui complètent le nombre 42 sont nécessaires et suffisent pour fixer sur la sphère la position du réseau dont la forme est déterminée par les 39 premières. On pourrait donc déterminer les 42 données fondamentales elles-mêmes d'après la condition de donner, à 39 des 210 angles, telles valeurs qu'on voudrait; seulement les valeurs des 171 autres angles deviendraient des conséquences nécessaires de celles des 39 premiers. Les trois quantités restantes fixeraient la position du réseau sur la sphère suivant les valeurs qu'on leur aurait attribuées.

On pourrait, par exemple, choisir dans la cinquième colonne 39 angles consécutifs, occupant une étendue de 15 à 17 degrés; remplacer les valeurs actuelles de ces angles qui forment, dans les 15 à 17 degrés qu'ils occupent, un certain nombre de groupes, par d'autres valeurs réparties uniformément, dans le même intervalle de 15 à 17 degrés, à des distances de 25 minutes environ; déterminer, en remplissant cette condition, les 42 données qui fixent les 21 grands cercles, puis calculer ce que deviendraient les 171 angles restants.

Quelques uns de ces angles viendraient peut-être alors se placer dans l'intervalle de 15 à 17 degrés, qu'on aurait choisi ; mais par des tâtonnements successifs, on pourrait arriver, si l'on voulait en prendre la peine, à ce qu'il ne restât, dans l'intervalle de 15 à 17 degrés qu'on aurait choisi arbitrairement, que 39 angles qui y seraient répartis uniformément, les 171 autres étant placés d'une manière quelconque dans le reste du quadrant.

On pourrait aussi déterminer les 42 données fondamentales de manière que 39 angles fussent égaux entre eux, et tombassent en tel point du quadrant qu'on voudrait.

On pourrait, en un mot, réaliser, par un choix convenable des 42 données fondamentales, une multitude infinie de distributions des angles caractérisées chacune par la fixation arbitraire de 39 angles sur 210, sans qu'aucune de ces distributions ressemblât à celle que nous présente la cinquième colonne du tableau actuel.

Il est aisé de voir aussi qu'en faisant varier arbitrairement les 6 données qui fixent les 3 points auxquels se rapportent les 4 premières colonnes, on pourrait changer considérablement les relations qu'elles présentent l'une avec l'autre, et celles qui existent entre elles et la cinquième. Les 4 angles qui, dans les 4 premières colonnes se rapportent à l'intersection de deux systèmes, s'y trouvent, comme on peut le voir dans le tableau de la page 876, à des hauteurs différentes, et tombent dans des groupes différents. En passant, par exemple, du Binger-Loch à Corinthe, l'angle Ballons Côte-d'Or franchit l'intervalle de deux groupes; mais si l'on réduisait de moitié la distance du Binger-Loch à Corinthe, en substituant à Corinthe un autre point, l'angle Ballons Côte-d'Or de la colonne Corinthe tomberait entre deux groupes; on peut concevoir, d'après cela, qu'en changeant les positions des 3 points auxquels les 3 premières colonnes se rapportent, on pourrait remplacer l'ordonnance assez caractéristique qui se manifeste dans le tableau, surtout dans la sixième colonne, qui en est le résumé, par un ordre différent, et plus souvent encore par toutes sortes de variétés de confusion. Cependant la dépendance mutuelle des différents angles entre eux existerait toujours dans ces dispositions diversement désordonnées.

Il est donc évident que le *commencement d'ordre* qui se manifeste dans le tableau, tel que nous l'avons construit, n'est pas une conséquence pure et simple de la dépendance qui existe entre les différents angles qui le composent. D'ailleurs si cette relation de dépendance mutuelle, qui a lieu entre les différents angles du tableau, était de nature à les grouper, elle ne les grouperait pas d'une manière simplement approximative ; elle les grouperait exactement, ce qui n'a pas lieu.

La distribution sériale des angles formés par la rencontre des grands cercles, et contenus dans la cinquième colonne, ne peut être attribuée qu'à une corrélation particulière qui existe entre les données fondamentales qui fixent les positions des 21 grands cercles de comparaison, à une propriété que l'ensemble de ces chiffres, en partie fort anciens déjà et dont plusieurs ne m'appartiennent pas, possède pour ainsi dire à l'*état latent*, comme un bourgeon renferme la fleur qui doit en éclore un jour.

L'existence de la même loi dans les valeurs des angles déterminés pour *Milford*, pour le *Binger-Loch* et pour *Corinthe*, et dans les valeurs moyennes des angles des deux mêmes systèmes en ces trois points, suppose en outre une corrélation toute particulière entre les données qui fixent les positions de ces 3 points, choisis simplement d'après certaines conditions de symétrie, appréciées à l'œil sur la carte, et les données qui fixent les positions des grands cercles eux-mêmes.

J'ai cru devoir considérer d'abord à la fois ces deux genres de corrélation, parce que leur existence simultanée rend encore plus sensible l'improbabilité qu'il y aurait à attribuer au hasard seul le commencement d'ordre qui se manifeste dans le tableau ; mais j'aurai surtout à m'occuper dans la suite de la corrélation qui existe entre les 21 grands cercles de comparaison, abstraction faite des résultats que nous a donnés le transport des directions à *Milford*, au *Binger-Loch*, et à *Corinthe*.. Il est bon de noter cependant que les angles trouvés pour *Milford*, pour le *Binger-Loch* et pour *Corinthe*, doivent souvent représenter ce qu'ils sont censés représenter, mieux que ne le font les *intersections* des grands cercles correspondants, parce qu'ils sont moins affectés par les *erreurs de position* des grands cercles déduits de l'observation, erreurs qui sont souvent plus fortes que les erreurs d'orientation.

La corrélation des grands cercles de comparaison n'est sans doute indiquée par le tableau des angles que d'une manière un peu vague et confuse; les angles forment des groupes irréguliers et souvent mal terminés. Mais il ne pouvait en être autrement pour des angles formés par des grands cercles dont aucun n'a pu être déterminé de manière à représenter rigoureusement ce qu'il est censé représenter. C'est déjà beaucoup, et plus peut-être qu'on n'aurait pu attendre, de ne pas trouver ces angles distribués complétement au hasard dans l'étendue d'un quart de circonférence; et en voyant qu'ils se groupent avec une certaine affectation autour de certaines valeurs, on est conduit à concevoir que les grands cercles de comparaison *provisoires*, dont nous avons été obligés de nous contenter, sont la représentation imparfaite d'autres grands cercles formant sur la surface du globe un réseau dans lequel certaines valeurs d'angles se répètent fréquemment en vertu d'une loi déterminée qui les coordonne tous entre eux. Mais cette corrélation n'existe probablement que d'une manière imparfaite entre les données que l'observation a fournies pour fixer les positions des 21 grands cercles, et le tableau ne l'exprime probablement pas avec toute la netteté dont elle est susceptible. En y mettant de la patience on arriverait à déterminer dans les positions et les orientations des 21 grands cercles de comparaison de petits changements qui donneraient aux angles contenus dans la cinquième colonne une distribution sériale plus tranchée et les rassembleraient par groupes plus resserrés.

L'existence d'une pareille loi de coordination n'était pas pour moi une idée nouvelle. J'ai rappelé ci-dessus, p. 804, et j'avais remarqué, il y a près de vingt ans, que des *Systèmes de montagnes* d'âges différents ont quelquefois des directions à peu près semblables, ou même identiques, et, en signalant plusieurs exemples de ce fait, je l'avais caractérisé par l'expression de *récurrence périodique* des directions (1).

(1) Voyez *Manuel géologique* de M. de la Bèche, traduit en français par M. Brochant de Villiers, p. 646 (1833), et *Traité de géognosie* de M. d'Aubuisson de Voisins, continué par M. Amédée Burat, t. III, p. 342 (1834).

Or, en employant ainsi le mot *récurrence*, j'entendais exprimer la conviction où j'étais que les *Systèmes de montagnes* ne sont pas disposés au hasard, les *uns par rapport aux autres*, sur la surface du globe; mais que la nature, en les produisant, a été contrainte de tourner, pour ainsi dire, dans un circuit fermé de manière à retomber dans les mêmes repères au bout d'un certain temps, et après avoir épuisé un certain nombre de combinaisons. Les remarques numériques dont je viens de parler ont naturellement reporté mes idées vers cet ordre de considérations, et j'ai pensé que si mes angles voulaient bien me laisser pénétrer le secret du caprice apparent qui leur fait affecter une disposition sériale, j'y trouverais l'occasion et les moyens de donner plus de consistance à mon ancienne idée de la *récurrence des directions*.

Les personnes qui auront lu le présent volume concevront sans peine que j'ai dû désirer assez vivement la découverte de ce secret, et que j'ai dû recourir immédiatement aux moyens qui me paraissaient devoir être le plus efficaces pour y parvenir.

Après quelques tâtonnements arithmétiques sans résultat, il m'a paru que je n'avais rien de mieux à faire que de mettre mon imagination en campagne pour tâcher de trouver sur la sphère un réseau systématique de grands cercles dont les intersections mutuelles reproduisissent les angles que l'observation m'avait indiqués par les groupes et par les lacunes qui se dessinent dans le tableau.

Les rapports simples que nous avons remarqués page 822 à 826, entre les angles formés par les directions des différents systèmes transportées à Vannes existent aussi, à peu près avec le même degré d'approximation, entre les valeurs moyennes des groupes d'angles qui se dessinent dans le tableau général. Cependant les essais que j'ai faits m'ont convaincu de l'impossibilité de trouver entre ces valeurs un plus grand commun diviseur, à moins de le prendre très petit. D'ailleurs c'est seulement sur un plan que les différents angles d'un réseau peuvent présenter exactement des rapports arithmétiques aussi simples : l'*excès sphérique* s'oppose généralement à ce qu'une pareille corrélation existe entre les différents angles d'un réseau tracé pour la sphère. Je devais donc renoncer à généraliser les rapprochements arithmétiques dont les essais faits sur les angles de Vannes avaient fourni quelques exemples imparfaits et chercher à imaginer un réseau dont les angles présentassent les valeurs et les corrélations qui se manifestent dans l'ensemble des angles déduits de l'observation.

La plus remarquable de ces corrélations est la presque égalité fréquente de plusieurs angles entre eux; or dans les réseaux sphériques la répétition des mêmes angles dans diverses parties du réseau est un des symptômes de la symétrie. C'était donc un réseau symétrique que je devais imaginer; mais un réseau qui aurait simplement présenté des rapports de symétrie entre ses diverses parties sans embrasser d'une manière régulière toute la surface du globe n'aurait pas répondu à l'idée qu'il est naturel de se faire de l'ordonnance générale des choses sur la surface de notre planète.

D'après ces considérations, au lieu d'essayer un réseau symétrique, mais d'une forme arbitraire, dans lequel j'aurais pu introduire quelques uns des angles donnés par l'observation, j'ai d'abord essayé, purement et simplement, l'assemblage de plans qui constitue le système régulier de la cristallographie; mais je n'en ai rien pu tirer de satisfaisant, et je n'ai pas tardé à l'abandonner. Ce système, qui dérive de trois plans rectangulaires, est sans doute le mieux approprié à la division de l'espace solide que remplissent les molécules équidistantes des cristaux réguliers, mais il n'a pas des avantages aussi décisifs pour la division de l'espace angulaire ni pour celle d'une *enveloppe sphérique*. Il m'a paru d'ailleurs que la maille fondamentale de ce réseau, qui est le triangle tri-rectangle, est beaucoup trop grande pour qu'il puisse représenter cette espèce de loi d'égale complication et d'égale variété, si je puis m'exprimer ainsi, qui préside à la distribution des formes orographiques sur la surface du globe.

J'ai alors pensé au système de plans et de grands cercles qui divise la surface de la sphère en 20 triangles équilatéraux. On sait que 15 grands cercles, se coupant 5 à 5 en 12 points de la surface de la sphère sous des angles de 36 degrés, la divisent à la fois en 20 triangles équilatéraux, et en 12 pentagones sphériques réguliers. Pour m'exprimer plus clairement encore, ces 15 grands cercles divisent la surface de la sphère en 120 triangles rectangles scalènes égaux en surface, et symétriques 2 à 2, qui peuvent être considérés *ad libitum* comme formant par leur ajustage naturel 30 losanges, 20 triangles équilatéraux, ou 12 pentagones sphériques réguliers. L'introduction du nombre 5 et celle du pentagone sont ce qui distingue spécialement ce réseau; et ayant quelques motifs pour soupçonner qu'au point de vue de la mécanique appliquée à la géologie, le pentagone est ici la figure la plus caractéristique, je désignerai le réseau formé par les 15 grands cercles primitifs, et par ceux qu'il sera nécessaire de leur adjoindre, sous la dénomination de *réseau pentagonal.*

Cette dénomination me paraît d'ailleurs, même au point de vue purement géométrique, la plus convenable qu'on puisse employer.

Ce ne serait pas ici le lieu de reproduire les développements que j'ai eu l'occasion de donner ailleurs sur cet objet. Je me bornerai à rappeler en quelques lignes les relations qui existent entre les réseaux basés, sur la division régulière de la sphère, qui se referment sur eux-mêmes après l'avoir embrassée *une seule fois.*

Un triangle sphérique équilatéral ayant nécessairement, à cause de l'excès sphérique, des angles de plus de 60 degrés, on ne peut assembler sur la sphère 6 triangles équilatéraux de manière à en former un hexagone, comme on le fait sur un plan. Mais on peut agrandir à volonté l'angle du triangle équilatéral en étendant sa surface, et l'on peut assembler autour d'un point :

1° Trois triangles équilatéraux ayant des angles de 180°...... 3.120 = 360°;

2° Quatre triangles équilatéraux ayant des angles de 90°.... 4 . 90 = 360°;

3° Cinq triangles équilatéraux ayant des angles de 72°...... 5 . 72 = 360°.

De là 3 réseaux différents qui se rattachent l'un à l'autre, et dont je vais signaler brièvement les rapports.

Le triangle sphérique équilatéral, dont les angles sont de 120 degrés, a pour côtés des arcs de 109° 28' 16'',38. Quatre triangles pareils, ayant leurs sommets assemblés trois à trois en 4 points de la sphère, l'embrassent en totalité, et forment sur sa surface le plus simple des réseaux réguliers, qu'on pourrait appeler *réseau triangulaire élémentaire*, comme étant le plus simple de tous ceux au moyen desquels on peut diviser la surface de la sphère en parties égales et régulières.

Mais si, dans ce réseau élémentaire, on prolonge les côtés des triangles au delà des sommets où ils se réunissent, de manière à compléter les 6 grands cercles auxquels ils appartiennent, les arcs prolongés diviseront respectivement en deux parties égales les angles auxquels ils étaient opposés, formeront les apothèmes des triangles, et se couperont sous des angles de 60 degrés aux quatre centres de ces mêmes triangles. Les apothèmes ainsi formés sont des arcs de 125° 15′ 51″,81 de développement, qui, en se coupant aux centres des triangles, se divisent mutuellement en deux parties inégales : l'une de 70° 31′ 43″, 62 ; l'autre, de 54° 44′ 8″, 19.

Les 12 petites parties des 12 apothèmes situées deux à deux dans le prolongement l'une de l'autre, constituent quatre nouveaux triangles équilatéraux dont les angles sont de 120 degrés, dont les côtés sont de 109° 28′ 16″,38, comme ceux des quatre premiers, et dont les sommets sont placés aux centres de ceux-ci.

On a ainsi deux réseaux triangulaires régulièrement coordonnés, et dont les côtés se coupent à angle droit dans leurs milieux respectifs. Mais, en outre, les 12 grandes parties des 12 apothèmes, dont la longueur est de 70° 31′ 43″,62, constituent 6 quadrilatères, dont les angles de 120 degrés se réunissent trois à trois aux 8 points où se réunissent les sommets des deux séries de triangles, et l'existence de cette figure nouvelle permettrait de donner au réseau complet, formé par la totalité des 6 grands cercles du réseau élémentaire, le nom de *réseau quadrilatéral*.

Le *réseau triangulaire élémentaire* est une hémihédrie, mais une hémihédrie incomplète du réseau quadrilatéral ; tant qu'il reste hémihèdre, le principe quadrangulaire ne s'y manifeste pas encore, bien qu'il ait quatre sommets, et aucune partie des arcs qui forment le quadrilatère de 120 degrés n'en fait encore partie.

La symétrie quaternaire se développe de deux manières dans le réseau formé par les 6 cercles primitifs complétés; d'abord les parties de ces cercles, qui ne servent pas à former les côtés des deux séries du triangle, constituent les côtés des 6 quadrilatères de 120 degrés ; mais, en outre, ces mêmes cercles divisent chacun des triangles de 120 degrés en 6 triangles rectangles isocèles, ce qui en fait 24 en tout. Or si l'on construit les apothèmes des 24 triangles rectangles isoscèles, ce qui donne naissance à 48 triangles rectangles scalènes, égaux en surface et symétriques deux à deux, les apothèmes, dont les longueurs sont de 45 degrés, constituent 3 grands cercles qui se coupent à angle droit en 6 points opposés, deux à deux, et qui forment un système tri-rectangulaire composé de 8 triangles tri-rectangles, dont chacun renferme 6 des 48 triangles rectangles scalènes.

Les petits côtés de ces 48 triangles scalènes forment deux à deux les côtés des quadrilatères à angles de 120 degrés. Les 6 quadrilatères qui embrassent la sphère entière ont 24 côtés identiques deux à deux, formant 12 arcs distincts, dont chacun a une longueur de 70° 31′ 43″,62, et qui présentent un développement total de 846° 20′ 43″,44.

Le *réseau quadrilatéral*, construit comme nous venons de le faire, se compose de 9 grands cercles formant deux systèmes associés, mais distincts.

L'un d'eux, formé de trois grands cercles seulement, répond à l'assemblage de quatre triangles équilatéraux autour d'un point. Il ne présente que des triangles; mais la symétrie quadrilatérale existe dans la disposition même de ces triangles.

L'autre, qui répond à l'assemblage de trois triangles équilatéraux autour d'un point, se compose de six grands cercles. Il n'est que le développement complet du réseau triangulaire élémentaire, qui peut en être extrait par voie d'hémihédrie de deux manières différentes, et dont la dénomination la plus convenable serait peut-être celle de *réseau triangulaire hémihédrique.*

La formation et la division du *réseau pentagonal*, qui répond à l'assemblage de 5 triangles équilatéraux autour d'un point, s'opèrent d'une manière analogue, sous beaucoup de rapports, à ce que nous venons de voir; les côtés des 20 triangles équilatéraux fondamentaux, prolongés dans les angles qui leur sont respectivement opposés, les divisent chacun en deux parties égales, forment les apothèmes des triangles, où ils pénètrent, se croisent à leurs centres sous des angles de 60 degrés, et divisent chacun d'eux en 6 triangles rectangles scalènes, dont on compte 120 sur la sphère entière. Les côtés des triangles équilatéraux sont des arcs de 63° 26′ 5″,84; les apothèmes des arcs, de 58° 16′ 57″,08, et ces apothèmes se divisent mutuellement en deux parties inégales, l'une de 37° 22′ 38″,50, l'autre de 20° 54′ 18″,58. Les petites parties des apothèmes sont les petits côtés des triangles rectangles scalènes. Elles sont deux à deux dans le prolongement l'une de l'autre, et elles forment les côtés non plus de *six* quadrilatères à angles de 120 degrés, mais de *douze* pentagones à angles de 120 degrés, angles qui s'assemblent de même trois à trois ; de sorte que le *pentagone* de ce réseau peut être considéré comme représentant le *quadrilatère* du précédent.

Chacun des 120 triangles rectangles scalènes a pour hypoténuse la plus grande des deux parties d'un apothème, pour grand côté de l'angle droit la moitié de l'un des côtés d'un des triangles équilatéraux, et pour petit côté de l'angle droit la plus petite des deux parties d'un apothème.

Chacun des 12 pentagones a 5 côtés, ce qui donne en tout 60 côtés identiques deux à deux et constituant 30 arcs distincts dont chacun est formé de deux des petits côtés de l'angle droit des triangles scalènes et a une longueur de 41° 48′ 37″,16. La somme de ces 30 arcs, qui forme le contour total des 12 pentagones, a un développement de 1254° 18′ 34″,80.

Chacun des 20 triangles équilatéraux a 3 côtés ; ce qui donne en tout 60 côtés identiques deux à deux et constituant 30 arcs distincts dont chacun est formé de deux des grands côtés de l'angle droit des triangles scalènes et a une longueur de 63° 25′ 5″,84. La somme de ces 30 arcs, qui forme le contour total des 20 triangles équilatéraux, a un développement de 1903° 2′ 55″,20.

Enfin chacun des 30 losanges a 4 côtés

dont chacun est formé par l'hypothénuse de l'un des 120 triangles scalènes. Ces hypothénuses appartenant chacun à deux triangles scalènes et à deux losanges forment 60 arcs distincts ayant chacun une longueur de 37° 22′ 38″,50. La somme de ces 60 arcs qui représente le contour total des 30 losanges a un développement de 2242° 38′ 30″,00.

La somme des développements des contours des trois espèces de figures, qui est en même temps celle des côtés des 120 triangles scalènes, est de 1254° 18′ 34″,80 + 1903° 2′ 55″,20 + 2242° 38′ 30″,00 = 5400° = 360° × 15. C'est une somme égale au développement de 15 grands cercles de la sphère, et en effet les 15 grands cercles primitifs du réseau sont employés en entier à former les arcs que nous venons de passer en revue.

Chacun des 120 triangles rectangles scalènes a pour côtés trois arcs, dont les longueurs sont respectivement de 20 54 18″,58, de 31° 43′ 2″,92 et de 37° 22′ 38″,50. La somme de ces trois arcs est de 90°. Chacun de ces arcs appartenant aux contours de deux triangles scalènes contigus, la somme des contours des 120 triangles scalènes est égale à soixante fois 90° ou à quinze fois 360°, c'est-à-dire au développement total des 15 grands cercles primitifs du réseau.

On remarquera que la somme des contours des 12 pentagones, est beaucoup moins grande que la somme des contours des 20 triangles équilatéraux qui elle-même est inférieure à la somme des contours des 30 losanges.

On remarquera aussi que la somme des contours des 12 pentagones, ne surpasse pas tout à fait d'un tiers la somme des contours des 6 quadrilatères du réseau quadrilatéral. En substituant le pentagone au quadrilatère au double le nombre des divisions égales et régulières de la sphère, sans doubler le développement des contours. De toutes les divisions de la sphère en figures égales et régulières, la division en 12 pentagones réguliers est celle qui combine le plus heureusement le grand nombre des subdivisions avec la petitesse des contours.

Indépendamment de cette circonstance, le *réseau pentagonal* a encore sur le *réseau quadrilatéral* un double avantage : d'une part il est à plus petit point, et de l'autre il est *plus homogène*, car il divise la sphère en 120 parties égales, au moyen de 15 grands cercles qui jouent tous exactement le même rôle, tandis que le *réseau quadrilatéral* divise la sphère en 48 parties égales seulement, au moyen de 9 grands cercles qui sont de deux espèces ayant des rôles différents. Le réseau quadrilatéral, réduit aux trois grands cercles rectangulaires entre eux qui en font partie, présente une homogénéité plus grande encore en ce que tous les arcs, dans lesquels ces trois cercles se divisent, sont égaux, et jouent le même rôle; mais il ne partage la sphère qu'en huit parties seulement.

J'ai indiqué ci-dessus comment on passe du *réseau triangulaire élémentaire* au *réseau quadrilatéral* et *vice versâ* par voie d'extension et de réduction; la liaison entre le *réseau quadrilatéral* et le *réseau pentagonal* est beaucoup moins directe.

Les 120 triangles rectangles scalènes du *réseau pentagonal* forment, par leur assemblage, des triangles tri-rectangles, comme les 48 triangles rectangles scalènes du *réseau quadrilatéral*; mais, au lieu d'en former un seul système, ils en forment cinq. Si l'on suit sur la sphère les contours des 120 triangles rectangles scalènes, on peut y tracer 40 triangles tri-rectangles, dont les sommets sont réunis quatre à quatre, et qui forment 5 systèmes tri-rectangulaires. Ces triangles tri-rectangles sont assemblés de manière à avoir deux à deux le même centre, et les cinq systèmes tri-rectangulaires peuvent être engendrés par l'un quelconque d'entre eux, qu'on fait tourner successivement autour de ses 4 diagonales, soit de 44° 28' 39",04, soit de 75° 31' 20",96. Un quadruple mouvement opéré de cette manière devrait, en thèse générale, donner aux diagonales du système 12 positions nouvelles, ce qui en produirait 16 en tout; mais si l'on donne aux quatre mouvements de rotation une même amplitude égale à l'un ou à l'autre des deux angles que je viens d'indiquer, les 12 positions nouvelles des diagonales se réduisent à 6, et leur nombre total se trouve limité à 10, dont les extrémités correspondent aux centres opposés deux à deux des 20 triangles équilatéraux. Le choix particulier de cette amplitude du mouvement de rotation fait que l'*opération est close*, et peut ensuite être répétée avec l'un ou l'autre des deux angles énoncés, sans donner aux diagonales aucune autre position que les dix déjà produites. C'est la propriété de ces angles d'introduire ainsi le principe de symétrie quinaire, et de permettre de composer un *réseau pentagonal* avec cinq positions différentes d'un *réseau tri-rectangulaire*.

Si l'on avait égard seulement à la circonstance que les trois réseaux, sur lesquels nous venons de jeter un coup d'œil rapide, se rattachent respectivement à l'assemblage de trois, de quatre et de cinq triangles équilatéraux autour d'un point, on pourrait être tenté de n'employer pour les désigner qu'une seule terminologie, et d'appeler le réseau élémentaire, formé de 4 triangles équilatéraux, *réseau trigonal;* le réseau formé par les 6 grands cercles auxquels appartiennent les côtés des 4 triangles primitifs, et par les 3 grands cercles rectangulaires entre eux qui en dérivent, *réseau tétragonal*, et le réseau formé par les 15 grands cercles auxquels appartiennent les côtés des 20 triangles équilatéraux, à angles de 72 degrés, *réseau pentagonal.* Les deux premières dénominations auraient l'avantage de faire sentir la convenance de la troisième; mais, outre l'inconvénient d'être nouvelles, elles auraient encore celui d'indiquer entre les trois réseaux plus d'analogie qu'ils n'en ont réellement, et, eu égard aux dissemblances de leurs relations, je crois qu'il vaut mieux s'en tenir aux dénominations un peu hétérogènes de *réseau triangulaire hémihédrique*, de *réseau quadrilatéral* et de *réseau pentagonal.*

Outre les analogies qui proviennent pour ces trois réseaux de ce qu'ils correspondent à l'assemblage de trois, de quatre ou de cinq triangles équilatéraux autour d'un même point, ils en ont encore d'autres résultant des rapports qui existent entre eux et les polyèdres réguliers.

Les 6 cordes des 6 arcs du *réseau triangulaire hémihédrique* forment les 6 arêtes d'un *tétraèdre régulier*.

Dans le *réseau quadrilatéral*, les 12 cordes des 24 côtés, identiques, deux à deux, des 6 quadrilatères, forment les 12 arêtes d'un cube. Les 12 cordes des 24 côtés identiques, deux à deux, des 8 triangles trirectangles, forment les 12 arêtes de l'octaèdre régulier; 24 cordes convenablement placées dans les 24 côtés identiques, deux à deux, des 8 triangles équilatéraux de 120 degrés, fournissent les 24 arêtes du dodécaèdre rhomboïdal. Les plans des six grands cercles qui forment l'une des bases du réseau quadrilatéral sont parallèles aux 12 faces, parallèles, deux à deux, de dodécaèdre rhomboïdal.

Dans le *réseau pentagonal*, les 30 cordes des 60 côtés identiques, deux à deux, des 12 pentagones, forment les 30 arêtes du *dodécaèdre régulier*; les 30 cordes des 60 côtés identiques, deux à deux, des 20 triangles équilatéraux, forment les 30 arêtes de l'*icosaèdre régulier ;* et 30 plans perpendiculaires aux extrémités des 30 rayons qui aboutissent aux 30 points où se réunissent quatre à quatre les angles droits des 120 triangles rectangles scalènes, forment un solide composé de 30 losanges régulièrement assemblés. Les plans de ces 30 losanges sont *tangents* à la fois, dans le sens cristallographique du mot, aux 30 arêtes du dodécaèdre régulier et aux 30 arêtes de l'icosaèdre régulier; de sorte que le solide, formé de 30 losanges, présente, avec le dodécaèdre et l'icosaèdre réguliers, des relations analogues à celles que le dodécaèdre rhomboïdal présente avec le cube et l'octaèdre. Les plans des 15 grands cercles qui forment la base du réseau pentagonal sont parallèles aux 30 faces, parallèles deux à deux, du solide, terminé par 30 losanges régulièrement assemblés.

La structure du *réseau pentagonal* a pour base le *dodécaèdre* et l'*icosaèdre réguliers*, de même que la structure du *réseau quadrilatéral* a pour base le *cube* et l'*octaèdre*, et celle du *réseau triangulaire hémihédrique*, le *tétraèdre;* mais, en outre, comme le *réseau pentagonal* renferme 5 systèmes tri-rectangulaires, et comme ses 15 grands cercles fondamentaux, sans comprendre les autres éléments des 5 systèmes quadrilatéraux, auxquels ces 5 systèmes tri-rectangulaires se rapportent, se coupent aux extrémités de leurs diagonales, il est aisé de voir que des cordes, tirées dans la sphère entre les points convenables des 15 grands cercles fondamentaux, formeront encore les arêtes de 5 cubes, de 5 octaèdres et de 10 tétraèdres. La charpente rectiligne du *Réseau pentagonal*, formée de toutes les cordes qui viennent d'être indiquées, présente ainsi un assemblage systématique de ces différents solides, et forme une sorte de *compendium* méthodiquement coordonné de tous les éléments de symétrie des 5 polyèdres réguliers anciens.

Les grands cercles primitifs du réseau pentagonal se rencontrent aux 3 angles de chacun des 120 triangles scalènes, dans lesquels ils divisent la surface de la sphère sous des angles de 36, de 60 et de 90 degrés. Le réseau fondamental ne renferme pas d'autres angles que ces trois-là, et l'angle de 72 degrés, qui résulte de l'addition du premier à lui-même. Par conséquent, il ne peut devenir comparable au réseau compliqué que forment, sur la surface de la sphère terrestre, les grands cercles de comparaison des différents *Systèmes de montagnes*, que par l'adjonction systématique d'un certain nombre de cercles subordonnés.

Pour procéder méthodiquement à cette adjonction, j'ai considéré que les grands cercles primitifs du réseau pentagonal constituant, par suite de leurs intersections sous l'angle de 90 degrés, 5 systèmes *tri-rectangulaires* coordonnés entre eux avec une parfaite régularité, les trois plans de chacun de ces 5 systèmes tri-rectangulaires peuvent être considérés comme respectivement parallèles aux 6 faces d'un cube ayant son centre au centre de la sphère. J'ai remarqué que ces 5 cubes ne sont autre chose que les 5 positions d'un même cube placé d'abord dans une position quelconque, et tournant séparément soit de 44° 28′ 39″,04, soit de 75° 31′ 20″,96 autour de chacune de ses 4 diagonales. Je me suis enfin représenté le cube dans chacune de ses 5 positions, comme le noyau d'un système cristallin régulier, composé des faces de l'octaèdre, du dodécaèdre rhomboïdal, et de tous les dodécaèdres pentagonaux, trapézoèdres, etc., que le système cristallin régulier comprend en nombre illimité, et dont le nombre devient plus illimité encore, si l'on se borne à emprunter à la cristallographie ses principes de régularité, sans les accompagner de la condition étrangère à notre objet, que les distances interceptées sur les trois axes par une même face soient entre elles comme trois nombres entiers. J'ai remarqué, en outre, que le dodécaèdre régulier, l'icosaèdre régulier et le solide formé de 30 losanges, peuvent, de même que le cube, l'octaèdre et le dodécaèdre rhomboïdal, être considérés comme les noyaux d'un nombre indéfini de faces engendrées sur leurs arêtes et sur leurs angles, suivant les lois de symétrie admises dans la cristallographie. Imaginant ensuite par le centre de la sphère des plans indéfinis parallèles aux diverses faces des cinq solides réguliers groupés méthodiquement dans le système, et de tous leurs dérivés, j'ai eu sur la sphère un nombre infini de grands cercles coordonnés entre eux avec une régularité parfaite, suivant le genre de symétrie propre au réseau pentagonal primitif. C'est l'ensemble de ce nombre infini de grands cercles que j'appelle le *réseau pentagonal complet.*

En d'autres termes, et en mettant de côté les mots empruntés à la cristallographie, que j'emploie seulement comme des locutions commodes et d'une valeur bien connue, le réseau pentagonal complet se compose des 15 grands cercles fondamentaux, et de tous ceux qui peuvent y être rattachés par une relation de position susceptible d'une définition géométrique, basée uniquement sur des rapports de symétrie. L'équation générale d'un plan passant par le centre de la sphère étant $z = ax + by$, le réseau pentagonal le plus complet et le plus développé possible se composera de tous les plans qui seront *particularisés* par une détermination de a ou de b, ou par une équation de condition entre a et b, de nature à lier la position du plan à celle des grands cercles fondamentaux, d'une manière qui le mette en rapport avec l'ordonnance générale du réseau.

C'est là sans doute un système de plans fort complexe, mais il est certain qu'il divise tout l'espace angulaire, autour du point central, avec une symétrie et une régularité singulières. Les propriétés curieuses de ce système ne peuvent avoir échappé à l'attention des géomètres; mais, comme j'avais besoin de le connaître pratiquement, je me suis imposé la loi de calculer moi-même tous ceux de ses éléments que je pourrai être dans le cas d'employer.

Or, aussitôt que j'ai eu mis la main à l'œuvre, j'ai eu la satisfaction de voir sortir en majorité des tables de logarithmes, les angles que l'élaboration des observations m'avait signalés; *le secret de ces angles était dès lors dévoilé.*

A partir de ce moment, je n'ai plus hésité à consacrer à la question tout le temps qu'elle pourrait réclamer, tant pour m'assurer de la *vérité* de principe que j'entrevoyais que pour donner à ses applications toute la généralité et la précision dont elles sont susceptibles pour le moment.

J'ai commencé naturellement par calculer les angles que forment, avec les cercles primitifs du réseau, ou dans leurs rencontres mutuelles, les cercles qui correspondent aux faces les plus simplement placées dans le système cristallin régulier; ceux qui correspondent aux faces de l'octaèdre, et que j'appelle *octaédriques*, puis ceux qui correspondent au *dodécaèdre rhomboïdal*, et que j'appelle *dodécaédriques rhomboïdaux.*

Chaque cube a son octaèdre, lequel a 8 faces parallèles 2 à 2, ce qui donne 4 *octaédriques* pour chacun des cinq cubes. Cependant, il n'y a en tout que 10 *octaédriques* au lieu de 20, parce que les faces de l'octaèdre étant perpendiculaires aux diagonales du cube, 2 quelconques des 5 octaèdres ont une de leurs faces dans le même plan, ce qui fait que les 20 *octaédriques*, qui devraient exister en principe, se confondent 2 à 2 et se réduisent à 10.

Chaque cube a aussi son dodécaèdre rhomboïdal, présentant 12 faces parallèles 2 à 2, ce qui donne, pour chacun des 5 cubes, 6 *dodécaédriques rhomboïdaux*. Il y en a 30 en tout qui sont tous distincts les uns des autres. Les 6 *dodécaédriques rhomboïdaux* que nous adjoignons ici à chaque système tri-rectangulaire ne sont autre chose que les 6 cercles nécessaires pour compléter relativement à chacun de ces systèmes tri-rectangulaires un *réseau quadrilatéral*.

Les 30 *dodécaédriques rhomboïdaux*, ajoutés aux 10 *octaédriques* et aux 15 grands cercles *primitifs*, forment déjà un total de 55 cercles, qui, ainsi que je viens de l'indiquer, représentent 5 *réseaux quadrilatéraux*, avec leurs *octaédriques*, ajustés *pentagonalement*, s'il est permis de s'exprimer ainsi, au moyen des angles de 44° 28′ 39″,04 ou de 75° 31′ 20″,96 ; mais il convient d'y joindre encore les cercles donnés par les plans qui dérivent du dodécaèdre régulier et de l'icosaèdre, comme ceux des précédents dérivent des cubes et des octaèdres, qui font également partie de la charpente rectiligne du *réseau pentagonal*. Or il résulte seulement de là l'adjonction de 6 grands cercles nouveaux ; ce sont ceux qui sont formés par les 6 plans parallèles aux 12 faces du dodécaèdre régulier, lesquels sont perpendiculaires aux 6 diamètres de la sphère, qui joignent, deux à deux, les centres des 12 pentagones. Quant aux 10 plans parallèles aux 20 faces de l'icosaèdre, ils sont perpendiculaires aux 10 diamètres de la sphère, qui joignent, deux à deux, les centres des 20 triangles équilatéraux, et comme ces 10 diamètres ne sont autre chose que les diagonales des 5 systèmes tri-rectangulaires, les 10 grands cercles dont il s'agit ne sont autre chose que les 10 *octaédriques* déjà mentionnés, et qu'on pourrait appeler *icosaédriques* aussi bien qu'*octaédriques*. Enfin le solide, terminé par 30 losanges, qui est relativement au dodécaèdre régulier et à l'icosaèdre ce qu'est le dodécaèdre rhomboïdal par rapport au cube et à l'octaèdre, a ses 30 faces perpendiculaires aux 15 diamètres qui aboutissent aux centres des 30 losanges du réseau. Ces 15 diamètres n'étant autre chose que les intersections orthogonales des 5 systèmes tri-rectangulaires que renferme l'ensemble des plans fondamentaux du réseau, les plans des 30 losanges se trouvent parallèles, deux à deux, à ces 15 plans fondamentaux, et les grands cercles qui leur correspondent ne sont autres que les 15 grands cercles fondamentaux du *réseau pentagonal*.

L'adjonction des 6 *dodécaédriques réguliers* aux 55 grands cercles précédemment énumérés donne un total de 61 grands cercles, qui sont les représentants les plus essentiels de la symétrie pentagonale. Ils appartiennent à quatre catégories, qui, comme nous le verrons bientôt, sont comprises dans des séries illimitées, dans lesquelles ces grands cercles se distinguent par des *conditions uniques*, et qui ne s'appliquent qu'à eux seuls.

Il convenait évidemment de commencer par ces 61 grands cercles l'étude du *réseau pentagonal*; mais afin d'ordonner convenablement les calculs dont ils seraient l'objet, et ceux qui pourraient être appliqués plus tard à des grands cercles accessoires, il m'était avant tout nécessaire d'avoir constamment sous les yeux un diagramme précis de la disposition de ces 61 grands cercles, représentants essentiels de la symétrie pentagonale.

On est généralement dans l'usage de composer les figures relatives aux triangles sphériques de lignes courbes tracées sans beaucoup de soin ; ce ne sont ni des projections, ni des perspectives, et de pareilles figures ne tardent pas à devenir à peu près indéchiffrables, lorsque le nombre des arcs qu'elles doivent contenir est un peu grand. Pour éviter cet inconvénient, j'ai eu recours à un mode de projection déjà employé en géographie sous le nom de *projection gnomonique*, et qui consiste à projeter la surface de la sphère sur un de ses plans tangents, par la prolongation pure et simple des rayons partant du centre. Sur une pareille projection, tous les grands cercles sont représentés par des *lignes droites*. Les petits cercles le sont par des *sections coniques;* mais je n'aurai à m'occuper de ceux-ci que plus tard, le *réseau pentagonal* se composant uniquement de grands cercles.

J'ai projeté ainsi certaines parties plus ou moins étendues de mon réseau, sur des plans qui touchaient la sphère soit au centre de l'un des 12 pentagones, soit au centre de l'un des 20 triangles équilatéraux, soit au centre de l'un des 30 losanges, et j'ai eu des *épures*, sur lesquelles, au moyen de la règle et du compas, je pouvais construire tous mes cercles, déterminer leurs points de croisement, devancer à quelques égards les résultats du calcul, et découvrir même les fautes qui pouvaient s'y être glissées toutes les fois qu'elles étaient un peu fortes, avantage toujours précieux dans une longue série de calculs.

Dans une pareille épure, les arcs égaux sont souvent représentés par des lignes inégales; ceux qui partent du centre de projection sont représentés par leurs tangentes; ceux qui ne passent pas au centre de projection sont représentés par des longueurs, ayant avec eux-mêmes des rapports plus complexes; une partie des angles ont sur la figure des ouvertures différentes de celles qu'ils ont sur la surface de la sphère; on ne peut donc mesurer sur la figure ni les arcs, ni les angles (du moins pour la plupart); mais on peut y suivre la manière dont les arcs s'entrecroisent, et, sous ce rapport, elle a toute la précision qu'on veut prendre la peine de lui donner.

La planche V du présent volume, sur laquelle l'Europe et les contrées adjacentes sont figurées en *projection gnomonique*, a, pour canevas, la représentation de l'un des 12 pentagones du *réseau pentagonal* tracée comme je viens de l'indiquer. J'ai d'abord construit, par les procédés connus, un pentagone régulier; j'ai joint chacun de ses sommets avec son centre par une ligne droite, dont le prolongement a été couper à angle droit l'un des côtés du pentagone dans son milieu. J'ai ainsi divisé le pentagone en 10 triangles rectangles scalènes, dont chacun représente un des 120 triangles sphériques rectangles scalènes du *réseau pentagonal*. Le centre D du pentagone représente le centre de l'un des 12 pentagones du réseau; c'est en ce point que le plan de projection est tangent à la sphère. Les 5 sommets, I, I', I'', I''', I'''', du pentagone représentent les centres de 5 des triangles équilatéraux du réseau, dont chacun a un de ses sommets au centre D du pentagone. Les lignes DI, DI', DI'', DI''', DI'''', représentent les hypothénuses des triangles scalènes, c'est-à-dire des arcs de 37° 22' 38'',50. Les lignes DH, DH', DH'', DH''', DH'''' représentent les grands côtés de l'angle droit des triangles scalènes, c'est à-dire des arcs de 31° 43' 2'',92. Enfin les lignes HI, IH', H'I représentent les petits côtés de l'angle droit des triangles scalènes, c'est-à-dire des arcs de 20° 54' 18'',58. Toutes ces lignes tracées en lignes pleines appartiennent aux grands cercles primitifs du réseau; on voit que dix de ces quinze grands cercles figurent dans un même pentagone.

Maintenant il est facile d'introduire dans la figure les autres grands cercles principaux du réseau.

Commençons par les *octaédriques* ou *icosaédriques*.

Les plans de ces 10 cercles sont perpendiculaires aux 10 diamètres de la sphère, qui aboutissent aux centres des 20 triangles équilatéraux ou, ce qui revient au même, aux sommets des pentagones.

Il existe donc 5 *octaédriques*, qui correspondent aux 5 sommets du pentagone, dont nous avons tracé la projection. Ces *octaédriques* passent en dehors de notre figure; nous n'avons pas à les y marquer, mais les cinq autres octaédriques la traversent ainsi qu'on va le voir.

La ligne DH représente la moitié d'un côté de triangle équilatéral; cet arc, prolongé d'une quantité égale à lui-même, aboutit à un sommet de triangle équilatéral, c'est-à-dire à un centre de pentagone. Prolongé au delà de ce point, il joue le rôle d'apothème dans un nouveau triangle, dont on a le centre en mesurant sur cet apothème un arc de 37° 22′ 38″,50.

A ce centre de triangle correspond un

octaédrique, qui coupe perpendiculairement l'arc que nous avons suivi à 90 degrés du centre que nous avons construit. Ce centre de triangle est à une distance du centre D de notre pentagone égale à 31° 43′ 2″,92 + 31° 43′ 2″,92 + 37° 22′ 38″,50 = 100° 48′ 44″,34. En en retranchant 90 degrés, il reste 10° 48′ 44″,34 pour la distance du point D au point *a*, auquel l'octaédrique coupe l'arc représenté par la ligne DH. Pour construire ce point sur notre figure, il faudrait porter de D vers H une longueur proportionnelle à tang. 10° 44′ 44″,34, puis mener par le point *a*, ainsi obtenu, une perpendiculaire à DH. On voit de suite que cette perpendiculaire ne pourrait passer bien loin des points H′ et H‴ : or elle doit y passer exactement, car notre octaédrique et le grand cercle primitif du réseau, représenté par HI, étant perpendiculaires au primitif DH, doivent se couper à 90 degrés de H, et ce point situé à 90 degrés de H est un nouveau point d'intersection rectangulaire des grands cercles primitifs du réseau complétement analogue à H. Donc les octaédriques passent exactement par les points H, et celui que nous considérons sera construit exactement sur la figure par la ligne H′, H‴, dont l'intersection avec DH, qui s'opère à angle droit, donne le point *a*.

Les quatre autres *octaédriques* de la figure sont représentés par les lignes H' H''', H''H'''', H''' H, H H'', construites de la même manière. L'angle H'''' H' I''', compris entre l'*octaédrique* et le *primitif*, est de 20° 54' 48'',58.

Chacun de ces *octaédriques* en parcourant la circonférence de la sphère, traverse de la même manière 6 pentagones, d'où il résulte que l'arc H'H'''', compris dans un seul pentagone, est égal à $\frac{360°}{6}$ ou à 60 degrés. L'arc *a* H' est de 30 degrés; les 5 arcs d'octaédrique compris dans chaque pentagone forment un total de 300 degrés; par conséquent les 12 pentagones renferment des arcs d'*octaédriques*, ayant une longueur totale de 12 fois 300° ou de 10 fois 360°, c'est-à-dire à dix circonférences entières : il y a en effet 10 *octaédriques*.

Les 5 *octaédriques* qui traversent un même pentagone forment dans son intérieur un autre pentagone régulier plus petit, dont les sommets T, T', T'', T''', T'''' sont des points remarquables du réseau. Il résulte, en effet, des relations de l'octaèdre avec le cube que ces points correspondent aux diagonales des angles droits des systèmes tri-rectangulaires. L'arc, représenté par H T''. doit, par suite, être de 45'; et l'arc représenté par D T'' de 45° — 31° 43' 2'',92 =13° 16 57'',08. Les angles, tels que H T' D, sont sur la sphère de 54° 44' 8'',19.

Les *dodécaédriques rhomboïdaux* se construisent plus facilement encore que les *octaédriques*. Le point H interjection rectangulaire de deux des grands cercles primitifs du réseau est l'un des sommets d'un triangle tri-rectangle que la figure ne renferme qu'en partie, mais dont le point I' est le centre. I' et I'' sont les extrémités de deux des diagonales du système tri-rectangulaire, auquel le point H appartient. Il résulte de là que les lignes H I', H I''' et I' I''', correspondent à trois des *dodécaédriques rhomboïdaux* du même système tri-rectangulaire; les deux premières représentent des arcs de 54° 44' 8'',19, et la troisième un arc de 70° 31' 43'',62. Cet arc doit passer en T'' à 45 degrés du point H, et y couper perpendiculairement H T'', ce que la construction vérifie.

En opérant de même, relativement aux autres points homologues de la figure, on construit les 15 *dodécaédriques rhomboïdaux* qui doivent la traverser. Dix de ces arcs ont des longueurs de 54° 44′ 8″,19, et cinq ont des longueurs de 70° 31′ 43″,62 : or on trouve que 54° 44′ 8″,19 + 54° 44′ 8″,19 + 70° 31′ 43″,62 = 180°; donc la somme des 15 arcs dont nous venons de parler est égale à 5 fois 180 degrés. La somme totale de tous les arcs analogues contenus dans les 12 pentagones est égale, par conséquent, à 60 fois 180 degrés ou à 30 fois 360 degrés, et nous avons vu qu'il existe, en effet, sur la sphère 30 *dodécaédriques rhomboïdaux.*

Sur la sphère, les angles, tels que l' H I″ et I′ H I, sont de 45 degrés; les angles, tels que H I′ I, de 22° 14′ 19″52; et les angles, tels que I‴ I′ I, de 37 . 45′ 40″,48. D'après cela, l'angle H I′ H‴ est de 75° 31′ 20″96; donc si l'on fait tourner la figure sur elle-même autour du point I′ de 75° 31′ 22″19, on amènera le point H en H‴, et on superposera le système tri-rectangulaire, auquel H appartient, à celui dont H‴ fait partie. Si on opérait un mouvement analogue, mais en sens inverse, et d'une amplitude égale seulement à deux fois 22° 14′ 19″,52 ou à 44° 28′ 39″,04, on porterait le point H sur un autre point analogue situé sur D I, au delà du point I : ce sont là les deux mouvements de rotation dont j'ai parlé précédemment.

Il nous reste encore à placer les *dodécaé-*

driques réguliers. Les plans de ces 6 grands cercles sont perpendiculaires aux 6 diamètres qui aboutissent aux centres des pentagones. Le *dodécaédrique régulier*, dont le plan est perpendiculaire au diamètre de la sphère aboutissant en D, ne peut être tracé sur notre figure; mais les cinq autres y trouvent place. Si l'on prolonge d'une quantité égale à lui-même l'arc représenté par DH, on aura sur la sphère, comme nous l'avons déjà remarqué, un nouveau centre de pentagone; le dodécaédrique régulier relatif à ce point coupera perpendiculairement l'arc représenté par HI'' à 90 degrés de ce centre. Si donc nous retranchons de 90 degrés le double de l'arc représenté par DH ou 63° 26′ 5″,84, il nous restera 26° 33′ 54″,16 pour la distance du point D au point b'', où l'arc cherché coupe perpendiculairement l'arc représenté par DI''. Nous pourrions construire ce point en portant de D vers I'' une longueur proportionnelle à tang. 26° 33′ 54″,16; mais on peut construire plus commodément ce point b'', et l'arc cherché en tirant simplement H'' H'''. En effet, les *dodécaédriques réguliers* doivent passer par les points H; l'arc, représenté par b''' I'', est égal à 37° 22′ 38″,50 — 26° 33′ 54″,16 = 10° 48′ 44″,34. D'après la symétrie de la figure sur la sphère, un autre point semblable à b'' doit se trouver sur le prolongement de l'arc, représenté par H' I', à 10° 48' 44",34 du point I'; et, d'après la symétrie de la figure, l'arc, qui joint ces deux points et qui appartient au *dodécaédrique régulier*, doit passer au milieu de l'arc représenté par I' I'', c'est-à-dire en H''.

En parcourant la circonférence entière de la sphère, le *dodécaédrique régulier* coupe de la même manière les angles de 10 pentagones; par conséquent, la longueur de son parcours dans chaque pentagone est égale à $\frac{360^\circ}{10}$ ou à 36 degrés; ainsi l'arc H' H''' est de 36 degrés, et l'arc H'' b'' est de 18 degrés.

Les lignes H''' H'''', H'''' H, H H', H' H'', représentent 4 nouveaux arcs de *dodécaédriques réguliers* égaux au précédent, et semblablement placés. Ces 5 arcs ont une longueur totale de 180 degrés, et les 12 pentagones renferment des arcs de *dodécaédriques réguliers*, ayant une longueur totale égale à 12 fois 180 degrés ou à 6 fois 360 degrés, c'est-à-dire à 6 circonférences du grand cercle; et il y a en effet 6 *dodécaédriques réguliers*.

En récapitulant et en comparant quelques uns des chiffres qui viennent de passer sous nos yeux, on voit que l'angle I''' H' I''' de l'*octaédrique* avec le primitif a pour mesure 20° 54' 18'',58, nombre qui exprime aussi la longueur de l'arc représenté par H' I, qui forme la moitié d'un côté du pentagone. L'angle b'' H'' I'' du *dodécaédrique régulier*, avec un des grands cercles primitifs, a pour mesure 31° 43' 2'',92, nombre qui exprime aussi la longueur de l'arc DH'', qui est la moitié de l'un des côtés des triangles équilatéraux. Les segments successifs de l'arc représenté par HI'' ont respectivement pour mesures H*a* = 20° 54' 18'',58. *a*D = 10° 48' 44'', 34, DT'' = 13° 16' 57'',08 ; de même, T'' *b''* = 13° 16' 57'', 08 ; *b''* I'' = 10° 48' 44'', 34. Nous avons vu que 13° 16' 57'', 08 est la valeur sur la sphère de l'angle I''' H'' H''' ; 10° 18' 44'', 34 est la valeur d'un angle qui n'existe pas dans la figure actuelle, mais que nous verrons apparaître plus tard dans le réseau. L'arc d'*octaédrique* H' H'''' a une longueur égale à 60 degrés, valeur sur la sphère de l'angle représenté dans la figure par DH'. Les segments successifs de cet arc ont pour mesure H'T = 22° 14' 19'', 52, valeur de l'angle

HI′I : II′a = 30°, valeur de la moitié de l'angle II′ID : II′T‴ = 37° 45′ 40″,48, valeur de l'angle HI′H'''' : TT'''' = 15° 21′ 20,96, valeur de l'angle HI′ I'''' ; T a = 7° 45′ 40″,48, moitié de la valeur de l'angle HI′ I''''. L'arc de *dodécaédrique régulier* H′H″ a pour mesure 36 degrés, valeur de l'angle H″ DI″. L'arc de *dodécaédrique rhomboïdal* HI′ a pour valeur 54° 44′ 8″, 19 qui est la mesure de l'angle représenté par HTI ; l'arc IT′ a pour mesure 35° 15′ 51″,81, qui est la mesure de l'angle représenté par HTI'''', etc.

On voit ainsi les mêmes valeurs numériques se reproduire fréquemment comme mesures des arcs dont le réseau se compose et des angles que ces arcs forment entre eux. Cette reproduction fréquente des mêmes valeurs d'arcs et d'angles dans des positions diverses, et en apparence indépendantes les unes des autres, est une conséquence, et, pour ainsi dire, une expression des lois de symétrie qui président à la structure du réseau.

La position d'un grand cercle est définie quand celle de ses pôles est fixée et *vice versâ*. Il est facile d'indiquer les pôles des 61 grands cercles principaux du *réseau pentagonal*.

Les 15 *grands cercles primitifs* ont pour pôles les 30 points H.

Les 10 *octaédriques* ont pour pôles les 20 points I.

Les 6 *dodécaédriques réguliers* ont pour pôles les 12 points D.

Enfin, chacun des *dodécaédriques rhomboïdaux* passe sur un point T, où il coupe perpendiculairement un des grands cercles fondamentaux, et il a pour pôle un point de ce dernier grand cercle situé à 90 degrés du point T. Or, comme les points T sont, de part et d'autre, à 45 degrés des points H, il est aisé de voir qu'un point situé sur un des grands cercles primitifs à 90 degrés d'un point T, est un autre point T. Chaque point T est ainsi le pôle d'un *dodécaédrique rhomboïdal.* Dans chacun des 12 grands pentagones qui se partagent la sphère entière, il existe 5 points T; par conséquent, le réseau en renferme en tout 60, qui sont les pôles des 30 *dodécaédriques rhomboïdaux.*

Nous avons vu que les 61 grands cercles principaux du réseau se divisent en quatre catégories, savoir :

Les 15 *grands cercles primitifs;*

Les 10 *octaédriques* ou *icosaédriques;*

Les 6 *dodécaédriques réguliers;*

Et les 30 *dodécaédriques rhomboïdaux.*

On peut remarquer que les cercles de l'une quelconque de l'une de ces catégories suffisent pour déterminer tout le réseau, et que si l'on ne donnait qu'eux seuls, on pourrait en déduire tous les autres.

Nous l'avons déjà vu pour les 15 *cercles primitifs*.

Les 10 *octaédriques* donnent par leurs pôles les 20 points I, et, par leurs intersections mutuelles, les 30 points H et les 60 points T par lesquels passent tous les autres cercles, et qui les déterminent complétement.

Les 6 *dodécaédriques réguliers* donnent, par leurs pôles, les centres des 12 pentagones, et, par leurs intersections mutuelles, les 30 points H par lesquels passent les 55 autres grands cercles.

Enfin les 30 *dodécaédriques rhomboïdaux* donnent, par leurs pôles, les 60 points T, et, par leurs intersections mutuelles, les 20 points I et les 30 points H.

Le principe de la symétrie pentagonale est donc renfermé complétement dans l'ordonnance des cercles de chacune des quatre catégories; mais on peut dire qu'il y est d'autant plus concentré, que la catégorie est moins nombreuse.

Il n'est même pas nécessaire de donner

tous les cercles d'une même catégorie pour que le réseau soit complétement déterminé. Trois pôles appartenant à 3 *dodécaédriques réguliers*, le déterminent complétement. On peut aussi le déterminer par 3 pôles d'*octaédriques*, 3 pôles des *grands cercles primitifs* ou 3 pôles des *dodécaédriques rhomboïdaux*. Seulement il faut avoir soin de choisir ces pôles convenablement; car, si l'on en prenait 3, par exemple, appartenant à un même système tri-rectangulaire, la symétrie pentagonale se trouverait mise de côté.

On voit, d'après la construction que nous avons exécutée, que, parmi les 61 grands cercles principaux du *réseau pentagonal*, 45 figurent dans les contours ou dans l'intérieur de chaque pentagone.

On peut construire avec la même facilité la projection du réseau pentagonal sur un plan qui touche la sphère au centre de l'un des 20 triangles équilatéraux ou de l'un des 30 losanges. Ces constructions ont l'avantage de se contrôler et de s'éclaircir mutuellement; mais il m'a paru suffisant de consigner dans l'ouvrage celle que je viens de décrire.

Le lecteur trouvera peut-être de l'avantage à tracer grossièrement sur un corps sphérique quelconque, sur une bille de billard, une orange, une balle ou un ballon à jouer en peau blanche, etc..., 20 triangles équilatéraux, puis leurs apothèmes qui lui donneront les 12 pentagones, et à y figurer les arcs indiqués sur la projection. On se reconnaîtra ainsi très facilement dans l'ajustage des 61 grands cercles principaux. Cet ajustage est très simple; il ne s'agit que de parvenir à *le voir*, et, pour cela, j'aurais désiré qu'il me fût possible de joindre une sphère à cet ouvrage.

On conçoit, du reste, qu'il ne peut rien rester d'ambigu dans l'ajustage de 61 grands cercles aussi nettement définis que les grands cercles principaux du *réseau pentagonal*.

On voit aussi qu'une figure telle que le diagramme que nous avons construit permet de reconnaître facilement quels sont les triangles à calculer pour obtenir les angles et les arcs du réseau. En procédant méthodiquement, on peut généralement les obtenir tous au moyen de triangles rectangles dont le calcul est plus simple que celui des triangles obliquangles.

La figure permet d'évaluer au moins grossièrement la surface de chaque triangle, et par conséquent d'employer la considération de l'excès *sphérique* pour mettre en évidence les fautes de calcul.

Le calcul de tous les angles et de tous les arcs que présente la figure ne laisse pas que d'être assez long. Il l'est moins cependant qu'on ne pourrait le croire au premier abord ; car les 120 triangles rectangles scalènes étant égaux et symétriques deux à deux, l'un quelconque d'entre eux renferme exactement les mêmes choses que tous les autres; et quand on a calculé tout ce que renferme l'un de ces 120 triangles rectangles scalènes, on a calculé tout le réseau.

Le format du présent ouvrage se prête trop difficilement à l'insertion de longs tableaux numériques pour que je consigne ici celui de tous les arcs et subdivisions d'arcs que présente l'un des 120 triangles, rectangles scalènes; je me borne au tableau des angles que forment dans l'intérieur ou sur les contours de l'un d'eux, les cercles principaux du *réseau pentagonal*. Ces angles sont au nombre de 33 ayant des valeurs différentes.

Comme le *réseau pentagonal* renferme cinq *réseaux quadrilatéraux* ajustés suivant la symétrie pentagonale, le tableau renferme tous les angles que présente un *réseau quadrilatéral* considéré au même degré de développement, c'est-à-dire comme composé de 13 cercles, savoir, les trois cercles tri-rectangulaires qui correspondent aux faces du cube, les 4 cercles qui correspondent aux faces de l'octaèdre et les 6 cercles qui correspondent aux faces du dodécaèdre rhomboïdal, ou des 13 cercles qui sont déterminés par des *conditions uniques*, comme ceux que nous considérons en ce moment dans le *réseau pentagonal*. Ces angles sont au nombre de 6 ayant des valeurs différentes et sont distingués par des astérisques.

TABLEAU des valeurs des angles formés par les grands cercles principaux du réseau pentagonal *dans l'intérieur ou sur les bords de l'un quelconque des* 120 *triangles rectangles scalènes.*

H'''' H I'''	15°	16'	57'',	08
H' I'''' I'	15	31	20	96
H''' H'''' I''	20	54	18	58
H' I'''' I, H'' I'''' I'	22	14	19	52
H''' H I'''	24	5	41	42
H i I	25	14	34	20
H'''' H I''''	31	45	2	92
H T'''' I	*35	15	51	81
H D I''''	36	00	00	00
H''' H H'''	37	22	38	50
H' I'''' H'', I' H'''' I	37	43	40	48
I'' ' d H''''	41	24	34	65
I' I'''' I'	44	28	39	04
I''' H I'', I''' H I''''	*45°	00'	00'',	00

H''' *g* H''''.	48	39	28	00
H *m* H'.	53	1	24	00
H T'''' I'''', H' T'''' H'' . . .	*54	44	8	19
I'''' *e* H, I''' *e* I''	53	6	21	26
I'''' *h* H''''	56	0	45	83
H'''' *a* I''	58	16	57	08
H I'''' H''	*60	00	00	00
H'''' H I'''' (doublé)	63	26	5	84
I'''' *l* I'''.	66	8	22	84
H *n* I'.	68	10	33	53
H''' H I''''	69	5	41	42
I'''' *c* I'''.	69	47	17	48
H T'''' H'	*70	51	45	62
H D H''''	72	00	00	00
H *f* I''''	73	24	4	00
H' I'''' H''	75	31	20	96
H' H I''' (supplément) . . .	76	43	2	92
H *i* I, H i I''''	77	22	42	90
H' H H'''	79	11	15	66
H k I'.	81	6	49	96
H'' I'''' d' (en dehors du pentagone).	82	14	19	52
I'' H I'''', H *a* H'''', H *b*'''' I'''', H c I''''.	*90	00	00	00

Je me suis d'abord attaché aux 55 premiers grands cercles que j'ai mentionnés (*primitifs*, *octaédriques* et *dodécaédriques rhomboïdaux*). Les intersections de ces 55 cercles m'ont déjà donné à peu près tous les angles fournis par l'observation, du moins pour les angles supérieurs à 20 ou 30 degrés, les seuls que l'observation puisse faire connaître d'une manière vraiment concluante, en raison de ce que les petits angles sont plus sujets à être modifiés par le déplacement transversal des grands cercles de comparaison.

Ce n'est pas que j'aie trouvé par le calcul les valeurs précises des angles observés; mais j'ai trouvé des angles qui, dans le tableau dressé par ordre de grandeur, venaient se placer à peu près ou même exactement devant les groupes d'angles fournis par l'observation, de manière à ce que ceux-ci pussent en être considérés comme des valeurs approximatives un peu altérées par les imperfections inhérentes aux observations géologiques. J'ai trouvé aussi des angles théoriques très peu différents les uns des autres, et formant des groupes qui se placent généralement devant mes principaux groupes d'angles observés, affectant ainsi non seulement dans leurs valeurs, mais aussi dans leurs allures, une ressemblance vraiment remarquable avec les angles fournis par l'observation.

La colonne des valeurs des *angles essentiels* du *réseau pentagonal* présente plusieurs lacunes ou éclaircies assez considérables. Aucune valeur d'angle ne tombe dans l'intervalle de plus de 7° compris entre 82° 14′ 19″,52 et 90°, ni dans l'intervalle de plus de 6° compris entre 25° 14′ 34″,20 et 31° 43′ 2″,92, et il n'en tombe qu'une seule dans les 6° compris entre 60° et 66° 8′ 22″,84. Or, dans la colonne formée par les valeurs des 210 angles déduits de l'observation, rangés par ordre de grandeur, on voit aussi ces valeurs se presser en moins grand nombre dans ces mêmes intervalles, et y présenter des lacunes et des éclaircies considérables. Elles n'y manquent pourtant pas complétement et elles y forment même quelques groupes assez compactes qui indiquent la nécessité de recourir, comme on le verra plus loin, à des cercles auxiliaires pour représenter tous les angles donnés par l'observation. Mais l'œil reconnaît à lui seul dans ces intervalles des parties de la colonne sensiblement appauvries. D'autres lacunes moins étendues de la colonne des *angles essentiels* du *réseau pentagonal* présentent aussi une certaine correspondance avec celles qui existent dans la colonne des angles déduits de l'observation.

Accompagnées de circonstances de ce genre, les rencontres numériques que j'ai déjà signalées prennent nécessairement une plus grande importance. La précision singulière dont les tableaux de la page 876 et de la planche IV offrent des exemples est peut-être en partie accidentelle, mais il suffisait pour me paraître digne d'attention qu'elles ne sortissent pas des limites de la précision moyenne qu'on peut attribuer aux angles déduits de l'observation et qu'elles fussent assez nombreuses pour ne pouvoir être attribuées totalement aux simples *effets du hasard*.

Aussitôt que leur répétition est devenue assez fréquente pour me paraître l'effet évident d'*une cause spéciale*, elles m'ont paru signaler un certain degré d'*affinité* entre le réseau formé sur la surface du globe par les grands cercles de comparaison des différents systèmes de montagnes et le *réseau pentagonal*. Or cette *affinité* ne pouvait consister que dans l'*identité du principe de symétrie* déjà indiqué par le phénomène de la *récurrence des directions* et du *principe de symétrie du réseau pentagonal*.

En effet, il n'existe pas à côté du *réseau pentagonal* un second réseau complétement symétrique qui, satisfaisant aux mêmes convenances générales, puisse se confondre approximativement avec lui par les valeurs de ses *angles essentiels* et donner lieu à des rencontres équivalentes. Le *réseau quadrilatéral*, considéré au degré de développement où nous considérons le *réseau pentagonal*, c'est-à-dire réduit à ses 13 *cercles essentiels*, donne seulement 6 valeurs d'angles différentes. Ces 6 valeurs sont comprises parmi les 33 valeurs des *angles essentiels* du *réseau pentagonal* et sont marquées par des astérisques dans le tableau ci-dessus. Comme les autres, elles se rapprochent des valeurs des angles déduits de l'observation, mais à cause de leur petit nombre elles se rapprochent d'*une partie seulement de ces angles* et, considérées toutes seules, elles laissent sans représentants le plus grand nombre d'entre eux. Il n'y a donc, sous ce point de vue, aucune parité entre le *réseau quadrilatéral* et le *réseau pentagonal*. Le premier se trouve mis complétement hors de cause par les rapprochements incomparablement plus nombreux auxquels le second donne naissance.

Ce fait provient en principe de ce que le nombre des *cercles essentiels*, de ceux dont la position n'a rien d'arbitraire, est beaucoup plus petit dans le *réseau quadrilatéral* que dans le *réseau pentagonal*, étant de 13 seulement dans le premier et de 61 dans le second. Il tient, par conséquent, à ce que le *réseau quadrilatéral* est à plus grandes mailles que le *réseau pentagonal* et divise la sphère en un moins grand nombre de parties égales, c'est-à-dire à l'une des principales circonstances qui m'ont porté, comme je l'ai dit p. 893, à m'occuper du *réseau pentagonal* et à celles que j'ai signalées p. 902 comme donnant à ce réseau des avantages particuliers, et il me paraît acquérir par cela même un nouveau degré d'importance.

La préférence si évidemment acquise au *réseau pentagonal* et la probabilité très grande à mes yeux, depuis longtemps, qu'il devait exister dans les dispositions des grands cercles de comparaison des différents systèmes de montagnes, un *principe de symétrie* qui ne pouvait plus être que celui du *réseau pentagonal*, devait naturellement me porter à en étudier successivement l'application dans tous ses détails.

Parmi les angles que le calcul m'avait donnés, il en est un certain nombre qui ne correspondent pas aux angles observés, et qui tombent quelquefois au milieu des intervalles blancs laissés par ces derniers. Ces angles théoriques, qui ne répondent pas à des groupes d'angles déduits de l'observation, ne sont pas toujours privés par là de tout rapport avec ces derniers, car ils tombent fréquemment au milieu des lacunes que présente le tableau, c'est-à-dire au milieu des espaces dans lesquels les angles déduits de l'observation semblent éviter de se placer, et cela seul constitue une relation entre les uns et les autres.

Quoique ces angles ne soient pas, à beaucoup près, les plus nombreux, ils auraient pu m'embarrasser si je n'avais pas remarqué que beaucoup d'angles existants dans le réseau théorique devaient nécessairement me manquer par les motifs que voici.

D'abord, en supposant que le réseau théorique existât d'une manière complète, il faudrait, pour observer tous les angles qu'il comporte, embrasser la totalité de l'un des 120 triangles rectangles scalènes, dans lesquels la sphère est divisée par les 15 cercles primitifs du réseau. Or rien ne prouve que la partie de l'Europe qui m'a fourni des observations embrasse en totalité un quelconque de ces triangles. Elle s'étend peut-être sur plusieurs d'entre eux; mais il se peut fort bien qu'elle n'embrasse dans aucun de ces triangles la partie qui avoisine par exemple l'angle droit.

De plus, rien ne prouve qu'on ait constaté par l'observation tous les systèmes statigraphiques qui existent dans l'Europe occidentale et méridionale, et je regarde comme fort probable qu'en France même on en découvrira de nouveaux qui donneront de nouveaux angles.

D'ailleurs, il n'est pas démontré que la nature ait réalisé tous les cercles d'une même catégorie, de sorte qu'une partie des angles calculés peut être condamnée, par la force même des choses, à n'exister que théoriquement.

Enfin, et ceci est peut-être le point le plus essentiel, chacun des ridements de l'écorce terrestre paraît s'être opéré suivant une demi-circonférence de grand cercle seulement, et non suivant une circonférence entière : de là il résulte que, s'il ne s'était opéré qu'un seul ridement, suivant chacun des grands cercles théoriquement possibles, chacun de ces grands cercles ne serait jalonné par les aspérités de la surface du globe que dans la moitié de sa circonférence, et disparaîtrait dans l'autre moitié comme par une sorte d'*hémihédrie*. D'après cela, chaque région de la surface du globe pourrait ne présenter à l'observateur que la moitié des systèmes de montagnes que la formule géométrique y indique ; de là aussi la disparition d'une partie des angles calculés d'après cette formule. On pourrait même concevoir que les lois mécaniques qui ont présidé à la formation des rides de l'écorce terrestre s'opposassent à l'existence simultanée de certains systèmes dans une même région, d'où il résulterait que certains angles calculés géométriquement, mais désavoués par la mécanique, ne pourraient être observés nulle part.

On voit, d'après cela, qu'il n'y aurait à se préoccuper de l'absence de représentants observés pour certains angles calculés, qu'autant que cette absence deviendrait le cas général; mais comme il s'en faut de beaucoup qu'il en soit ainsi, il y a bien plutôt lieu de s'attacher aux ressemblances remarquables qui se manifestent entre une grande partie des angles calculés et les angles observés.

On concevra facilement, d'après ce qui précède, qu'après avoir calculé tous les angles formés par les 55 premiers cercles dont j'ai parlé, j'aie pu croire un moment que ma besogne touchait à sa fin, et que je n'avais plus qu'à reconnaître parmi ces 55 cercles les représentants théoriques de chacun des systèmes de montagnes européens.

J'ai cherché à opérer ce rapprochement, et j'ai réellement réussi à représenter, avec une assez grande précision, l'ajustage de quelques uns de ces cercles; mais je n'ai pu les représenter tous même en faisant la plus large part possible aux erreurs admissibles de l'observation.

L'introduction des *dodécaédriques réguliers*, qui porte à 61 le nombre des grands cercles principaux du *réseau pentagonal*, ne levant pas la difficulté, j'ai été forcé de reconnaître que mon réseau, réduit à ces *cercles principaux*, était insuffisant, et qu'il fallait y ajouter des cercles auxiliaires. C'était admettre simplement qu'il n'est pas plus possible à la géologie de représenter tous les systèmes de montagnes avec les cercles principaux seulement du *réseau pentagonal*, qu'il ne l'est à la cristallographie de représenter toutes les facettes du système cristallin régulier avec les seules faces du cube, de l'octaèdre et du dodécaèdre rhomboïdal. Pour représenter tous les *Systèmes de montagnes*, il faut rendre le réseau pentagonal aussi flexible que la cristallographie a su le devenir, au moyen de ses *décroissements* variés, sans se départir en rien de la rigueur de ses principes. Les *cercles auxiliaires* du réseau pentagonal représenteront les décroissements dont la base diffère de l'unité.

Les cercles auxiliaires devaient être choisis parmi ceux qui, sans être complétement déterminés, comme les cercles principaux, par les conditions qui les rattachent au réseau, y sont liés par une seule condition qui laisse une seconde condition à établir *ad libitum* pour fixer complétement leur position.

Ces cercles, ainsi que nous l'avons déjà vu précédemment, sont en nombre infini. Ils peuvent être divisés en catégories d'après la nature de la première condition qui leur est imposée.

Reprenant ici la marche que j'ai déjà suivie plus haut, je commencerai par les grands cercles auxiliaires qui se rattachent aux 5 systèmes tri-rectangulaires que renferme le *réseau pentagonal*, et je passerai ensuite à ceux qui se rattachent à l'ensemble du réseau.

Chaque système tri-rectangulaire avec les *dodécaédriques rhomboïdaux* qui s'y rapportent, forme un *réseau quadrilatéral*, et divise la surface de la sphère en 48 triangles rectangles scalènes égaux en surface, et symétriques deux à deux, tels que ceux qui sont représentés par les triangles H T''I', HT''I''' de la projection pl. V.

Le solide élémentaire le plus général du système cristallin régulier se compose de 48 faces, dont chacune est comprise dans l'espace angulaire qui correspond à l'un des 48 triangles rectangles scalènes du réseau quadrilatéral. Pour constituer ce solide élémentaire, on peut concevoir un plan placé d'une manière quelconque dans l'espace angulaire qui correspond à l'un des 48 triangles rectangles scalènes et 47 autres plans placés d'une manière exactement semblables dans le champ agulaire de chacun des 47 autres triangles. Si l'on concevait 2, 3 ou un plus grand nombre de plans placés d'une manière exactement semblable dans chacun des 48 champs angulaires, on aurait d'un solide complexe résultant de la réunion de plusieurs solides élémentaires, mais jouissant de la symétrie du système cristallin régulier.

Nous pouvons nous en tenir au solide élémentaire de 48 faces. Il représentera un cristal possible, si le plan qui forme l'une quelconque de ses faces coupe les trois axes du système à des distances du centre qui soient entre elles comme trois nombres entiers quelconques. Cette condition établit une relation entre toutes les faces possibles du système cristallin régulier et le système tri-rectangulaire. On pourrait la regarder comme suffisante pour introduire tous les plans qui y satisfont dans le *réseau pentagonal complet* tel que nous l'avons défini plus haut; mais il est certain qu'elle ne suffit pas pour les faire entrer dans le *réseau pentagonal restreint*, composé de tous les cercles que nous pouvons employer comme auxiliaires. En effet, deux plans qui coupent les trois axes à des distances proportionnelles à des nombres entiers, peuvent, suivant le choix de ces nombres, former entre eux un angle quelconque, et aussi petit qu'on voudra. Les plans qui satisfont à cette condition sont échelonnés dans l'espace, à des distances angulaires infiniment petites, et un réseau qui les contiendrait tous présenterait une infinité d'angles qui se suivraient consécutivement à des distances infiniment petites, comme les points d'une ligne ponctuée microscopique, au lieu de former des groupes distincts comme les angles que l'observation nous a fournis. Les conditions que les plans doivent remplir, pour nous fournir des cercles auxiliaires, doivent, d'une part, les lier plus intimement au système, et de l'autre être plus largement discontinues.

Nous devons les chercher non dans les conditions tirées du quinconce moléculaire, qui rendent un plan possible cristallographiquement et qui n'ont aucun rapport direct avec notre objet, mais dans les conditions générales de symétrie qui forment la base de la nomenclature cristallographique.

Abstraction faite de la condition moléculaire exprimée par les rapports en nombres entiers que je viens de rappeler et d'écarter, on peut prendre arbitrairement la première face du solide élémentaire de 48 faces, et par conséquent ne lui imposer aucune relation de position, avec le réseau quadrilatéral ; mais une relation de ce genre existera aussitôt que la première face sera choisie de façon qu'elle ait avec les faces placées de la même manière, dans les compartiments contigus du réseau, une relation plus intime que cette simple similitude de position, telle, par exemple, que de se trouver dans le prolongement de l'une d'elles, de telle sorte que les deux ne forment qu'un seul et même plan, ou de constituer avec trois d'entre elles un pointement assujetti à une certaine condition.

Si deux des faces du solide élémentaire se confondent en un même plan et se réduisent à une seule face occupant deux compartiments, il en sera de même à cause de la symétrie de toutes les autres faces prises deux à deux, de sorte que le nombre des faces se réduira de 48 à 24. De plus, ces faces seront perpendiculaires à l'un des plans, par rapport auxquels les 48 triangles du réseau quadrilatéral sont symétriques deux à deux, c'est-à-dire à l'un des 3 plans rectangulaires parallèles aux faces du cube, ou à l'un des 6 plans parallèles aux faces du dodécaèdre rhomboïdal.

Dans le premier cas, huit des 24 faces sont perpendiculaires à chacun des plans diamétraux du cube, et parallèles à 4 de ses arêtes. Elles forment un *hexatétraèdre* ou, ce qui revient au même, deux *dodécaèdres pentagonaux*.

Dans le second cas, quatre des 24 faces sont perpendiculaires à chacun des 6 plans parallèles aux faces du dodécaèdre rhomboïdal (plans diagonaux du cube) et parallèles à deux des arêtes de l'octaèdre, et elles forment, suivant leur inclinaison, un trapézoèdre ou un solide formé simplement de pyramides triangulaires appuyées sur les faces de l'octaèdre.

Les 48 faces, sans se réduire dans leur nombre, peuvent aussi satisfaire à de certaines conditions qui les rattachent intimement à la symétrie quadrilatérale, telles, par exemple, que de former quatre à quatre des pointements appuyés sur les arêtes du dodécaèdre rhomboïdal.

Je m'en tiens, provisoirement au moins, à ces trois conditions qui expriment évidemment les relations les plus symétriques que des plans puissent avoir avec le *réseau quadrilatéral.*

Les plans menés par le centre du cube ou de la sphère, parallèlement aux faces des hexatétraèdres, passent par les intersections des 3 plans rectangulaires du *réseau quadrilatéral.* Transportés dans le *réseau pentagonal*, et construits sur notre projection pl. V, ils passent par les points H que j'ai désignés par cette lettre comme étant les points de croisement par l'un desquels passent nécessairement, mais dans des directions quelconques, les cercles auxiliaires que je nomme *hexatétraédriques* ou *dodécaédriques pentagonaux.*

Les plans menés par le centre de la sphère, parallèlement aux faces des trapézoèdres ou des solides à faces triangulaires qui en continuent la série, passent par les diagonales des angles droits des systèmes tri-rectangulaires. Transportés dans le *réseau pentagonal*, et construits sur notre projection pl. V, ils passent par les points T, que j'ai désignés par cette lettre comme étant les points de croisement par l'un desquels passent nécessairement, mais dans une direction quelconque, les cercles que je nomme *trapézoédriques.*

Enfin les plans menés par le centre de la sphère, parallèlement aux faces des pyramides qui s'appuient sur les arêtes du dodécaèdre rhomboïdal, passent par les diagonales du cube. Transportés dans le *réseau pentagonal*, et construits sur notre projection pl. V, les cercles qui les représentent passent par les points I, extrémités des diagonales des systèmes tri-rectangulaires. La cristallographie ne me fournit pas de nom spécial pour les désigner ; je les appellerai *diagonaux*, en raison de ce que leurs plans passent, comme je viens de le dire, par les diagonales des cubes, et de ce qu'ils traversent eux-mêmes diagonalement les pentagones des sommets, desquels ils divergent.

Maintenant je passe aux cercles auxiliaires qu'on peut emprunter directement à la symétrie pentagonale, et je suis la même marche que pour les emprunts que je viens de faire à la symétrie quadrilatérale.

Les faces de l'hexatétraèdre peuvent être considérées comme engendrées par celles du dodécaèdre rhomboïdal qu'on aurait fait osciller autour des arêtes du cube sur lesquelles elles s'appuient, et qui en forment les petites diagonales.

Les faces du trapézoèdre peuvent être considérées comme engendrées de même par celles du dodécaèdre rhomboïdal qu'on aurait fait osciller autour des arêtes de l'octaèdre qui en forment les grandes diagonales.

Enfin les faces des diverses pyramides appuyées sur les arêtes du dodécaèdre rhomboïdal peuvent encore être considérées comme engendrées par les faces de ce solide qu'on aurait fait osciller autour de ses propres arêtes.

La charpente rectiligne du *réseau pentagonal* présente un solide terminé par 30 losanges qui, comme je l'ai déjà remarqué, a ses faces tangentes, dans le sens cristallographique du mot, aux arêtes du dodécaèdre régulier et de l'icosaèdre, et qui joue, par rapport à ces deux solides réguliers, un rôle analogue à celui que joue le dodécaèdre rhomboïdal par rapport au cube et à l'octaèdre.

Si je fais osciller les plans des losanges qui forment les faces de ce solide autour de leurs petites diagonales qui sont parallèles aux arêtes du dodécaèdre régulier; puis autour de leurs grandes diagonales qui sont parallèles aux arêtes de l'icosaèdre régulier, et enfin, autour de leurs propres côtés, j'aurai fait dériver du dodécaèdre et de l'icosaèdre réguliers des plans exactement correspondants à ceux que j'ai empruntés, d'après les lois ordinaires de la cristallographie, au cube et à l'octaèdre.

On peut même faire sur l'origine de ces plans des remarques tout à fait analogues à celles que j'ai faites précédemment relativement à l'origine des faces de l'hexatétraèdre, du trapézoèdre, etc. Le *réseau pentagonal* divise la surface de la sphère en 120 triangles rectangles scalènes, égaux en surface et symétriques deux à deux, nombre qui, par parenthèse, est égal à la moitié de 5.48 = 240, qui est le nombre des triangles rectangles scalènes de 5 *réseaux quadrilatéraux*. Si, dans l'espace angulaire qui correspond à l'un des 120 triangles rectangles scalènes, du réseau pentagonal, on place un plan d'une manière quelconque, et qu'on en place un d'une manière semblable, relativement à chacun des 119 autres triangles, on aura constitué un solide de 120 faces empreint de la symétrie pentagonale; mais il ne possédera cette symétrie que dans son ensemble, puisque chaque face en particulier sera un plan quelconque. Les plans des faces seront liés *par eux-mêmes* à la symétrie pentagonale, s'ils remplissent deux à deux, quatre à quatre, ou autrement, de certaines conditions, telles que de se confondre deux à deux en un seul, de former quatre à quatre des pointements appuyés sur les arêtes des 30 losanges, et l'on peut poursuivre ce raisonnement, comme nous l'avons fait plus haut relativement au système quadrilatéral.

Transportés au centre de la sphère, les plans de la première et de la seconde catégorie passent par les intersections des plans rectangulaires du réseau, auxquelles sont parallèles les arêtes du dodécaèdre régulier et de l'icosaèdre; construits sur la projection pl. V, ils passent par les points II, et se confondent avec les *dodécaédriques pentagonaux*.

Les plans de la troisième catégorie transportés au centre de la sphère, passent par les diamètres qui aboutissent aux centres des pentagones, et, construits sur la projection pl. V, ils passent par le point D, centre du pentagone. Ils se distinguent par conséquent de ceux que nous avons dérivés des cubes et des octaèdres. Je les désignerai sous le nom de *diamétraux*, en raison de ce qu'ils passent toujours par les centres de deux pentagones, qu'ils traversent chacun, suivant un de ses diamètres.

Finalement les cercles que nous venons de désigner et de construire forment un ensemble très simple, très symétrique et très complet. Ce sont tous les grands cercles qui passent par les points D, I, H et T, c'est-à-dire par les pôles des 6 *dodécaédriques réguliers*, des 10 *octaédriques*, des 15 *cercles primitifs* du réseau et des 30 *dodécaédriques rhomboïdaux*; ou, en d'autres termes, ce sont *tous les grands cercles dont les plans sont perpendiculaires à ceux des cercles principaux du réseau*, de manière que si nous les prenions tous pour *auxiliaires*, le réseau se composerait des 61 *grands cercles principaux et de tous leurs perpendiculaires*.

Les *grands cercles principaux* du réseau sont eux-mêmes sujets à se couper perpendiculairement et par conséquent à passer par les pôles les uns des autres. De là il résulte que dans la série infinie de tous les cercles qui sont perpendiculaires à l'un des grands cercles principaux et qui passent par son pôle, il se trouve plusieurs grands cercles principaux qui seulement sont distingués de la série infinie des autres par des conditions particulières et uniques, de même que la face du dodécaèdre rhomboïdal se distingue par une condition particulière et unique, au milieu de toutes les faces d'hexatétraèdres dont elle est une position limite et unique dans son genre et au milieu de toutes les faces des trapézoèdres dont elle est également une position limite et unique dans son genre.

Ainsi les *dodécaédriques pentagonaux* qui passent au point H de la projection, planche V, comprennent dans leur série infinie deux *grands cercles primitifs*, deux *octaédriques* deux *dodécaédriques réguliers* et deux *dodécaédriques rhomboïdaux* : les *trapézoédriques* qui se croisent au point T comprennent dans leur série infinie un grand cercle *primitif*, deux *octaédriques* et un *dodécaédrique rhomboïdal* : les grands cercles *diagonaux* qui se croisent au point I comprennent dans leur série infinie trois grands cercles *primitifs* et six *dodécaédriques rhomboïdaux* : les grands cercles *diamétraux* qui se croisent au point D comprennent dans leur série infinie cinq des *grands cercles primitifs* du réseau.

Chacune de ces séries infinies de grands cercles peut être considérée comme engendrée par l'un des grands cercles principaux qui en font partie, tournant autour de celui de ses diamètres qui aboutit au point de croisement commun, de même que tous les méridiens du globe peuvent être considérés comme engendrés par le premier méridien, tournant autour de l'axe des pôles. Les points D, I, H, T se trouvant tous sur les *grands cercles primitifs* du réseau, ceux-ci peuvent, en tournant autour des diamètres qui y aboutissent, reproduire tous les autres cercles du réseau, et ils jouissent seuls de ce privilége général, qui constitue en leur faveur une prééminence que les *octaédriques* et les *dodécaédriques réguliers* pourraient leur disputer sous d'autres rapports.

Les grands cercles que nous venons d'introduire dans le réseau sont donc tous ceux qui, pouvant être engendrés par les grands cercles principaux, tournent indifféremment autour de ceux de leurs diamètres qui aboutissent aux pôles des autres grands cercles principaux. Il est évident que tous ces grands cercles, malgré leur nombre infini, forment une classe particulière parmi ceux qu'on peut tracer arbitrairement sur la surface de la sphère; qu'ils ont, avec le *réseau pentagonal*, une relation de position plus simple que les autres, et qu'ils sont tous liés entre eux par les conditions de symétrie du *réseau pentagonal*. C'est parmi eux que je chercherai d'abord des cercles auxiliaires, sans toutefois m'interdire d'en chercher ultérieurement, s'il y a lieu, dans d'autres catégories.

Mais comme les cercles que je viens de

désigner sont en nombre infini, et même plusieurs fois infini, il est indispensable de faire un choix parmi eux, et il faut tâcher de faire un choix heureux, de manière à essayer d'abord ceux qui ont avec notre objet les rapports les plus directs. Il s'agit de faire en quelque sorte parmi eux un appel par ordre de mérite au point de vue de leurs rapports avec la symétrie pentagonale.

Or je remarque que, parmi les cercles qui partent dans toutes les directions des pôles des différents cercles principaux du réseau, il en est qui passent en même temps par d'autres pôles. Beaucoup de ces jonctions entre les différents pôles sont déjà opérées par les cercles principaux eux-mêmes; mais elles ne le sont pas toutes, et, sans sortir d'un même pentagone, on voit, sur la projection pl. V, que le point T n'est pas encore joint au point T'' ni au point T''', et, en considérant simultanément plusieurs pentagones, on trouve beaucoup d'autres jonctions de ce genre à établir. Les cercles qui opéreront ces jonctions seront dans une condition toute particulière, et, après les cercles principaux, ce seront évidemment ceux qui seront liés aux bases du réseau pentagonal de la manière la plus intime.

Mais la condition de joindre les pôles de

deux des cercles fondamentaux n'est pas la seule qui puisse déterminer notre choix en faveur de certains cercles.

Il existe dans la charpente du *réseau pentagonal*, et dans celle du *réseau quadrilatéral*, diverses lignes qui sont telles, que la condition de leur être parallèles constitue pour les plans qui y satisfont un mode particulier de liaison avec l'ensemble. Je citerai par exemple, sans prétendre épuiser tout d'abord la matière, les apothèmes des faces du dodécaèdre régulier et de l'icosaèdre, et les apothèmes des faces des octaèdres. Cette condition de parallélisme fait passer les cercles qui y répondent par les points de la surface de la sphère où aboutissent les diamètres parallèles aux apothèmes dont je viens de parler, c'est-à-dire aux points a, a', a'', etc., pour les apothèmes des faces de l'icosaèdre; aux points b, b', b'' pour les apothèmes des faces du dodécaèdre régulier; et aux points $c, c_{\prime}, c', c_{\prime}', c'', c_{\prime}''$, pour les apothèmes des faces des octaèdres.

J'essaierai donc aussi les cercles qui, partant des pôles des grands cercles principaux, passeront par les points $a, a', a'', b. b', b''; c, c_{\prime}, c', c_{\prime}', c'', c_{\prime}''$; parmi le nombre infini des perpendiculaires aux *grands cercles principaux*, ceux-là sont encore des *perpendicu-*

laires choisis dans des conditions de symétrie plus complètes que ceux que nous laissons de côté, au moins pour le moment. Au moyen de leur adjonction nous aurons un très grand nombre de cercles auxiliaires qui se couperont en une multitude de points, et qui formeront sur la sphère un réseau déjà très serré.

Les pôles des 61 grands cercles principaux sont au nombre de 122. En y joignant les points *a*, qui sont au nombre de 60, on a déjà 182 points de croisement.

Si l'on y joint les points *b* qui sont aussi au nombre de 60, et les points *c* qui sont au nombre de 120, le nombre des points de croisement se trouvera porté à 362, sans compter un très grand nombre d'intersections qui seront multiples, parce que plusieurs cercles s'y rencontreront à la fois, comme on en voit différents exemples sur la projection pl. V, parmi les grands cercles principaux seulement.

On trouvera peut-être, néanmoins, que je mets une sorte de parcimonie arbitraire dans le choix des cercles auxiliaires dont je me propose d'essayer l'emploi, et que même, sans sortir de la série des grands cercles perpendiculaires aux cercles principaux, j'aurais pu ne pas m'arrêter à ceux qui passent aux points *a*, *b*, *c*, et essayer aussi les cercles qui passent par certains points symétriquement placés dans le réseau, tels que les points *d*, *e*, *i*, pl. V ; mais il sera toujours temps d'en venir à des cercles passant par ces points et par d'autres encore, si la nécessité s'en fait sentir ; et c'est à dessein, dans le but d'arriver plus sûrement à la partie principale de l'objet que j'ai en vue, que je me restreins à l'essai des cercles que j'ai désignés.

La cristallographie est parvenue à fixer la limite des plans possibles cristallographiquement, et peut-être la géologie parviendrait-elle à son tour à fixer la limite du possible dans le choix des grands cercles de comparaison des *Systèmes de montagnes*. Mais n'ayant pour guide, quant à présent, que la série des 210 angles formés par les intersections des grands cercles de comparaison des *Systèmes de montagnes de l'Europe*, série dont tous les termes sont affectés d'incertitudes plus ou moins grandes, il pourrait y avoir de la témérité à ne pas se borner à chercher quel peut être le *principe de coordination* des cercles de la sphère géologique, et à vouloir trouver de prime abord la limite extrême de leurs combinaisons possibles. Or si le *principe de coordination* de ces cercles est réellement le *principe de symétrie du réseau pentagonal*, ce principe est suffisamment développé, et développé d'une manière assez variée dans les cercles que j'ai adjoints au réseau, pour qu'il soit raisonnable de penser que ses principales applications devront être faites par leur moyen, et que l'essai de ces cercles devra suffire pour essayer le principe lui-même.

Dans l'étude des systèmes cristallins, même les plus développés, la cristallographie a toujours été bien loin d'épuiser la série des plans possibles cristallographiquement. Elle a au contraire presque toujours réussi à représenter la plupart des facettes des cristaux, et surtout les facettes les plus habituelles et les plus étendues, par des plans dont la définition cristallographique est très simple; au point que la plus grande partie des travaux cristallographiques ont roulé sur ces plans d'une définition assez simple, et que les plans d'une définition plus compliquée n'ont été employés que dans des cas comparativement assez rares, et sont restés le plus souvent sans emploi dans l'arsenal de la science.

Il m'a paru assez naturel de penser qu'il doit en être à peu près de même des cercles de la sphère géologique, et que si le *principe de symétrie du réseau pentagonal* est réellement celui d'après lequel les grands cercles de comparaison des différents *Systèmes de montagnes* sont coordonnés entre eux sur la surface du globe, la plupart au moins de ces grands cercles doivent se rencontrer parmi ceux que j'ai introduits dans le réseau, attendu que ces grands cercles, déjà très nombreux, comprennent évidemment tous ceux dont l'installation est un peu simple.

S'il y a eu quelque justesse dans la comparaison que j'ai faite de l'insuccès de mes efforts pour représenter les *Systèmes de montagnes européens*, au moyen des grands cercles principaux du réseau seulement, avec celui qui attendrait le cristallographe qui voudrait représenter toutes les facettes d'un cristal du système régulier avec les seules faces du cube, de l'octaèdre et du dodécaèdre rhomboïdal; il doit être également juste de dire que si la plupart au moins des *Systèmes de montagnes européens* ne pouvaient pas être représentés par les cercles que j'ai introduits dans le réseau, c'est que leur ajustage répondrait à ces cas rares en cristallographie, où, pour représenter toutes les facettes d'un cristal, on doit recourir principalement à des faces d'une installation plus compliquée que celles des hexatétraèdres, des trapézoèdres et des pyramides les plus simples appuyées sur les arêtes de dodécaèdre rhomboïdal. Or les angles essentiels de la symétrie pentagonale se reproduisent trop souvent et trop approximativement parmi ceux que l'observation nous a fournis pour qu'une pareille supposition ne doive pas paraître improbable.

Je vais donc procéder d'abord comme si les cercles auxiliaires les plus simples et les plus symétriquement placés, que j'ai tous introduits dans le réseau, devaient répondre à tous les besoins de la question, sauf à aviser plus tard si la nécessité s'en fait sentir.

Afin de désigner plus commodément les cercles auxiliaires que j'ai introduits dans le réseau et auxquels j'ai déjà donné des noms génériques, on pourra se servir des lettres qui indiquent les points par lesquels ils passent, en distinguer les diverses séries à l'aide d'une notation analogue à celles employées en minéralogie et en chimie, et arriver ainsi à désigner le représentant de chaque système de montagnes par une formule composée de deux ou trois caractères. Les avantages des notations de ce genre sont bien connus, et en permettant de les étendre à la géologie, le *réseau pentago-*

nal pourra peut-être, par cela seul, rendre quelque service à la science. Je ne me hâterai cependant pas d'arrêter définitivement la notation à laquelle je viens de faire allusion, parce que pour avoir toute l'utilité dont elle est susceptible, elle doit réunir autant que possible les avantages de la simplicité à ceux de la généralité, objets qu'il sera difficile de concilier sûrement tant qu'on ne sera pas fixé sur le nombre plus ou moins grand des cercles auxiliaires qui seront définitivement introduits dans le réseau et sur la limite du possible à l'égard de ces cercles.

Pour le moment je puis me borner à indiquer les cercles par les lettres désignatives des points par lesquels ils passent en y joignant quelquefois des numéros d'ordres et des exposants pour exprimer le nombre et l'éloignement plus ou moins grand de ces points. Ainsi j'aurai à considérer des cercles DD, DI, DH, DT, II, IH, IT, HH, HT, TT, et des cercles D*a*, D*b*, D*c*, I*a*, I*b*, I*c*, H*a*, H*b*, H*c*, T*a*, T*b*, T*c*. Les notations DD, DI ne s'appliquent qu'aux grands cercles *primitifs* du réseau ; la notation II s'applique uniquement aux grands cercles primitifs et aux *dodécaédriques rhomboïdaux* ; la notation HH s'applique uniquement aux grands cercles *primitifs*, aux *octaédriques* et aux *dodécaédriques réguliers*. Toutes les autres notations, au nombre de 18, comprennent à la fois des grands cercles principaux et des auxiliaires. Les cercles tels que *ab*, *ac*, *ad*, etc., qu'on pourrait aussi avoir l'idée de considérer, n'entrent pas en général dans la série des perpendiculaires aux grands cercles principaux que j'ai seuls introduits dans le réseau.

Ceux auxquels je me restreins forment déjà, d'après la notation précédente, dix-huit catégories; ils sont extrêmement nombreux et dans des positions très variées.

Il est facile de déterminer leur nombre, ou du moins le *maximum* de leur nombre, en partant du nombre des points par lesquels nous les avons assujettis à passer.

Ces points sont au nombre de 362; mais ils sont opposés deux à deux, et chaque couple détermine un diamètre de la sphère. Comme un grand cercle qui passe par un point passe aussi par son antipode, il suffit de compter le nombre de ces diamètres, ou de tenir compte de la moitié des points, de ceux, par exemple, qui sont contenus dans un hémisphère.

Nous avons, par conséquent, à considérer seulement 181 points, savoir : 61 points D, I, H, T, par chacun desquels nous faisons passer en principe une infinité de cercles et 120 points a, b, c, qui nous servent seulement à arrêter notre choix sur les cercles qui, partant des autres points, viennent à y passer.

Nous considérerons d'abord tous les cercles qui joignent entre eux les 61 points D, I, H, T qui sont les pôles des cercles principaux du réseau, et qui, relativement au rôle que nous leur faisons jouer actuellement, peuvent être qualifiés de points rayonnants.

Le nombre des arcs de jonction, qu'on peut tirer entre chacun d'eux et tous les autres, est exprimé par $(61-1)(61)=3660$. Le nombre des arcs de jonction qu'on peut tirer entre les 61 points rayonnants et les 120 points a, b, c, qu'on peut qualifier de points de croisement, est exprimé par $61 . 120 = 7320$. Nous aurions donc en principe 10,980 cercles, parmi lesquels sont, à la vérité, compris les 61 cercles principaux du réseau ; mais ce nombre exprime seulement un *maximum*, parce que nos points de rayonnement et de rencontre sont placés de manière qu'un cercle, qui passe par deux d'entre eux, passe en même temps par plusieurs autres dans le même hémisphère, ce qui réduit le nombre des cercles réellement différents du réseau à un nombre inférieur de beaucoup à 10,980. Mais on conçoit que si un cercle en représente plusieurs autres, il augmente par cela même en importance dans l'ordonnance générale du réseau, et cette remarque conduit naturellement à l'idée de comparer les cercles sous le rapport de leur importance, et même d'évaluer en nombres l'importance, ou ce qu'on pourrait appeler le *poids* de chaque cercle, en employant ce mot dans le même sens que dans le calcul des probabilités.

Pour y parvenir, il faut tenir compte de ce qu'on peut appeler l'*intensité* du rayonnement autour de chacun des points rayonnants.

Lorsque nous imposons aux 48 faces du solide élémentaire de la symétrie quadrilatérale la condition de s'appuyer sur les arêtes du dodécaèdre rhomboïdal, et aux cercles qui les représentent sur la sphère, la condition de passer par les points I, nous rendons 12 de ces faces parallèles à chacune des quatre diagonales du cube, et nous faisons passer 6 cercles par chacun des points I qui leur correspondent sur la sphère.

Lorsque nous imposons aux 48 faces du solide élémentaire de la symétrie quadrilatérale la condition de se placer deux à deux dans un seul et même plan, ce qui les réduit à 24, chacune de ces 24 faces en représente réellement deux, et son plan doit être considéré comme composé de 2 plans confondus en un seul. Maintenant, lorsque les 24 faces sont parallèles quatre à quatre aux 6 diagonales des angles du système tri-rectangulaire, ce qui donne le trapézoèdre, ce sont réellement 8 plans qui deviennent parallèles à chacune de ces 6 diagonales, et nous faisons passer 4 cercles par chacun des points T, qui représente leurs extrémités sur la sphère.

Par la même raison, lorsque les 24 faces deviennent parallèles huit à huit aux 3 axes du système tri-rectangulaire, ce sont réellement 16 plans qui deviennent parallèles à chacun de ces 3 axes, et nous faisons passer 8 cercles par chacun des points H qui les représentent sur la sphère.

Il faut tenir compte en outre de ce que chaque point I appartient à deux systèmes tri-rectangulaires, ce qui double le nombre des cercles qu'on y fait passer.

On voit, en résumé, qu'en représentant par des cercles sur la sphère les 48 faces d'un solide élémentaire de la symétrie quadrilatérale, assujetties à l'une des conditions que nous considérons, et transportés dans le *réseau pentagonal*, nous faisons passer

12 cercles par chaque point I, 8 cercles par chaque point H, ou 4 cercles par chaque point T, suivant que nous considérons l'une ou l'autre des trois conditions que nous avons établies.

Lorsque nous opérons de la même manière relativement aux 120 faces d'un solide élémentaire de la symétrie pentagonale, nous sommes conduits de même à faire passer 8 cercles par chaque point H, savoir: 4 correspondant aux faces appuyées sur les arêtes de l'icosaèdre, et 4 correspondant aux faces appuyées sur les arêtes du dodécaèdre régulier, et à faire passer 10 cercles pour chaque point D.

Si maintenant nous réunissons ces deux séries de cercles, nous verrons que nous avons fait passer en tout 10 cercles par chaque point D, 12 par chaque point I, 16 par chaque point H, et 4 seulement par chaque point T; d'où il résulte que l'*intensité* du rayonnement autour de ces différents points est proportionnelle aux nombres 10, 12, 16 et 4, ou, ce qui revient au même, aux nombres 5, 6, 8 et 2.

Ainsi, l'on peut considérer chaque point T comme le centre de deux rayonnements superposés, chaque point D comme le centre de cinq, chaque point I comme le centre de six, et chaque point H comme le centre de huit rayonnements superposés. Par conséquent, chaque cercle peut être considéré comme en représentant 2 s'il part d'un point T, 5 s'il part d'un point D, 6 s'il part d'un point I, et 8 s'il part d'un point H, ou, ce qui revient au même, chaque point T peut être considéré comme la réunion de deux points rayonnants très voisins, chaque point D de 5, chaque point I de 6, et chaque point H de 8.

On peut, en effet, considérer le réseau pentagonal comme une limite dont un réseau irrégulier se serait rapproché par degrés, et chaque point T comme la réunion finale de 2 points qui d'abord auraient été distincts, chaque point D comme la réunion finale de 5 points, etc. Chacun de ces points sera ainsi remplacé par une sorte de petite *pléiade* de points rayonnants égaux entre eux, sous le rapport de l'intensité du rayonnement. Puis on considérera les cercles menés de chacun des points de chaque pléiade à chaque point de toutes les autres, sans lier entre eux les divers points d'une même pléiade; et lorsqu'on supposera finalement chaque pléiade réduite à un point unique, tous les cercles qui joignaient deux pléiades se confondront en un seul.

Si l'on cherche ensuite quel est le nombre total des cercles qui joignent les points D, I, H et T, soit entre eux, soit avec les points *a*, *b*, *c*, on trouvera qu'en appelant N, N' N'' N''' le nombre des points D, I, H et T respectivement, et *n* le nombre des points *a*, *b*, *c*, le nombre total des cercles est exprimé par $(5(N-1)+6N'+8N''+2N''')N+(5N+6(N'-1)+8N''+2N''')N'+(5N+6N'+8(N''-1)+2N''')N''+(5N+6N'+8N''+2(N'''-1))N'''+(5N+6N'+8N''+2N''')n=(5N+6N'+8N''+2N''')(N+N'+N''+N'''+n-1)$.

Et comme, en ne tenant compte que d'un hémisphère, on a $N=6$, $N'=10$, $N''=15$ $N'''=30$ et $n=120$, cette quantité se réduit à $(30+60+120+120)(6+10+15+30+120-1)=59{,}400$.

Dans notre manière de compter, ce nombre de 59,400 n'exprime pas celui des cercles réellement différents du réseau, puisque chaque cercle est compté pour 2 ou pour un plus grand nombre ; il exprime ce qu'on pourrait appeler la *somme de leurs poids*, celui des cercles les moins pesants étant exprimé par 2.

Il est en effet naturel de prendre pour mesure de l'importance relative, ou du *poids* de chaque cercle, le nombre des cercles superposés qu'il représente.

Ce nombre devient très grand relativement à certains cercles qui traversent un grand nombre de points de rayonnement. Pour en avoir la mesure, il suffit d'appliquer la formule précédente, non plus à tous les points de rayonnement et de croisement que renferme un hémisphère, mais à tous les points de rayonnement et de croisement que traverse un cercle dans la moitié de sa circonférence, chacun des points de rayonnement étant considéré comme ayant été d'abord une petite *pléiade* réduite ensuite à un point unique.

Si l'on considère un cercle T*c*, qui, dans un hémisphère, traverse seulement un point T et un point *c*, la formule se réduit pour lui à $2.(1+1 \mid 1)=2$.

Mais si l'on considère un des grands cercles *primitifs*, on trouvera, d'après la projection pl. V, que dans un hémisphère il traverse 2 points D, 2 points I, 2 points H, 2 points T, 2 points *a* et 2 points *b*, de sorte qu'on a pour lui $N=2$, $N'=2$, $N''=2$, $N'''=2$, $n=4$. La formule rapportée à lui seul devient donc

$$(5.2+6.2+8.2+2.2)(2+2+2$$
$$2+4-1)=462.$$

Ainsi, dans notre manière de compter, il représente 462 cercles superposés, et son poids est exprimé par 462.

Pour un *octaédrique*, on a $N=0$, $N'=0$, $N''=3$, $N'''=6$, $n=9$, et la formule rapportée à lui seul se réduit à

$$(3.8+6.2)(3+6+9-1)=612.$$

Pour un *dodécaédrique régulier*, on a $N=0$, $N'=0$, $N''=5$, $N'''=0$, $n=5$, et la formule se réduit à

$$(5.8)(5+5-1)=40..9=360.$$

Enfin, pour un *dodécaédrique rhomboïdal*, on a $N=0$, $N'=2$, $N''=1$, $N'''=1$, $n=2$, et la formule se réduit à son égard :

$$(2.6+8+2)(2+1+1+2-1) = 22.5 = 110.$$

De là il résulte que, parmi les grands cercles principaux, et même parmi tous les cercles du réseau, ceux dont l'importance relative est la plus considérable sont les *octaédriques* dont le poids est de 612 ; viennent ensuite les grands cercles *primitifs* du réseau 462, puis les *dodécaédriques réguliers* 360, et enfin les *dodécaédriques rhomboïdaux* 110.

Le poids total des 15 grands cercles *primitifs* est représenté par . . . 6,930

Celui des 10 *octaédriques*, par. 6,120

Celui des 6 *dodécaédriques réguliers*, par 2,160

Celui des 30 *dodécaédriques rhomboïdaux*, par. 3,300

Le poids total des 61 grands cercles principaux est exprimé par. 18,510

C'est presque le tiers du nombre 59,400 que nous avons trouvé être, dans la même manière de compter, l'expression du poids total des cercles que nous avons entrepris de considérer dans le réseau.

Sans attacher une signification définitive à ces chiffres, dont la valeur changerait et serait augmentée si l'on introduisait dans le réseau de nouveaux points de croisement et de nouveaux cercles auxiliaires, on y trouve toujours un moyen de faire ressortir l'importance relative des grands cercles principaux du réseau, qui sont en quelque sorte ses membrures principales et les représentants essentiels de sa symétrie. Les *octaédriques* se trouvent être les cercles dont le poids est le plus considérable, et cela est d'accord avec la circonstance que chacun d'eux joue, pour ainsi dire, un rôle triple, parce qu'en vertu de la réduction que j'ai indiquée p. 913, chacun d'eux est parallèle à deux des faces de *deux octaèdres* différents, et, de plus, chacun d'eux est parallèle à deux faces de l'*icosaèdre*.

Le poids de tous les cercles auxiliaires que nous avons introduits dans le réseau est égal à 59,400 — 18,510 = 40,890. Le poids de chacun de ces cercles est très variable. Pour un certain nombre d'entre eux, il se réduit à 2; mais, pour beaucoup d'autres, il est plus considérable, et s'élève, par exemple, à 13, à 14, à 48, sans atteindre jamais cependant le nombre 110, qui exprime le poids d'un *dodécaédrique rhomboïdal*.

Si, en moyenne, leur poids s'élève à 10, leur nombre doit être d'environ 4,000. On pourrait en faire le calcul; mais il serait fort long et de peu d'intérêt pour notre objet en ce moment. Il est bon de remarquer toutefois que ce nombre est déjà probablement bien supérieur à celui des systèmes de montagnes qui existent réellement sur la surface du globe, ce qui peut rassurer, au moins en partie, au sujet de l'insuffisance possible du choix que nous avons fait pour les cercles auxiliaires à introduire dans le réseau.

Du moment où l'on assigne un poids aux cercles, on peut en assigner un aussi aux angles qu'ils forment en se coupant. Si un cercle est formé de deux autres cercles superposés, on peut le considérer comme la limite de deux cercles très voisins l'un de l'autre. S'il en coupe un troisième, l'angle qu'il forme avec lui peut être considéré comme la réunion de deux angles superposés, et le poids de cet angle peut être représenté par 2 ou par 2×1, produit des poids respectifs des deux cercles qui se coupent. On verra de même aisément que le poids de l'angle formé par deux cercles, dont les poids sont p et p', a pour mesure $p.p'$, parce que cet angle résulte de la réunion en un seul ou de la superposition de $p.p'$, angles qui étaient distincts, lorsque les cercles superposés étaient légèrement séparés.

Ainsi, le poids de l'angle de 72 degrés que forment les grands cercles *primitifs* du réseau au sommet de chaque triangle équilatéral, a pour mesure $(462)^2$. Il en est de même de l'angle de 36°, que forment aussi aux mêmes points les grands cercles *primitifs* du réseau ; mais pour avoir la mesure de l'importance de ces angles dans le réseau, il faut tenir compte non seulement de leur poids, mais aussi du nombre de leurs répétitions. L'angle de 72 se répète 60 fois, puisque c'est celui des 20 triangles équilatéraux, qui forment la base du réseau ; ainsi, son importance totale dans le réseau peut être exprimée par

$$60.(462)^2 = 12,806,640.$$

L'angle de 36 degrés, qui résulte de la division des premiers en deux parties égales, est deux fois plus répandu ; son importance totale dans le réseau peut être exprimée par

$$120\,(462)^2 = 25,613,280.$$

Le poids de l'angle de 70°. 31'. 43'',62, que forment deux octaédriques en chaque point T, a pour mesure $(612)^2$; et comme les points T sont au nombre de 60, l'importance de cet angle dans le réseau, par suite seulement de son existence aux points T, peut être exprimée par

$$60.(612)^2 = 22,472,640.$$

Le poids de l'angle formé par 2 cercles Tc, dont le poids est égal à 2, serait lui-même égal à 4, et son importance dans le réseau serait exprimée par le nombre 4, multiplié par le nombre des répétitions du même angle. Ce produit ne peut jamais approcher des nombres que nous venons de trouver.

Dans cette manière de compter, l'importance des angles formés par les cercles principaux du réseau serait toujours exprimée par des nombres considérables, et l'on conçoit que ce doit être un point essentiel pour notre objet d'avoir trouvé qu'il existe un rapport marqué entre la série formée par ces angles et celle formée par les angles fournis par l'observation.

Nous avons trouvé que le poids total des cercles que nous nous sommes bornés provisoirement à admettre dans le *réseau pentagonal* est exprimé par le nombre 59,400. Ce serait le nombre des cercles du réseau, si plusieurs cercles ne se confondaient pas en un seul. Comme chaque cercle coupe tous les autres, et coupe même chacun d'eux en 2 points diamétralement opposés, le nombre des angles simples, ayant pour poids l'unité qui résulte des intersections de ces cercles, est exprimé par (59,400 — 1) × (59,400) = 3,528,300,600, entre *trois* et *quatre milliards;* c'est le poids total des angles du réseau.

Dans le réseau pentagonal tel que nous l'avons constitué, le nombre des angles est *singulièrement réduit*, puisque le poids total restant le même, on y trouve tel angle dont le poids, au lieu d'être égal à l'unité, est exprimé par

$$(612)^2 = 374,544.$$

Ce n'est pas là une vaine fantasmagorie numérique. Ces nombres, par leur grandeur, aideront à saisir quelques considérations importantes.

Dans les spéculations précédentes, nous avons été amenés à considérer le *réseau pentagonal* avec les cercles auxiliaires que nous y avons introduits comme un réseau qui, formé d'abord de cercles disposés irrégulièrement, se serait ensuite régularisé. Des cercles, au nombre de 59,400, jetés au hasard sur la sphère, se seraient rapprochés successivement d'une disposition régulière dans laquelle ils auraient fini par se placer, et dans laquelle ils passent tous par l'un, au moins, des points D, I, H, T, dont la position est donnée par le réseau pentagonal, et en outre par un autre des points D, I, H, T, ou par l'un des points a, b, c. En régularisant ainsi leur position, ces cercles se seraient superposés les uns aux autres, au moins deux à deux, et quelquefois en beaucoup plus grand nombre, de sorte que le réseau régularisé renferme beaucoup moins de cercles différents et beaucoup moins d'angles distincts que le réseau irrégulier dont il dérive.

Les angles d'un poids généralement égal à l'unité seulement, qui se comptent par milliards dans le réseau encore irrégulier, mais déjà plus ou moins voisin de la forme pentagonale, affectent toutes les valeurs imaginables, et ces angles, rangés par ordre de grandeur dans le quart de la circonférence, y seraient distribués sans loi définie, et généralemont d'une manière sensiblement uniforme. Cette uniformité disparaît lorsque le réseau se régularise; car, à mesure qu'il approche de sa forme définitive, on voit une partie de ses angles se rapprocher par *centaines*, par *milliers* et même par *millions*, de certaines valeurs déterminées qu'ils atteignent tous à la fois, lorsque la régularité devient parfaite.

Les valeurs dont ils se rapprochent en plus grand nombre sont celles des angles essentiels du *réseau pentagonal*, données dans le tableau de la p. 933. Ces dernières sont généralement du nombre de celles dont se rapprochent, par groupes, les angles que nous ont donnés les grands cercles de comparaison *provisoires* des différents *Systèmes de montagnes*, et par là le réseau formé par ces grands cercles, dont la détermination n'est encore qu'imparfaite, présente déjà une analogie frappante avec un réseau formé d'abord de cercles placés au hasard, et qui achèverait de se régulariser pour devenir le *réseau pentagonal*.

Mais dans la régularisation du réseau d'abord irrégulier, tous les cercles ne viendront pas se confondre avec les cercles principaux du réseau et tous les angles ne viendront pas se perdre et se confondre dans les angles d'un poids immense que ces cercles forment entre eux. Les cercles auxiliaires resteront distincts chacun à la place que nous lui avons assignée, et ces cercles formeront entre eux des angles dont un grand nombre seront distincts de ceux des grands cercles principaux que nous avons déjà calculés et sur lesquels nous avons raisonné. Ces derniers ayant tous un poids beaucoup moindre que ceux des grands cercles principaux résultent d'une concentration beaucoup moins nombreuse des angles du réseau irrégulier; cependant les angles du réseau régularisé dont le poids est le plus faible ayant encore un poids égal à 4 et chacun d'eux étant répété 60 fois au moins et généralement 120 fois, puisqu'il n'y a pas dans le réseau pentagonal un seul angle qui ne se répète 60 ou 120 fois, suivant que son sommet est situé sur le contour ou dans l'intérieur de l'un des 120 triangles rectangles scalènes, on voit qu'il n'y aura pas un seul angle du tableau relatif au réseau régularisé qui ne représente la réunion en un seul, de 4.60 ou de 240, et plus souvent encore de 4.120 ou de 480 angles du réseau complétement irrégulier, angles qui généralement n'étaient égaux que deux à deux.

Cette concentration ne s'opérera jamais en des points du quadrant pris au hasard, mais en des points déterminés par les conditions de la *symétrie pentagonale*. Le tableau relatif au réseau régularisé différera donc du tableau relatif au réseau irrégulier en ce que le nombre des valeurs d'angles y sera beaucoup moindre, peut-être dans le rapport de 15,000 à 1 et en ce que ces valeurs seront placées en des points déterminés du quadrant, deux circonstances qui donneront à ce tableau un caractère tout particulier.

Pour se rendre compte de l'ordonnance qu'affecteront dans l'étendue du quadrant les valeurs d'angles du tableau régularisé qui différeront de celles des angles formés par les cercles principaux, il suffit de remarquer que deux grands cercles perpendiculaires à deux autres font sur la sphère un angle différent de celui que font les deux derniers, mais que la différence est égale à l'excès sphérique d'un certain quadrilatère ou à la différence des excès sphériques de deux triangles formés par les quatre cercles. Or, les grands cercles auxiliaires que nous avons introduits dans le réseau sont tous perpendiculaires à l'un des grands cercles principaux. Les angles qu'ils forment entre eux ne diffèrent donc de ceux des grands cercles principaux que d'une quantité égale à l'excès sphérique d'une figure construite elle-même sur les données du *réseau pentagonal*. Si l'on suit par la pensée tous les grandes cercles auxiliaires perpendiculaires aux deux mêmes cercles principaux, on verra que tous les angles que les premiers font entre eux sont égaux à l'angle A que forment les derniers, diminué des excès sphériques ε, ε', ε'', que je viens d'indiquer de manière à être représentés par $A - \varepsilon$, $A - \varepsilon'$, $A - \varepsilon''$...; relativement à deux autres grands cercles principaux qui forment un angle B les angles des cercles auxiliaires seront $B - \varepsilon_,$, $B - \varepsilon_,'$, $B - \varepsilon_,''$, etc... Or, les quantités ε, ε', ε'', $\varepsilon_,$, $\varepsilon_,'$, $\varepsilon_,''$, etc., ne sont pas des quantités quelconques Elles sont respectivement en rapports avec les angles A, B, etc.;

souvent elles sont très petites, souvent elles sont égales entre elles, d'autres fois elles sont telles que $A - \varepsilon = B - \varepsilon_{\prime}'$, d'où il résulte que toutes les valeurs d'angles que je viens de mentionner portent, si je puis m'exprimer ainsi, le *cachet pentagonal*, et forment une série, dont tous les termes sont coordonnés, suivant une loi déterminée, en rapport elle-même avec celle qui détermine la distribution des angles A, B, etc....

On arrive à la même conclusion en jetant un coup d'œil sur la manière dont on calculerait tous ces angles.

L'angle formé par deux grands cercles, ou, ce qui est la même chose, par les plans de ces deux grands cercles, est égal à l'angle compris entre des perpendiculaires aux deux plans menés par le centre de la sphère, et, par suite, il a pour mesure l'arc qui joint les pôles des deux grands cercles.

Tous les grands cercles auxiliaires que nous avons introduits dans le réseau passent par les pôles des grands cercles principaux du réseau ; par conséquent ils ont tous leur propres pôles sur ces grands cercles principaux. Ceux qui passent à la fois par les pôles de plusieurs des grands cercles principaux, c'est-à-dire par plusieurs des points D, I, H, T, ont leurs propres pôles aux intersections de ces grands cercles. Ceux qui passent simplement par un des points D, I, H, T et par un des points a, b, c ont leurs pôles aux intersections des grands cercles principaux et des grands cercles qui ont pour pôles les points a, b, c, cercles qui sont au nombre de nos auxiliaires les plus symétriquement placés. Il résulte de là que les positions des pôles de nos cercles auxiliaires sont toutes déterminées sur les grands cercles principaux par des arcs qui ont une signification définie dans l'ordonnance générale du *réseau pentagonal* et dont un grand nombre sont déjà la mesure d'angles formés par les grands cercles principaux.

Les angles formés par les grands cercles auxiliaires qui se coupent en un des points D, I, H, T, pôles de l'un des grands cercles principaux, ont pour mesure les tronçons dans lesquels ce grand cercle est divisé par les autres grands cercles principaux et par les auxiliaires, dont les points a, b, c sont les pôles, ou bien des sommes ou des différences de ces tronçons et par suite, s'ils ne sont pas égaux à des angles des grands cercles principaux, ils ont avec ces angles des rapports simples, souvent ils sont égaux à leurs sommes ou à leurs différences et, dans tous les cas, ils entrent naturellement dans la même série.

Quant aux grands cercles auxiliaires qui ne se coupent pas aux points de rayonnement D, I, H, T, mais en des points quelconques de la sphère, la distance de leurs pôles qui donne la mesure de l'angle qu'ils forment entre eux se détermine par le calcul du troisième côté d'un triangle sphérique dont deux côtés sont des tronçons des grands cercles principaux ayant une longueur appropriée au *réseau pentagonal* et où l'angle compris entre ces tronçons est celui des grands cercles principaux eux-mêmes. On conçoit que l'arc ainsi calculé est lui-même en rapport avec les mesures fondamentales du réseau; souvent sa valeur est celle de l'un des angles des cercles fondamentaux et dans tous les cas elle n'est jamais exempte d'un certain rapport avec ces angles. Lorsqu'on manie cette matière trigonométrique d'une manière un peu suivie, on voit s'opérer, soit dans les valeurs des angles, soit dans les formules qui doivent les donner, une foule de réductions inattendues qui sont autant de conséquences de la symétrie du réseau, et qui ne peuvent manquer de contribuer à donner un caractère particulier au tableau général des angles.

Le mécanisme par lequel s'opèrent ces

réductions et les divers rapprochements qui se manifestent dans les valeurs numériques des angles et des arcs est très simple, et dérive en grande partie de la nature des données fondamentales du *réseau pentagonal*.

Chacun des 120 triangles rectangles scalènes dans lesquels les 15 grands cercles *primitifs* du réseau divisent la surface de la sphère a trois angles, l'un de 90 degrés, l'autre de 60 degrés et le troisième de 36 degrés. Les lignes trigonométriques des côtés du triangle rectangle scalène fondamental, et ensuite celles des angles et des côtés des divers triangles rectangles par le moyen desquels on calcule les angles que forment entre eux les cercles principaux d'un réseau et les longueurs des arcs dans lesquels ils se divisent mutuellement, se déterminent par les formules de la résolution des triangles rectangles, qui ne comportent que la multiplication et la division, au moyen des lignes trigonométriques des angles de 90 degrés, de 60 degrés et de 36 degrés. Or les valeurs de ces lignes sont très simples, car on a $cos.\ 90° = 0, cos.\ 60° = \frac{1}{2}$, $cos.\ 36° = \frac{1}{4}(1 + \sqrt{5})$; et les autres lignes trigonométriques des mêmes angles qui se déduisent de celles-là par les règles connues sont très simples aussi.

Lorsqu'on vient à combiner toutes ces valeurs entre elles par voie de multiplication et de division pour obtenir la valeur de l'une des lignes trigonométriques d'un angle ou d'un arc, puis à former les expressions des autres lignes trigonométriques de cet angle ou de cet arc, et ensuite à combiner ces arcs entre eux par voie de multiplication et de division, ou par les formules très simples qui donnent les lignes trigonométriques de la somme ou de la différence de deux arcs, on obtient toujours uniquement des combinaisons arithmétiques de ces quantités dans lesquelles il s'opère une foule de réductions qui amènent souvent des valeurs simples ou qui ramènent des valeurs déjà connues et qui donnent toujours des arcs ou des angles dont les lignes trigonométriques ont entre elles des relations assez simples.

On ne peut prévoir ces réductions tant qu'on considère les formules trigonométriques dans leur forme générale. On ne les voit pas s'accomplir en opérant par logarithmes, mais on n'en trouve pas moins leur résultat, qui cause toujours un premier mouvement de surprise. Si on veut les voir s'opérer, il suffit de s'écarter de la marche habituelle du calcul, et de former, en allant de triangle en triangle, les valeurs des lignes trigonométriques des arcs et des angles qui les composent. On forme ensuite les logarithmes de ces valeurs en se servant des logarithmes des nombres, et on obtient, au moyen des tables des logarithmes des sinus et tangentes, les valeurs en degrés, minutes et secondes, des angles et des arcs. En opérant de cette manière, on trouvera, par exemple, pour l'angle $T''''\,bD$, formé par un trapézoédrique et un octaédrique :

$$\text{Tang.}\,T''''\,bD = \frac{-1+\sqrt{5}}{4} \cdot \sqrt{\frac{5.7+3.3.\sqrt{5}}{13+\sqrt{5}}}$$

et on en déduira :

$$\text{Angle } T''''\,bD = 30^\circ\ 26'\ 47''$$

valeur à laquelle on arrive également en suivant la marche habituelle.

En tant que ces réductions tiennent aux propriétés des nombres 1, 2, 3, 4 et 5 qui existent seuls dans les trois cosinus d'où tout le reste se déduit, ces réductions sont l'attribut essentiel du *réseau pentagonal*, et le cachet particulier qu'elles impriment à la série des valeurs d'angles et d'arcs obtenus peut être appelé, à juste titre, le *cachet pentagonal*.

Le *réseau quadrilatéral* a aussi son cachet propre, résultant de ce que les cosinus des trois angles de l'un de ses 48 triangles scalènes sont *cos.* 90° = 0, *cos.* 60° = $\frac{1}{2}$, *cos.* 45° = $\sqrt{\frac{1}{2}}$. Tout est analogue de part et d'autre, *sauf la différence des nombres*; on n'a plus ici le nombre 5.

Les réductions qui s'opèrent dans ces quantités en vertu de la nature même de leurs éléments constituants sont précisément le mécanisme qui fait que les arcs obtenus ont la propriété de s'ajuster les uns au bout des autres, de manière à composer des circonférences entières, ce qui est l'attribut essentiel d'un réseau régulier. Les propriétés de réductibilité inhérentes aux quantités qui entrent dans les cosinus de 90 degrés, de 60 degrés et de 36 degrés sont par conséquent la *quintessence de la symétrie pentagonale*. Tous les cercles qui sont liés aux bases de ce réseau par des lignes trigonométriques dont les valeurs sont composées de combinaisons arithmétiques de ces quantités sont par cela même susceptibles d'avoir avec la symétrie fondamentale une corrélation particulière. Cette corrélation peut être plus ou moins simple suivant la nature des réductions qui viennent à s'opérer. Dans l'exemple que j'ai cité entre mille autres qu'on pourrait présenter, les réductions ont introduit les nombres premiers 7 et 13, d'autres nombres premiers peuvent naître ainsi dans d'autres cas.

Dans cet exemple, il s'agit des rapports entre un cercle auxiliaire et un des cercles principaux du réseau. On pourrait scruter de la même manière les relations des cercles auxiliaires entre eux; on trouverait des expressions du même genre plus ou moins compliquées; quelques unes sans doute se trouveraient très simples accidentellement, au moins *en apparence*. Il y a à étudier là un jeu de combinaisons numériques, qui renferme peut-être la clef du phénomène de la *récurrence des directions* dont j'ai déjà parlé plus d'une fois. D'après les idées que je me suis formées de ce phénomène, il me paraîtrait très naturel que les cercles auxquels appartiennent ces combinaisons numériques simples fussent précisément ceux dont se compose essentiellement la *sphère géologique*.

La recherche et la limitation de la série complète des cercles auxquels ces propriétés numériques s'étendent nous conduirait à l'étude des propriétés des nombres dans leurs rapports avec la division de la sphère et avec l'existence des polyèdres réguliers, étude sur laquelle d'illustres géomètres se sont exercés. Je n'aborderai pas ce sujet pour le moment, parce qu'il m'est moins directement nécessaire de pénétrèr dans ce sanctuaire des relations des nombres et de l'étendue que de trouver des valeurs d'angles que je puisse mettre en rapport avec les 210 angles que l'observation m'a fournis. Je me bornerai à remarquer ici que les arcs qui joignent les pôles de nos grands cercles auxiliaires sont tous du nombre de ceux dont on peut former les lignes trigonométriques comme je viens de l'indiquer, car on peut les déterminer en poursuivant la série des triangles rectangles dérivés des bases fondamentales du réseau. Cette propriété s'étend aussi aux longueurs des arcs dans lesquels ces cercles auxiliaires se subdivisent mutuellement; car, à cause de la propriété des triangles pôlaires, ces arcs sont les suppléments des angles des triangles formés par les pôles des mêmes cercles qui sont des points des grands cercles principaux déterminés comme il a été dit.

La réductibilité de toutes les quantités dont il s'agit serait immédiatement entravée, si l'on introduisait des cercles dont les pôles seraient situés dans des positions arbitraires, soit sur les grands cercles principaux, soit à côté, parce qu'alors on introduirait des quantités qui, généralement parlant, seraient irréductibles avec celles qui proviennent des trois angles fondamentaux du réseau et qui portent avec elles-mêmes le cachet particulier de sa symétrie fondamentale dans toute la série des lignes trigonométriques et des angles ou arcs dont je viens d'indiquer la filiation. Les cercles, dont les lignes trigonométriques contiendraient ces quantités étrangères, seraient pour ainsi dire des *métis*, et les angles qu'ils donneraient sortiraient naturellement de la série des angles frappés du *cachet pentagonal*.

On conçoit maintenant comment ces valeurs d'angles et d'arcs, malgré leur grande variété, peuvent former dans l'étendue du quart de la circonférence une série intermittente, et pourquoi la série des angles et celle des arcs suivent une loi analogue et ont un grand nombre de termes identiques.

On voit que si, au lieu de former simplement le tableau des valeurs des angles, on en formait un qui renfermât, confondues ensemble, les valeurs des angles et celles des arcs, ce tableau, plus étendu que le premier, présenterait cependant le même caractère et la même disposition générale.

J'ai déjà présenté précédemment un exemple approximatif d'un fait de ce genre sur lequel je vais revenir un instant : je veux parler du tableau planche IV et du tableau général qu'on peut former avec les 1,050 valeurs d'angles des tableaux page 840 et suivantes.

Les trois premières colonnes de ces tableaux contiennent les angles formés à Milford, au Binger-Loch et à Corinthe par des parallèles aux grands cercles de comparaison des différents systèmes de montagnes menées respectivement par ces trois points. Ces parallèles sont des grands cercles perpendiculaires aux perpendiculaires abaissées respectivement de ces trois points sur les grands cercles de comparaison. Il résulte de là que pour Milford, par exemple, chaque parallèle va rencontrer le grand cercle de comparaison auquel elle se rapporte sur la circonférence du grand cercle dont Milford est le pôle; d'où il suit que les arcs de ce grand cercle qui mesurent les angles que forment entre elles les parallèles qui passent par Milford ne sont autre chose que les arcs dans lesquels ce même grand cercle est tronçonné par les grands cercles de comparaison des systèmes de montagnes correspondants. Ces arcs n'ont pas les mêmes valeurs que les angles formés par les grands cercles de comparaison qui les déterminent; les tableaux montrent qu'ils en diffèrent souvent de plusieurs degrés, mais le tableau dont la planche IV offre une tranche montre aussi qu'ils suivent à peu près la même loi de coordination. Le grand cercle dont Milford est le pôle jouit donc sensiblement, par rapport aux grands cercles de comparaison des systèmes de montagnes, des propriétés dont jouissent, sous ce rapport, les grands cercles principaux du *réseau pentagonal* et que nous cherchons à retrouver dans les grands cercles auxiliaires que nous y introduisons; il est tronçonné suivant la loi que suivent les angles formés par les grands cercles de comparaison eux-mêmes.

Il en est de même des grands cercles dont le Binger-Loch et Corinthe sont les pôles respectifs.

Cela prouve, *en fait*, que ce que nous cherchons dans nos grands cercles auxiliaires n'est pas impossible à trouver, et qu'à cet égard le choix des trois points dont j'ai fait usage a été plus heureux qu'on n'aurait pu l'espérer d'un choix fait à l'œil sur la carte.

Une autre circonstance dont il est moins facile de rendre compte, c'est que les moyennes des trois valeurs d'un même angle trouvées pour Milford, le Binger-Loch et Corinthe, moyennes qui remplissent la quatrième colonne, suivent encore la même loi. Quoi qu'il en soit, elles la suivent aussi, et l'on comprend maintenant comment j'ai pu me servir des valeurs contenues dans ces quatre colonnes pour renforcer, en quelque sorte, la loi suivie par les valeurs des angles formés par les intersections des grands cercles de comparaison et pour rendre cette loi plus apparente en réunissant toutes les valeurs ensemble dans la sixième colonne du tableau dont la planche IV est une tranche horizontale.

Revenant maintenant aux grands cercles auxiliaires que nous avons introduits dans le *réseau pentagonal*, on concevra que le calcul de tous les angles qu'ils forment, quoique devant donner naissance à un très grand nombre de valeurs nouvelles, ne donnera cependant que des valeurs coordonnées avec celles des angles des grands cercles principaux.

Si l'on rangeait tous les angles du réseau par ordre de grandeur et sur plusieurs colonnes suivant leurs poids respectifs, les angles des cercles principaux dont le poids est le plus considérable se placeraient comme les chefs de file des groupes diversement configurés que formeraient les autres.

De là il résulte qu'en constatant, d'après les résultats de calcul, qu'il existe un rapport marqué entre la série des angles formés par les grands cercles de comparaison des différents systèmes de montagnes et la série des angles formés par les grands cercles principaux du *réseau pentagonal*, nous avons acquis d'avance l'assurance qu'un pareil rapport doit exister entre la série des angles fournis par l'observation et l'ensemble des angles formés par les grands cercles auxiliaires que nous avons introduits dans le réseau. Un rapport analogue existerait même encore, par des motifs semblables, à un degré plus ou moins prononcé, entre la série des angles fournis par l'observation et l'ensemble des angles qui naîtraient de l'introduction dans le réseau de nouvelles catégories de cercles qui seraient liés aux grands cercles fondamentaux par des relations géométriques moins simples que celles auxquelles nous nous sommes arrêtés provisoirement.

On pourrait faire sur le *réseau quadrilatéral* une opération tout à fait semblable à celle que nous avons faite sur le *réseau pentagonal*, y introduire des cercles auxiliaires suivant une loi analogue, et dresser le tableau général de tous les angles qui en résulteraient. Dans ce tableau, les *six* angles qui existent dans le système du cube, de l'octaèdre et du dodécaèdre rhomboïdal, seraient les points de mire auxquels se rapporterait la disposition symétrique de tout le tableau, de même que dans le tableau relatif au *réseau pentagonal* tout se coordonnerait aux 33 angles que forment les grands cercles principaux. Or la série des angles que l'observation nous a fournis est en rapport (comme nous l'avons déjà remarqué p. 938) avec la série des 33 *angles essentiels de la symétrie pentagonale*, et non avec la série beaucoup plus restreinte des 6 *angles essentiels de la symétrie quadrilatérale ;* d'où il résulte qu'il n'y aurait pas les mêmes rapports entre la série des angles observés et le tableau général des angles du *réseau quadrilatéral*, qu'entre cette même série et le tableau général des angles du *réseau pentagonal*. Si, dans le grand nombre des angles que présenterait le premier tableau, on trouvait, comme la chose est probable, des valeurs très peu différentes de celles que l'observation a fournies, ce seraient des rencontres accidentelles au lieu d'être des rencontres qui, tout en paraissant d'abord également accidentelles, sont cependant en harmonie avec l'ordonnance générale des angles du tableau, et par suite, *ce qui est le point capital*, avec la disposition générale des cercles sur la sphère.

Le *réseau quadrilatéral* et le *réseau pentagonal*, développés l'un et l'autre autant que possible par l'adjonction des cercles auxiliaires, sont comparables à des variations sur deux airs différents : leur accord ne peut être qu'accidentel. Sans avoir étudié la musique, tout le monde comprend qu'il ne doit pas être facile de parvenir à faire danser une walse sur un air de contredanse.

On peut, en cristallographie, représenter une facette donnée d'un cristal avec toute l'approximation désirable, au moyen d'un décroissement pris dans un système cristallin quelconque; mais si l'on n'est pas parti de la véritable forme primitive du cristal, on reconnaîtra qu'on n'a obtenu qu'une rencontre accidentelle, parce que les autres facettes homologues du système cristallin n'auront pas de rapport avec le cristal, dont les angles formeront une série dénuée de toute harmonie avec celle des angles du système cristallin qu'on aura choisi malencontreusement.

Il est indubitable qu'en multipliant suffisamment les cercles auxiliaires dans le réseau quadrilatéral, on reproduirait de même, avec une approximation suffisante, les valeurs de tous les angles que l'analyse des observations a donnés; mais ces valeurs seraient noyées au milieu d'un nombre immense d'autres valeurs dont la coordination générale n'aurait aucun rapport avec celle des angles déduits de l'observation.

En multipliant au même degré les cercles auxiliaires dans le *réseau pentagonal*, nous reproduirons aussi, avec une approximation suffisante, les valeurs d'angles fournies par l'observation, et ces valeurs seront également noyées au milieu d'une foule d'autres, mais avec cette différence essentielle que la distribution de ces dernières, dans le quart de la circonférence, sera en rapport avec la distribution des 33 angles essentiels de la *symétrie pentagonale*.

Un grand cercle quelconque étant tracé arbitrairement sur la sphère, on finira toujours par lui trouver, dans l'un et l'autre réseau, un représentant suffisamment approché; mais, pour le trouver dans le *réseau quadrilatéral*, on aura couvert la sphère de cercles dont l'ordonnance générale n'aura aucun rapport avec notre objet ; tandis que, pour le trouver dans le *réseau pentagonal*, on aura couvert la sphère de cercles dont l'ordonnance générale sera en rapport avec celle des grands cercles de comparaison des 21 *Systèmes des montagnes européens.*

Quant à ce qu'il y avait encore d'incomplet ou de trop grossièrement approximatif dans les rapports indiqués plus haut, p. 935, entre les 33 angles essentiels du réseau pentagonal et la série des 210 angles déduits de l'observation, ce n'est plus maintenant une difficulté. En admettant la nécessité d'introduire dans le *réseau pentagonal* des grands cercles auxiliaires pour représenter une partie des *Systèmes de montagnes de l'Europe*, nous avons admis implicitement que ce seraient ces cercles qui donneraient les valeurs d'angles correspondantes à celles d'une partie de nos 210 angles. C'est donc parmi les valeurs d'angles que ces cercles auxiliaires pourront nous donner, que nous aurons à chercher les angles et les groupes d'angles qui ne se retrouvent pas avec une approximation suffisante parmi les 33 angles essentiels de la symétrie pentagonale.

Pour éclaircir, en les appliquant, ces considérations générales, j'ai dû me livrer à une suite d'essais tendant à trouver, parmi les grands cercles auxiliaires que j'avais introduits dans le réseau, les représentants d'une partie au moins des grands cercles de comparaison des *Systèmes de montagnes européens.*

D'après la considération de ce qui m'avait surtout manqué pour compléter ma première tentative d'ajustage, j'ai introduit dans le calcul les cercles correspondant à un dodécaèdre pentagonal, dont les faces forment avec les faces des cubes des angles de 8° 13' 2'', 60, cercles qui présentent, dans l'ensemble du réseau, des rapports de situation assez remarquables.

Le dodécaèdre pentagonal n'est un dodécaèdre que par l'effet de l'hémiédrie qui fait disparaître la moitié de ses faces. Il en comporte réellement 24 parallèles entre elles deux à deux, ou, pour mieux dire, il fait partie d'un hexatétraèdre composé de 24 faces qui se divisent en deux séries formant chacune un dodécaèdre pentagonal. Ces deux dodécaèdres pentagonaux, considérés en eux-mêmes, sont égaux en tous points; mais ils sont placés sur le cube dans deux positions telles que celles de leurs arêtes, qui sont parallèles aux arêtes du cube, se rencontrent à angle droit. Or il résulte de là que, dans la charpente rectiligne du *réseau pentagonal*, ces deux dodécaèdres pentagonaux sont placés tout différemment, et que les cercles qui les représentent sur la sphère, partant tous des points H du réseau, ceux qui représentent l'un des deux sont placés, par rapport aux grands côtés de l'angle droit des 120 triangles scalènes du réseau, comme les autres, par rapport aux petits côtés de l'angle droit des mêmes triangles. Ces cercles forment par suite deux séries, dont le parcours dans le réseau est différent, et les deux séries doivent être calculées par des triangles différents.

J'ai calculé d'abord les cercles de l'une des deux séries au nombre de 30 ; ils sont compris parmi les cercles auxiliaires que nous avons adoptés. Chacun d'eux passe par deux points T et deux points a, et peut être désigné par HaTTa. Son poids a pour expression $(8+4)(1+2+2-1)=48$. Ces cercles qui méritent à la fois le nom de *dodécaédriques pentagonaux* et de *trapézoédriques*, peuvent être appelés *dodécaédriques pentagonaux trapézoédriques*: ils sont au nombre de nos cercles auxiliaires les plus pesants, et par conséquent au nombre de ceux dont la position doit être le plus en rapport avec l'ordonnance générale du réseau.

Les angles obtenus se sont en effet présentés avec les mêmes allures que ceux déjà donnés par les grands cercles principaux du réseau. Ils se sont, pour la plupart, massés avec ces derniers, de manière à rendre plus compacte la représentation théorique des groupes d'angles observés. C'est là toujours ce qui constitue leur propriété caractéristique au point de vue qui m'occupe, et ce qui établit un rapport intime entre le *réseau pentagonal* et la structure stratigraphique de l'écorce terrestre. Ces nouveaux angles ont donné aussi des représentants théoriques pour certains angles isolés qui se trouveront beaucoup moins excentriques qu'ils ne le paraissaient d'abord. Certains angles, mais en grande minorité, sont tombés dans les intervalles que l'observation avait laissés en blanc : j'ai déjà expliqué cette circonstance.

Quant aux cercles de la seconde série, également au nombre de 30, qui représentent les cinq dodécaèdres pentagonaux conjugués avec les premiers, leur position dans le réseau est, comme je l'ai dit, tout à fait différente et beaucoup moins régulière. Leur cours est tout autre que celui des 30 premiers, partant chacun d'un point H, et passant nécessairement par le point H, qui sert d'antipode au premier, mais ils ne passent par aucun autre des points D, I, H, T, *a*, *b*, *c*; de sorte qu'ils ne font pas partie de la série des cercles auxiliaires que nous avons introduits dans le réseau, et en leur appliquant la formule de la p. 971, on trouve *zéro* pour l'expression de leur poids.

Ces cercles sont cependant liés à la symétrie pentagonale par une condition géométrique bien définie, qui est de passer par un point H', et d'être perpendiculaires en ce point à l'un des grands cercles *auxiliaires* les plus symétriques du réseau, condition qui néanmoins les lie moins étroitement aux bases du réseau que celle de passer par un des points de croisement que j'ai indiqués. J'ai voulu voir ce que cette condition donnerait, et j'ai calculé tous les angles formés par les intersections de ces cercles avec les grands cercles principaux et avec les 30 cercles auxiliaires déjà calculés. Les valeurs de ces angles suivaient encore une marche assez analogue à celle des précédentes; il m'a paru cependant qu'elles se rapprochaient moins habituellement des valeurs des angles observés, et qu'elles pourraient bien fournir déjà un exemple d'une catégorie de cercles trop indirectement liés à la symétrie pentagonale pour pouvoir être employés comme auxiliaires; et comme d'ailleurs ces cercles ne font pas partie de la série des cercles auxiliaires que je cherche maintenant à essayer, j'ai mis les angles obtenus de côté jusqu'à nouvel ordre.

J'ai entrepris ensuite de calculer les angles formés par des cercles correspondants à un dodécaèdre pentagonal dont une face passe par une arête d'un cube, ou, pour mieux dire, d'un système tri-rectangulaire différent de celui sur lequel il s'appuie et à son conjugué.

Les cercles qui correspondent au premier, au lieu d'être au nombre de 30, sont au nombre de 6 seulement, parce qu'ils se confondent 5 à 5, et ces 6 cercles ne sont autre chose que les *dodécaédriques réguliers* HH', H'H'', etc., de la pl. V. Les 5 dodécaèdres pentagonaux, que les plans parallèles à ceux de ces cercles étaient appelés à former, se réduisent à un seul, qui est le dodécaèdre régulier.

Le dodécaèdre régulier a en effet des faces pentagonales; cependant on n'est pas dans l'habitude de le comprendre dans la série des dodécaèdres pentagonaux, de la cristallographie, parce que ce n'est pas un des solides possibles cristallographiquement, attendu que l'angle représenté dans la pl. V par IHH′, qui est, ainsi que nous l'avons déjà vu, de 31°43′2″,92, et qui est la mesure de l'inclinaison des faces du dodécaèdre, par rapport à celles du cube, a une tangente égale à $\frac{\sqrt{2}}{\sqrt{3+\sqrt{5}}}$ quantité irrationnelle, qui ne peut se réduire au rapport de deux nombres entiers; mais cela n'empêche pas qu'au point de vue des simples relations de symétrie dont nous avons uniquement à nous occuper, le dodécaèdre régulier ne soit compris parmi les dodécaèdres pentagonaux dont il est réellement le type et la forme limite.

Le dodécaèdre pentagonal, conjugué avec celui que nous venons de considérer, lui étant égal en tous points, est également régulier; mais les cercles qui lui correspondent n'étant pas placés de la même manière dans le réseau, n'éprouvent pas de réduction dans leur nombre, et sont au nombre de 30. Ils passent par les points H; et comme ils y sont perpendiculaires aux *dodécaédriques réguliers*, compris parmi les cercles principaux du réseau, ils passent par les pôles de ces cercles, c'est-à-dire que chacun d'eux passe par un centre de pentagone. Il est aisé de voir qu'ils y divisent en deux parties égales de 18 degrés chacune les angles de 36 degrés formés par les grands cercles *primitifs* du réseau.

Ces grands cercles auxiliaires jouent dans le réseau un rôle très simple et très symétrique ; le poids de chacun d'eux est exprimé par $(8+5)(1+1-1)=13$.

Ces cercles auxiliaires, passant par les points D et H, peuvent être désignés par DH ; et comme ils méritent à la fois le nom de *dodécaédriques* et celui de *diamétraux*, on peut les appeler *dodécaédriques diamétraux*.

Il existe une autre classe de *dodécaédriques pentagonaux* déterminés par la condition de s'appuyer à la fois sur les arêtes de deux des systèmes tri-rectangulaires du réseau ; car les *octaédriques* vont d'un point H à un autre, comme les *dodécaédriques réguliers*, mais dans une direction différente, ainsi qu'on peut le voir sur la figure 5. Les *octaédriques* passant 2 à 2, dans des positions symétriques, et constamment en rapport avec les mêmes côtés des 120 triangles scalènes par chacun des points H, les six octaédriques qui passent aux trois points H d'un même système tri-rectangulaire, représentent les 12 plans d'un dodécaèdre pentagonal, dont les faces font avec celles du cube correspondant les angles de 20° 54′ 18″,58. Ces dodécaèdres pentagonaux peuvent aussi être considérés comme formés par les faces des 5 octaèdres du système, ou par les faces de l'icosaèdre, combinées convenablement 12 à 12, et prolongées suffisamment.

La tangente de l'angle de 20° 54′ 18″,58, que les faces de ce dodécaèdre pentagonal forment avec celles du cube, est égale à $\frac{-1+\sqrt{5}}{\sqrt{6+2\sqrt{5}}}$ quantité essentiellement irrationnelle. Il en résulte que ce solide est impossible cristallographiquement comme dodécaèdre pentagonal, quoique les faces qui le composent, rapportées aux autres cubes du système, soient possibles cristallographiquement, chacune en particulier, comme faces d'octaèdres.

Ces 5 dodécaèdres pentagonaux ont leurs conjugués qui ont des formes identiques, qui, comme eux, seraient impossibles cristallographiquement, et qui sont représentés par des cercles passant par les points H perpendiculairement aux *octaédriques*, et en formant par conséquent, avec les petits côtés, des triangles rectangles scalènes des angles de 20° 54′ 18″, 58. Ils ne se réduisent pas à 10 comme les *octaédriques;* ils sont au nombre de 30, et ils passent par les pôles des *octaédriques*, c'est-à-dire par les points I, sommets des pentagones. Il est aisé de voir qu'en chacun de ces points I ils divisent en deux parties égales de 30 degrés chacune les angles de 60 degrés formés par les cercles *primitifs* du réseau.

Ces nouveaux auxiliaires sont, relativement aux *octaédriques* et aux points I, ce que sont les auxiliaires que nous venons de considérer relativement aux *dodécaédriques réguliers* et aux points D. Ils ont de leur côté une disposition très simple et très symétrique dans le réseau. Le poids de chacun d'eux est représenté par $(8+6)(1+1-1)=14$.

On peut les désigner par HI; et comme ils méritent à la fois le nom de *dodécaédriques pentagonaux* et celui de *diagonaux*, on peut les appeler *dodécaédriques pentagonaux diagonaux*.

J'avais déjà calculé les *octaédriques* comme cercles principaux du réseau; mais j'ai entrepris le calcul des *dodécaédriques pentagonaux* que je viens de définir et qui leur sont conjugués.

J'ai de même entrepris le calcul des angles formés par les cercles correspondants à un trapézoèdre, dont les faces sont perpendiculaires aux faces de l'octaèdre adjacentes à celles sur les côtés desquelles elles s'appuient. Ces faces trapézoédriques forment, avec les faces de l'un des cubes du système, des angles de 7°45′40″,48. Les cercles qui leur correspondent vont d'un point T au point I, pôle de l'un des deux *octaédriques* qui passent en T. Ils sont au nombre de 60 dans le réseau; deux d'entre eux passent en chaque point T, et six passent en chaque point I. Ils peuvent être désignés par IT; et comme ils méritent à la fois le nom de *trapézoédriques* et celui de *diagonaux*, on peut les appeler *diagonaux trapézoédriques*. Le poids de chacun d'eux est exprimé par $(6+2)(1+1-1)=8$.

Les points I et T peuvent encore être liés de diverses autres manières, de sorte que les 60 auxiliaires dont je viens de parler ne sont pas les seuls qu'on puisse désigner par IT, et appeler *diagonaux trapézoédriques*.

J'ai également commencé à calculer les angles formés par les cercles qui correspondent à un autre trapézoèdre, dont les faces forment, avec celles de l'un des cubes du système, des angles de 15°27′1″,55. Ces trapézoédriques se dirigent d'un point T vers un point H, où ils forment avec l'un des grands cercles *primitifs* l'angle qui vient d'être indiqué. Ils sont au nombre de 60 dans le réseau, 2 d'entre eux passent par chaque point T et 4 passent en chaque point H. Ils peuvent être désignés par HT, et comme ils méritent à la fois le nom de *trapézoédriques* et celui de *dodécaédriques pentagonaux*, on peut les appeler *dodécaédriques pentagonaux trapézoédriques*. Le poids de chacun d'eux est exprimé par $(8+2)(1+1-1)=10$.

Des points H et T peuvent encore être liés de plusieurs autres manières, de sorte que les 60 auxiliaires dont je viens de parler ne sont pas les seuls qu'on puisse désigner par HT et appeler *dodécaédriques pentagonaux trapézoédriques*.

Plus tard, ainsi que nous le verrons ultérieurement, j'ai encore déterminé des angles appartenant à d'autres catégories des cercles auxiliaires que nous avons introduits dans le réseau.

Les angles auxquels je suis arrivé dans ces diverses séries de calculs ont suivi les mêmes allures que ceux obtenus par le calcul complet de la première série des *dodécaédriques pentagonaux* inclinés de $8^\circ, 18', 2''60$ sur les faces du cube. Ils ont continué à se grouper avec une prédilection particulière vis-à-vis des groupes d'angles fournis par l'observation.

Il m'a paru probable, d'après cela, sans pousser plus loin l'exécution des calculs, que la loi qui me sert de guide se soutiendrait assez constamment dans ces nouvelles catégories de cercles et même selon toute apparence dans la plupart, au moins, de celles que j'ai introduites dans le réseau pour donner de nombreuses chances de succès aux recherches que je pourrais faire pour y trouver des représentants des grands cercles de comparaison d'une partie au moins des systèmes de montagnes de l'Europe.

D'après cela et partant toujours de l'idée que si l'application du *réseau pentagonal* à la géologie était possible, elle devait pouvoir se faire, au moins en grande partie, par les cercles les plus simplement installés dans le réseau, c'est-à-dire par ceux que j'y avais introduits, j'ai pensé que je ne pouvais mieux employer mon temps qu'à essayer de trouver dans mon réseau tel que je l'avais constitué, une combinaison de cercles qui représentât au moins la majorité des grands cercles de comparaison provisoires, dont j'ai indiqué la position dans le cours de cet ouvrage.

Si je parvenais à l'y reconnaître d'une

manière assez frappante pour que mon réseau se trouvât nettement engrené dans les anfractuosités de l'écorce terrestre, j'avais entre les mains une preuve *de fait* de la possibilité de m'en servir; or, on conçoit qu'une pareille preuve ne saurait être indifférente à un auteur qui a encore en perspective une longue série de calculs numériques et qui serait menacé de voir le résultat de tout son travail s'évanouir si le réseau calculé ne pouvait être appliqué.

J'ai donc repris immédiatement les essais que j'avais déjà tentés sans succès, avec un nombre de cercles trop restreint pour adapter le *réseau pentagonal* au réseau que forment les 21 systèmes de montagnes que j'ai étudiés dans l'Europe occidentale.

Mais le grand nombre des cercles auxiliaires que j'avais introduits dans le réseau rendant extrêmement embarrassant le choix de ceux qu'il faudrait employer et la manière dont il faudrait les adapter aux divers systèmes de montagnes de l'Europe, j'ai songé à tourner la difficulté par un expédient en quelque sorte matériel.

J'ai pensé que si les 15 grands cercles primitifs du *réseau pentagonal* représentaient ce qu'on pourrait appeler la *forme primitive* de la configuration extérieure du globe, il suffirait de placer sur un globe terrestre le réseau formé par ces 15 cercles pour rendre possible à la vue de *rencontrer* la position dans laquelle il devrait être placé pour se trouver en harmonie avec l'ensemble des configurations géographiques ; que, si une pareille position existait, mon œil devait finir par la saisir, et que si en effet il la saisissait, le principe même de mon travail serait sanctionné *ipso facto*, et la possibilité de son accomplissement assurée.

En conséquence, j'ai placé sur un globe de 50 centimètres de diamètre un *filet mobile* composé en principe de vingt mailles ayant chacune la forme d'un triangle équilatéral de la grandeur voulue pour que le filet s'applique exactement sur la surface sphérique et l'embrasse avec une rigoureuse précision. Puis sans compléter d'abord entièrement le réseau, j'y ai ajouté les cercles et portions de cercles nécessaires pour en rendre la forme et les principales applications faciles à comprendre et à exécuter. J'ai figuré une partie des cercles principaux du réseau, des *octaédriques*, des *dodécaédriques réguliers*, des *dodécaédriques rhomboïdaux*, et même quelques cercles auxiliaires.

Ces cercles sont liés entre eux d'une manière invariable, mais leur ensemble est mobile sur la surface du globe. Quelques tâtonnements préliminaires m'ont conduit à installer tout simplement le réseau sur le triangle tri-rectangle ou à peu près tel dont j'ai fait mention ci-dessus, p. 766, 770 et 815, triangle dont j'ai souvent parlé dans mes leçons à l'École des mines et au Collége de France. Il est formé, ainsi qu'on l'a déjà vu par les grands cercles de comparaison, les systèmes de *Ténare*, des *Alpes principales* et de la grande *traînée volcanique des Andes et du Japon*. Ce triangle se compose dans mon installation d'un grand cercle du réseau fondamental (Ténare) et de deux *dodécaédriques rhomboïdaux*, trois grands cercles qui seraient probablement autant d'exemples de *récurrence*. Or, on peut voir d'un coup d'œil, qu'installé de cette manière, le réseau s'adapte assez heureusement, et même avec des circonstances d'une précision singulière, et qu'il serait difficile de regarder comme fortuites, à la structure de la surface entière du globe; d'où je me suis cru fondé à conclure que le *principe de symétrie du réseau pentagonal* existe réellement dans la nature.

J'ai présenté ce réseau ainsi installé à l'Académie des sciences dans sa séance du 9 septembre 1850, accompagné d'une note qui est une première ébauche de mon travail actuel et qui est imprimée dans les comptes rendus, t. XXXI, p. 325.

Ce résultat était encore très nouveau et je conservais quelques doutes sur la question de savoir si l'installation que je présentais était la meilleure qu'on pût trouver; mais une étude prolongée les a dissipés.

Pour éclaircir complétement la chose, j'ai d'abord refait mon réseau tel que je viens de le décrire, mais avec plus de précision, quoique sur un globe plus petit, de 16 centimètres seulement de diamètre et par cela même plus facile à manier. J'ai rendu en même temps ce réseau plus complet que le premier. J'y ai figuré les 61 cercles principaux du *réseau pentagonal*, les 30 *dodécaédriques diamétraux* DH, p. 1007, qui sont conjugués aux *dodécaédriques réguliers*, les 30 *dodécaédriques pentagonaux diagonaux* IH, p. 1009, qui sont conjugués aux *octaédriques* et un certain nombre d'exemples de cercles appartenant à d'autres catégories; mais je n'ai pu compléter ces dernières catégories dont un grand nombre comportent chacune 60 cercles, parce qu'après avoir fixé environ 140 cercles sur mon petit globe, j'ai trouvé que les configurations géographiques devenaient déjà difficiles à suivre et j'ai préféré les laisser assez visibles pour qu'on pût toujours bien saisir les rapports que les cercles déjà construits présentent avec elles. Je conserve d'ailleurs la faculté, dont j'use continuellement, d'essayer l'un quelconque de mes cercles auxiliaires en tendant un fil, à la main, sur le globe, de manière qu'il passe par les points du réseau exécuté qui déterminent sa position.

Ce petit instrument, que chacun peut se procurer, à son tour, à bien peu de frais, puisque le globe qui lui sert de noyau se vend à Paris 9 à 10 francs, m'a été extrêmement commode. Je l'ai eu constamment sous les yeux, concurremment avec le diagramme de la planche V, en écrivant la dernière partie de ce volume, et il m'a évité une foule de ces tâtonnements fastidieux qui naissent de la difficulté de se bien représenter l'ajustage d'une foule de cercles tracés sur une sphère qu'on ne verrait que des yeux de l'esprit.

Une étude attentive du réseau installé comme je l'ai déjà dit d'après l'angle presque droit (à moins de 8' près) que forment les arcs de grands cercles qui joignent l'Etna au pic de Ténériffe et au Mouna-roa, m'a révélé une foule de rapports entre sa structure et celle de l'écorce terrestre. Parmi les 15 grands cercles primitifs du réseau, la plupart se sont trouvés employés dans une partie plus ou moins considérable de leur circonférence à représenter des accidents importants de la configuration extérieure du globe tels que de grandes lignes de côtes, des chaînes de montagnes ou des *alignements* remarquables. Il en a été de même des *octaédriques*, des *dodécaédriques réguliers* et d'un assez grand nombre de *dodécaédriques rhomboïdaux*. Ceux des accidents de ce genre qui ne sont représentés par aucun des grands cercles principaux rencontrent leurs représentants parmi les grands cercles auxiliaires, et on peut remarquer que dans chacune des catégories de ceux-ci le nombre des cercles qui trouvent un emploi évident, est d'autant plus grand que les cercles de cette catégorie ont plus d'importance dans le réseau par la symétrie de leur position. Les pôles des cercles principaux qui sont les points d'où rayonnent les cercles auxiliaires tombent généralement en des *points singuliers* vers lesquels les accidents orographiques convergent plus ou moins manifestement, et il en est à peu près de même des points a, b, c et même des points tels que d, e, i de la planche V. Abstraction faite de ceux de ces points qui tombent sur la mer, loin des côtes et des îles ou dans l'intérieur de pays inconnus, on compterait certainement beaucoup plus aisément ceux qui tombent dans des points indifférents, que ceux qui tombent dans les positions remarquables sous un rapport ou sous un autre.

On peut ajouter qu'à ces divers égards aucune partie de globe n'a d'avantage ou de désavantage marqué sur les autres, et que les côtes de la Nouvelle-Hollande et de l'Amérique russe sont aussi bien partagées que l'Europe occidentale et les bords de la Méditerranée.

Une circonstance particulière que ce genre d'observations m'a révélé, c'est que les chaînes de montagnes ne sont pas seulement en rapport, par leurs directions, avec les cercles de la sphère géologique ; elles le sont aussi par leurs terminaisons. Elles s'arrêtent presque toujours à la rencontre de l'un des cercles principaux ou auxiliaires du réseau, de sorte qu'un système de montagnes est composé de chaînons parallèles à un grand cercle du réseau et terminés à la rencontre des cercles qui coupent le premier ; à peu près comme un filon est composé de tronçons terminés et rejetés transversalement à la rencontre des filons croiseurs ou de simples fissures.

Les caps et les fonds des golfes anguleux se trouvent être très habituellement les points par lesquels les cercles du réseau passent de la terre sur la mer.

Les accidents orographiques sans longueur comme les pics bien détachés sur les chaînes de montagnes, les volcans isolés, les îles *isolées* au milieu de l'Océan se trouvent très souvent au point d'intersection de deux cercles du réseau; les fils qui sont tendus sur mon globe, se croisent très fréquemment sur eux ou très près d'eux, à peu près comme les fils d'une lunette sur l'image d'un objet vers lequel elle est presque exactement pointée.

De là il résulte qu'indépendamment du réseau formé sur la surface du globe par les grandes lignes géographiques, il y existe aussi un *quinconce de points* qui suivent dans leur disposition respective la loi de la symétrie pentagonale et qu'on pourrait appeler le *quinconce pentagonal*.

Ce quinconce a cela de précieux que les données qui en fixent tous les points se trouvent en chiffres dans la *Connaissance des temps* et dans les autres recueils de positions géographiques. Il fournira peut-être les moyens les plus précis et les plus prompts pour fixer l'installation définitive du *réseau pentagonal.*

Instinctivement et avant d'avoir fait la totalité des remarques précédentes, j'avais installé provisoirement mon réseau d'après *trois points*, trois grands volcans, l'Etna, le pic de Ténériffe et le Mouna-roa.

Ces remarques contenaient à mes yeux le germe d'une vérification, et, j'ose le dire, d'une *vérification péremptoire* des principes que j'ai exposés dans cet ouvrage et qui, depuis vingt ans, m'ont constamment guidé dans mes travaux, car si ces principes étaient inexacts, comment le *réseau pentagonal*, qui en est la quintessence élaborée, pourrait-il se trouver dans un accord même seulement approximatif avec les chiffres qui ont été consignés dans les catalogues de positions géographiques indépendamment, sans aucun doute, de tout système géologique et avec les cartes qui sont la mise en scène de ce vaste arsenal numérique?

Je devais avoir à cœur de vérifier sur quel degré de précision je pouvais compter dans l'accord dont je viens de parler. Cet accord se manifeste à l'œil d'une manière générale sur mon petit globe couvert de son réseau, mais il y est affecté d'une double série d'incertitudes; celles inhérentes à la construction du globe dont le collage ne peut être parfait et celles plus grandes encore qui résultent de la construction imparfaite de mon réseau dont les mailles fondamentales ne peuvent avoir qu'une égalité approximative. On pouvait craindre que ces deux séries de *causes fortuites* n'eussent conspiré pour produire une quantité de rencontres illusoires. A la vérité la chose était peu probable, car le hasard conspire beaucoup plus souvent pour masquer une régularité réelle que pour produire une régularité trompeuse. Il y avait même à parier que l'ordre que j'apercevais malgré les chances variées du hasard, était, au fond, plus réel encore qu'il ne le paraissait; mais il fallait s'en assurer.

Pour cela il n'y avait pas d'autre moyen certain que de traduire mes résultats en chiffres propres à devenir la base de constructions à exécuter sur des cartes d'une précision suffisante.

Cette opération n'exigeait que de la patience; il y avait cependant dès l'abord une question à résoudre.

Le grand cercle de comparaison du *système du Ténare* (Etna-Mouna-Roa) est orienté à la cîme de l'Etna (lat. 37°, 45', 40'', N., long. 12°, 41′, 10″, E.) vers le N. 10°, 29′, 44″ O. Le grand cercle de comparaison dont je me sers provisoirement en ce moment pour le *système des Alpes principales* (Etna—Ténériffe) est orienté au même point vers l'E. 10°, 21′, 45″ N. L'angle formé par ces deux grands cercles vers le N. O., c'est-à-dire dans l'intérieur du triangle presque tri-rectancle dont j'ai déjà parlé plusieurs fois et qui m'a fourni l'installation de mon réseau n'est pas exactement de 90°, mais seulement de 89°, 52′, 1″. Il diffère d'un angle droit de 7′, 59″ ou d'environ 8′. C'est peu de chose sans doute; cependant il fallait savoir quels chiffres je chercherais dans les tables de logarithmes; ceux du cercle Etna—Mouna-Roa, ceux du cercle Etna—Ténériffe, ou des chiffres se rapportant à une moyenne?

Je devais naturellement viser à ce que le travail un peu long que j'allais entreprendre ne fût pas perdu, et par conséquent à m'engrener de prime abord dans la série des résultats à peu près exacts, en mettant autant que possible mes chiffres en accord dès le début avec ceux qui, dans la *connaissance des temps* et dans le précieux recueil de M. Littrow (*Geographische ortsbestimmugen*), représentent pour ainsi dire en secret, et sans qu'aucun signe les trahisse, les positions de divers points du *quinconce pentagonal*. Pour cela, je devais commencer par exécuter avec des chiffres un tâtonnement du même genre que celui que j'avais d'abord exécuté sur l'ensemble du globe avec mon réseau funiculaire, pour le mettre en position.

J'ai examiné, à cet effet, le cours des cercles principaux qui, sur la fig. pl. V, se croisent au point T'' que j'avais fixé à l'Etna, et j'ai vu que l'*octaédrique* T'' H''', prolongé vers le S.-O., passe dans l'océan Atlantique méridional, tout près des petites îles de Martin-Vaz et de Trinidad.

Le célèbre navigateur sir James Ross a constaté dans l'Océan, à peu de distance de ces petites îles, une profondeur de près de 10,000 mètres. Elles doivent, par conséquent, former le sommet d'une proéminence considérable de l'écorce terrestre, et elles méritent peut-être autant que l'Etna, le pic de Ténériffe et le Mouna-Roa de servir de point de repère pour l'installation du *réseau pentagonal*.

L'îlot principal du groupe de Martin-Vaz est situé par lat. 20° 27′ 42″ S., longitude 31° 12′ 58″ O. de Paris. D'après ces données, l'arc Martin-Vaz — Etna a une longueur de

71° 21′ 40″,70, et il fait à l'Etna avec le méridien un angle de 136° 42′ 50″,02. Or l'angle H‴ T′ H de la planche V est de 125° 15′ 51″,81, d'où il résulte que si l'*octaédrique* T″ H‴ passait à Martin-Vaz, le *primitif*, T′ H, qui doit représenter le *système du Ténare*, ferait avec le méridien de l'Etna un angle de 136° 42′ 50″,02 — 125° 15′ 51″,81 = 11° 36′ 58″,21, c'est-à-dire supérieur de 1° 7′ 14″,21, à celui que forme avec le même méridien l'arc Mouna-Roa—Etna. L'îlot de Martin-Vaz, d'après sa distance à l'Etna, ne coïnciderait, d'ailleurs, sur l'*octaédrique*, avec aucun point de croisement remarquable.

La petite île de Trinidad, qui se rattache au groupe de Martin-Vaz, se trouve par lat. 20° 32′ 26″ S., long. 31° 39′ 50″ O.; l'arc qui la joint à l'Etna a une longueur de 71° 39′ 55″, et il forme avec le méridien de l'Etna un angle de 136° 24′ 8″, 27. Si l'*octaédrique* passait à Trinidad, le *primitif* formerait à l'Etna avec le méridien un angle de 136° 24′ 8″,27 — 125° 15′ 51″,81 = 11° 8′ 16″,46, qui ne diffère plus de 10° 29′ 44″, orientation de l'arc Etna—Mouna-Roa que de 38′ 32″,46, mais qui est toujours un peu plus grand. L'*octaédrique* présente, dans cette région, un point de croisement analogue au point g de la pl. V qui se trouve à 71°52′34″,67 de T″, distance qui surpasse de 12′39″,67 seulement celle de l'Etna à Trinidad. Or, il serait fort possible que le poste assigné à ce point g dans l'*installation vraie du réseau pentagonal* fût précisément l'extrémité S.-O. de la petite chaîne des îlots de Martin-Vaz et de Trinidad ; la coïncidence serait alors d'une assez grande précision ; toutefois, pour l'établir tout à fait, l'arc T″ H devrait probablement s'éloigner du méridien de l'Etna de quelques minutes de plus que ne le fait l'arc Etna—Mouna-Roa.

D'autres tâtonnements du même genre m'ont conduit de même à conclure que le défaut de l'arc Etna—Mouna-Roa doit être plutôt de s'approcher trop du méridien que de s'en trop écarter. Or si on lui substituait un arc perpendiculaire à l'arc Etna—Ténériffe, on le rapprocherait encore du méridien de 8′, et si on prenait une moyenne, on l'en rapprocherait de 4′.

Quoique ces résultats fussent d'une *nature conjecturale*, ils m'ont décidé à *courir la chance* d'opérer l'installation *provisoire du réseau pentagonal* d'après l'arc Etna—Mouna-Roa de préférence à tout autre.

Pour exécuter cette opération, j'ai employé un procédé que j'aiždéjà pratiqué plusieurs fois dans le cours de cet ouvrage, et qui me paraît très commode en ce qu'il permet de faire tous les calculs au moyen de triangles sphériques rectangles.

Par un premier triangle rectangle, j'ai calculé la position du point où le grand cercle de comparaison du *système du Ténare* (Etna—Mouna-Roa) coupe perpendiculairement le méridien. Ce point tombe par lat. 81° 43′ 12″,20 N., long. 70° 50′ 29″,49 O. de Paris et à 51° 46′ 11″,66 de l'Etna.

Maintenant l'arc représenté sur la figure pl. V par T″ D, étant de 13° 16′ 57″,08, j'ai eu 51° 46′ 11″,66 — 13° 16′ 57″,08 = 38° 29′ 14″,58 pour la distance du point D à celui où l'arc Etna—Mouna-Roa est perpendiculaire au méridien, et en résolvant un nouveau triangle rectangle, dont je connaissais deux côtés, j'ai trouvé que le point D, centre du pentagone qui renferme l'Europe, est situé par

Lat. 50° 46′ 3″,08 N.

Longit. 8° 53′ 31″,08 E. de Paris,

et que le grand cercle de comparaison du système du Ténare y est orienté vers le

N. 13° 9′ 41″,03 O.

L'arc D H est un demi-côté de l'un des 20 triangles équilatéraux du réseau. Ainsi, l'orientation que je viens de donner se rapporte à un côté de triangle équilatéral. Ces trois chiffres fixent l'installation *provisoire* que je crois le plus convenable de donner, quant à présent, au *réseau pentagonal*. On peut en déduire les positions de tous les autres points du réseau.

En effet, connaissant l'orientation de l'un des *grands cercles primitifs* qui se croisent au point D sous des angles de 36 degrés, on peut en déduire celle des quatre autres; puis calculer le point où chacun d'eux coupe perpendiculairement le méridien et en portant ensuite sur chacun dans le sens convenable une longueur de 63° 26′ 5″,84, on aura les centres de 5 nouveaux pentagones, ce qui en fera 6 en tout; puis en prenant les antipodes de ces 6 premiers points, on aura les 6 autres.

On peut aussi calculer les positions des points H, H′. H″, H‴, H⁗, qui sont tous placés à 31° 43′ 2″,92 du point D. De chacun de ces points part un nouveau grand cercle *primitif* perpendiculaire à celui dont on s'est servi pour le calcul, et qu'on peut également employer pour arriver à des points D, H, etc.; on peut de même se servir des deux *octaédriques* et du *dodécaédrique rhomboïdal* qui se croisent à l'Etna. On a ainsi des moyens de vérifier les calculs et de mettre en évidence les fautes de calcul, ce qui n'est jamais à dédaigner.

J'ai déterminé ainsi de prime abord les positions des 12 points D, centres des 12 pentagones du réseau, et celles d'un certain nombre de points H et I, ainsi que l'orientation de l'un des grands cercles principaux du réseau en chacun de ces points. Je me suis alors empressé de construire ces points sur de bonnes cartes et de tracer pour chaque point les cercles principaux qui y passent, et même un certain nombre de cercles auxiliaires, de manière à y former une sorte de *rose*, dont tous les rayons étaient rigoureusement déterminés par les lois de la structure du réseau. J'ai pu ainsi constater, avec toute la précision que comporte un travail graphique un peu soigné, que l'accord entre le *réseau pentagonal* et le tracé des cartes géographiques les plus exactes surpasse de beaucoup, en général, ce que le réseau funiculaire placé sur mon globe m'avait indiqué. L'accord pour une foule de positions et pour quelques grandes lignes, telles que celle de la côte du Chili, celle de la côte N.-E. de la mer Rouge, celle de la côte

N.-O. de la Nouvelle-Hollande, etc., est véritablement d'une précision singulière.

L'un des grands cercles primitifs du réseau qui partent du centre du pentagone du Chili en dessine exactement la longue côte rectiligne qu'il suit vers le sud jusqu'à l'île Madre-de-Dios et au cap Santiago. Vers le nord, il sort du continent de l'Amérique méridionale à quelques minutes à l'O. du cap Codera, et il va passer près de Terre-Neuve, entre la petite île de Saint-Paul et le cap nord de l'île du cap Breton, suivant une direction parallèle aux accidents nombreux que présente la structure de cette dernière. L'un des *dodécaédriques diamétraux* du Chili sort des terres d'Amérique par les îlots de Diego-Ramirez, *ultima thule* de la Terre de Feu. L'île de la Mocha, l'île de Mas-a-Fuero, différents caps remarquables sont rasés ou traversés par les autres rayons de la même rose.

Le grand cercle *primitif* du réseau qui suit la côte de la mer Rouge sort des terres de l'ancien monde, en passant d'un côté par le milieu du petit groupe des îles Secheylles, et de l'autre par l'angle N.-O. de la plate-forme sous-marine qui supporte les îles britanniques, pour aller dans le nouveau monde raser le rivage N.-O. du Lac-Supérieur (cette autre mer intérieure), parallèlement aux filons trappéens de l'île Royale et de la côte adjacente, cités précédemment, p. 703.

Un point H de ce même cercle tombe à l'angle N.-O. du Lac-Supérieur, et les grands lacs de l'Amérique s'engrènent par une partie des anfractuosités de leurs contours dans les 12 rayons qui en partent suivant les angles donnés par le réseau.

Le même point H se lie au grand cercle *primitif* du Chili par un *dodécaédrique régulier* qui coupe le premier à angle droit au nord de l'île Saint-Paul, après avoir rasé parallèlement à sa longueur la longue île d'Anticosti, et qui va raser ensuite de la même manière l'archipel des Açores et le petit groupe de Madère et de Porto-Santo.

Un autre *dodécaédrique régulier*, partant d'un point H du premier situé un peu au delà de l'extrémité occidentale des Açores, va raser d'une part la côte du Brésil et l'île de Georgie, et de l'autre passant près du pôle, va suivre à l'est de l'Asie la grande ligne presque méridienne de l'île Tarrakaï ou Sahalien, de l'île Jeso, des îles Bonin, des îles Mariannes, de la terre de Carpentarie et de la terre de Van-Diémen (p. 676).

Deux points H de ce cercle tombent l'un dans la Nouvelle-Guinée et l'autre près de la terre de Van-Diémen, et les cercles qui en partent sous les angles donnés par le réseau rencontrent généralement les caps de leurs côtes et les petites îles adjacentes.

Un centre de pentagone tombe dans l'Amérique russe, et ses dix rayons s'engagent dans les anfractuosités singulières de ses côtes, si bien explorées par les hardis navigateurs du dernier siècle et de celui-ci.

Un point H tombe au pied du versant oriental de l'Oural, et les 12 rayons qui en partent rencontrent chacun un point remarquable de la charpente minérale de cette chaîne.

En voyant toutes ces rencontres, celles que présente l'Europe, dont la planche V donne un aperçu, et une foule d'autres non moins précises, quoique moins faciles à indiquer en quelques mots, j'ai dû conclure d'abord que l'installation, d'après l'arc Etna-Mouna-Roa, répondait assez bien à ce que je cherchais, et sentir augmenter aussi l'espérance que mes chiffres renferment l'expression d'une *loi naturelle*, et que le *réseau pentagonal*, dans son installation *provisoire* actuelle, représente déjà à peu près le *trait de compas* d'après lequel la charpente des continents est tracée.

Ces rencontres ne tiennent pas au grand

nombre des cercles auxiliaires que j'ai introduits dans le réseau ; car, dans cette première et rapide excursion, je n'ai employé absolument que les 61 cercles principaux, les 30 *dodécaédriques diamétraux* conjugués aux *dodécaédriques pentagonaux*, et les 30 *dodécaédriques pentagonaux diagonaux* conjugués aux *octaédriques*. Aussi, un certain nombre de points, même des *plus remarquables*, tels que l'île de Sainte-Hélène et l'île de l'Ascension, restent-ils positivement en dehors des combinaisons de ces 121 cercles ; c'est une preuve de la nécessité des autres cercles dont le domaine est encore fort étendu, quoique les grands cercles principaux et leurs auxiliaires les plus symétriques représentent bien évidemment les traits fondamentaux du tableau, les *axes principaux* de la symétrie générale.

Le peu d'étendue des divergences que j'ai remarquées entre les cercles ou les points que j'ai construits et les accidents géographiques qui s'y rapportent directement, me porte à croire que les corrections que devra subir plus tard l'installation *provisoire* actuelle du *réseau pentagonal*, ne sera pas très sensible par des cartes où le degré du méridien n'a pas plus de 1 ou 2 centimètres. L'accord est surtout remarquable pour les cercles peu éloignés du méridien sur lesquels il est naturel de penser que l'influence possible de l'aplatissement, dont j'ai déjà parlé p. 771, mais dont je n'ai pas encore tenu compte, a dû être moins sensible que sur les autres.

J'ai fait tous les calculs, suivant l'habitude que j'en ai prise depuis longtemps, en tenant compte des dixièmes et des centièmes de seconde. On sait qu'en se servant des tables à sept décimales, il n'est pas possible d'obtenir toujours les centièmes, ni même les dixièmes de seconde avec exactitude, aussi n'ai-je pas toujours trouvé les mêmes chiffres pour les dixièmes et pour les centièmes de seconde, lorsque je suis arrivé à un même point par plusieurs voies différentes; mais après avoir éliminé les fautes, j'ai constamment obtenu des résultats qui ne différaient que d'un petit nombre de dixièmes de secondes et j'ai toujours conservé le résultat obtenu par le moyen le plus direct qui présentait moins de chances pour que les petites erreurs inhérentes à l'usage des tables à sept décimales s'accumulassent entre eux. Je me bornerai à donner dans le tableau ci-après les positions des centres des 12 pentagones du *réseau pentagonal* et l'orientation initiale d'un côté de triangle équilatéral partant de chacun d'eux.

SITUATION des CENTRES DES PENTAGONES.	LATITUDE.	LONGITUDE rapportée au méridien de Paris.	ORIENTATION de l'un des côtés des triangles équilatéraux.
1o Europe (près de Remda, en Saxe).	50o 46′ 5″,08 N.	8° 55′ 51″,08 E.	N. 15° 9′ 41″,05 O.
2o Chine.	59 45 55 97 N.	104 52 11 57 E.	S. 8 45 26 70 E.
3o Amérique russe.	65 47 52 81 N.	145 38 26 17 O.	N. 19 2 8 19 E.
4o Iles Radack	10 4 51 05 N.	168 14 44 51 E.	S. 14 26 16 12 E.
5o Près des îles Marquises.	1 20 52 15 N.	128 50 30 72 O.	S. 28 55 45 55 O.
6o Près des Antilles.	25 12 40 55 N.	66 58 29 99 O.	S. 7 17 51 45 O.
7o Près de Sainte-Hélène	10 4 51 05 S.	11 45 15 49 O.	N. 14 26 16 12 E.
8o Près des îles Seychelles.	1 20 52 15 S.	51 29 29 28 E.	N. 28 55 45 55 O.
9o Terre de Witt.	23 12 40 47 S.	115 1 30 02 E.	N. 7 17 51 59 O.
10o Près de la terre d'Enderby.	65 47 52 81 S.	56 21 55 85 E.	S. 19 2 8 19 E.
11o Chili.	59 45 55 97 S.	75 27 48 45 O.	N. 8 45 26 70 E.
12o Près de la Nouvelle-Zélande. . . .	50 46 1 08 S.	171 6 28 92 O.	S. 15 9 41 05 O.

Les trois données contenues dans chacune des 12 lignes qui composent ce tableau, suffisent pour fixer la position de tout le réseau et pour calculer celle de l'un quelconque de ses points.

Le lecteur peut vérifier qu'en calculant, d'après ces chiffres, la distance de deux centres de pentagones voisins, on trouve toujours 63°, 26′, 5″,84 à quelques dixièmes de seconde près, et que les arcs partant d'un même point font tous entre eux des angles de 72 degrés. Sans cela le réseau ne serait pas régulier, et c'est afin que cette régularité existe complétement et que chacun puisse la vérifier, que j'ai conservé même les chiffres décimaux des secondes. Si j'avais réduit mes indications aux minutes *qui seules peuvent avoir quelque importance* au point de vue géologique, mes points auraient cessé d'être *d'accord les uns avec les autres*, et les calculs divers auxquels ils auraient pu servir de base n'auraient pas tardé à produire un *imbroglio général.*

En se servant des chiffres contenus dans le tableau précédent, on peut indifféremment partir de l'un quelconque des centres de pentagone, pour déterminer la position de tel point de réseau qu'on voudra. On peut aussi déterminer un même point par deux opérations partant de deux centres différents ; si les calculs ne renferment pas de fautes, les résultats seront les mêmes à quelques dixièmes de seconde près ; ce qui offre un moyen facile et commode de vérification.

Il m'est impossible, quant à présent, de mettre sous les yeux du lecteur les tracés dont j'ai parlé plus haut. Mon projet est de publier plus tard un atlas, composé d'une mappe-monde où le réseau pentagonal sera figuré dans son ensemble, de 12 cartes particulières représentant chacune un des 12 pentagones et d'un certain nombre de cartes spéciales représentant certaines régions qui, placées près des bords ou des sommets des pentagones, se trouveront nécessairement morcelées sur les cartes principales ; mais on conçoit qu'un pareil travail exigera beaucoup de temps et de soins, quels que soient les secours dont je pourrai m'environner.

Je n'ai pu joindre au présent volume, dont le format se prête peu à l'insertion des planches, qu'un petit tracé de l'Europe exécuté sur la planche V, qui m'a servi en même temps à expliquer la structure du *réseau pentagonal.*

Cette figure est tracée ainsi que je l'ai

déjà dit en *projection gnomonique*. Tous les points de la surface de la sphère y sont projetés par des rayons partant du centre. Les méridiens comme tous les autres grands cercles y sont représentés par des lignes droites, et les droites qui représentent les méridiens passent toutes par un même point qui est la projection du pôle de la terre. Cette projection se détermine par le calcul du triangle formé par le rayon qui aboutit au centre du pentagone, point de tangence du plan, par l'axe des pôles de la terre et par la droite qui joint le centre du pentagone à la projection du pôle, droite qui représente sur la figure le méridien du centre du pentagone.

Cette ligne se construit sur le pentagone européen en menant par le point D une droite formant avec DH, l'angle de 13°, 9′, 41″,03 que nous avons trouvé être celui que forme, au point D, avec le méridien, le grand cercle de comparaison du *système du Ténare*. On y place le pôle d'après le calcul du triangle indiqué, qui donne $r \cot$ L pour sa distance au centre du pentagone, L étant la latitude de ce centre, c'est-à-dire ici 50°, 46′, 3″,08 et r le rayon de la sphère à laquelle correspond le pentagone construit. Pour déterminer la grandeur de r d'après le pentagone déjà construit, avec les dimensions qu'on a jugé à propos de lui donner, il suffit de remarquer que DI représente un arc de 37°, 22′, 38″,50, d'où il résulte qu'on a

$$\mathrm{DI} = r\,\mathit{tang}.\,37^\circ, 22', 38'',50$$

et par suite $r = \dfrac{\mathrm{DI}}{\mathit{tang}.\,37^\circ, 22', 38'',50}$

Cette droite une fois construite est l'axe de toute la *projection géographique* qui est symétrique des deux côtés.

Pour construire cette projection il fallait savoir quels points de la projection, en latitude et en longitude, se trouvaient être représentés par les points H, H′, H″... I, I′, I″... de la figure pentagonale déjà exécutée ; j'ai calculé en conséquence, par les triangles convenables, les latitudes et les longitudes de ces points et j'ai déterminé en même temps, pour servir au besoin, l'orientation d'un des grands cercles principaux passant par chacun d'eux. Le tableau suivant contient les nombres que j'ai obtenus.

	de chaque point.	LATITUDE N.	LONGITUDE.	d'un grand cercle primitif.
D	Près de Remda, en Saxe.	50° 46′ 3″,08	8° 53′ 31″,08 E.	N. 13° 9′ 41″,03 O.
I	Près de la Nouvelle Zemble.	75 47 1 13	82 31 0 42 E.	N. 88 21 54 58 O.
I′	En Perse, près de Meschhed.	35 40 18 84	57 1 3 22 E.	N. 50 52 30 61 O.
I″	Dans le Soudan, près du lac Tsad. .	13 59 5 64	17 4 53 49 E.	N. 8 32 5 00 O.
I‴	Au S.-O. des îles Canaries.	24 38 10 47	25 57 44 71 O.	N. 36 52 30 67 E.
I⁗	Dans le détroit de Davis	60 3 58 68	58 5 31 78 O.	N. 73 31 10 46 E.
H	Dans le Groenland.	79 19 11 00	31 20 31 58 O.	N. 30 59 28 23 O.
H′	Au pied oriental de l'Oural	56 11 50 56	62 51 19 77 E.	N. 13 23 22 43 E.
H″	En Arabie, au N.-O. de Médine . . .	26 11 50 59	35 12 18 58 E.	N. 32 13 37 39 O.
H‴	Dans le grand désert de Sahara. . .	20 38 16 69	5 42 8 89 O.	N. 13 12 27 55 E.
H⁗	Au N.-O. des Açores	43 23 20 81	37 14 2 76 O.	N. 60 08 14 23 E.
T	En Finlande, près de Vasa	62 33 46 13	20 5 49 34 E.	N. 32 13 58 03 E.
T′	Près d'Olviopol sur le Bug.	47 52 7 07	28 50 46 03 E.	N. 69 57 54 03 O.
T″	En Sicile, cîme de l'Etna	37 45 40 00	12 41 10 00 E.	N. 10 29 44 00 O.
T‴	En Espagne, à l'O.-N.-O. de Burgos.	42 44 24 29	6 38 5 62 O.	N. 47 28 5 93 E.
T⁗	Près des îles Hébrides	58 5 27 71	10 18 23 43 O.	N. 64 51 32 01 O.
a	En Norvége, près du Sogne Friord. .	61 12 24 87	3 48 14 84 E.	N. 17 23 49 88 O.
a′	En Lithuanie, près de Dissna	55 18 30 62	23 16 26 36 E.	N. 71 58 17 09 E.
a″	En Turquie, au sud de Nissa.	43 5 52 80	20 5 58 71 E.	N. 40 56 34 88 O.
a‴	Entre Minorque et la Sardaigne. . .	40 39 14 55	3 23 4 36 E.	N. 18 52 45 83 E.
a⁗	Près du Lands-end du Cornouailles.	50 23 46 67	8 10 17 75 O.	N. 81 36 50 15 E.
b	Près de la Nouvelle-Zemble.	72 27 20 89	44 2 59 62 E.	N. 54 51 29 15 E.
b′	Dans le Daghestan, près de Derbend.	41 59 10 76	45 43 36 75 E.	N. 57 58 44 76 O.
b″	Dans le grand désert de Sahara . . .	24 40 12 20	13 19 32 93 E.	N. 9 7 6 07 O.
b‴	Près de l'île de Porto-Santo	33 7 25 91	18 17 53 15 O.	N. 40 13 28 48 E.
b⁗	Près du Groenland.	61 22 30 09	36 2 16 27 O.	N. 87 11 9 91 O.

Ces 26 points ont fourni une grande partie des données nécessaires pour construire la projection.

D'abord en menant des droites par le pôle déjà construit et par chacun d'eux on a eu 26 méridiens dont les latitudes étaient connues, puisque c'étaient celles données dans le tableau pour les 26 points respectivement, et on en a déduit par voie d'interpolation les méridiens de 5 en 5 degrés.

Quant aux parallèles, à l'équateur, ils sont donnés par l'intersection du plan de projection avec les rayons menés du centre de la sphère à chacun de leurs points et prolongés indéfiniment. Pour chaque parallèle ces rayons forment un cône droit à base circulaire que le plan de projection coupe suivant une *section conique*. Au pôle même cette section conique se réduit à un point. Pour l'équateur qui est un grand cercle, elle se réduit à une ligne droite perpendiculaire au méridien du centre du pentagone. A mesure qu'on avance du pôle vers l'équateur, les paramètres de la section conique varient et elle prend une courbure de plus en plus évasée. L'équation de cette courbe qui est facile à obtenir en posant d'abord celle du cône qui l'engendre peut être écrite sous la forme

$$y^2 \sin.^2\lambda + x^2 (\sin.^2\lambda - \cos.^2 L)$$
$$- 2rx \sin. L. \cos. L = r^2 (\sin.^2 L - \sin^2\lambda)$$

r étant le rayon de la sphère, x et y des ordonnées rapportées au méridien du centre de la projection et à une perpendiculaire à ce méridien menée par le centre du pentagone. L et λ les latitudes du centre du pentagone et du parallèle auquel l'équation se rapporte,

Lorsque $\lambda = L$, c'est-à-dire quand on considère le parallèle qui passe par le centre du pentagone, le second membre disparaît, et l'équation est satisfaite par $x = 0, y = 0$, ce qui montre que la courbe passe par le centre du pentagone, comme il est aisé de le voir directement.

Si $\lambda = 90°$, c'est-à-dire si l'on considère le pôle même, l'équation se réduit à

$$\frac{y^2}{\cos^2 L} = 2rx \text{ tang. } L - x^2 \text{ tang.}^2 L - r^2$$
$$= -(r - x \text{ tang. } L)^2$$

et ne peut être satisfaite que par

$$y = 0 \quad x = r \text{ cot. } L.$$

La courbe se réduit à un point qui est la projection du pôle dont la distance, au centre du pentagone, est r cot. L : c'est cette expression même qui a servi à construire le pôle.

Si $\lambda = 0$, c'est à-dire si l'on considère l'équateur, l'équation se réduit à

$$-x^2 - 2rx \text{ tang. } L = r^2 \text{ tang. } 2L$$
$$\text{ou à } (x + r \text{ tang. } L)^2 = 0.$$

qui donne $x = - r$ tang. L, et qui représente une droite perpendiculaire au méridien du centre du pentagone, et placée vers le midi de ce centre à une distance égale à r tang. L.

Lorsque sin. λ = cos. L, c'est-à-dire lorsque la latitude du parallèle que l'on considère est le complément de celle du centre du pentagone, l'équation se réduit à

$$y^2 - 2rx \text{ tang. } L = r^2 (\text{tang. }^2 L - 1)$$

et la courbe est une parabole. Plus près du pôle, cette courbe est toujours une ellipse; plus près de l'équateur, c'est toujours une hyperbole.

Si dans l'équation générale on donne à λ la valeur de la latitude de l'un des 26 points de la figure pentagonale dont la position géographique est fixée par le tableau ci-dessus, on a l'équation particulière de la courbe qui représente le parallèle passant par ce point. En faisant alors $y = 0$ dans l'équation, on obtient deux valeurs d'x qui déterminent les deux sommets de la courbe situés sur le méridien du centre de projection, et comme on a un point déjà construit de cette courbe situé hors de l'axe (excepté pour le point D, qui est sur l'axe même et qui est un des sommets de la courbe qui lui correspond), on peut construire la courbe par les moyens ordinaires.

Les parallèles des 26 points étant construits, on peut, par voie d'interpolation, construire les parallèles qui répondent aux nombres ronds de degrés de 5 en 5.

Dans la pratique ce procédé s'est trouvé incommode pour les parties du pentagone européen situées au sud de 45 degrés de latitude, à cause de la grandeur des instruments qu'il aurait fallu employer. J'ai trouvé plus expédient de construire alors les courbes des parallèles par points, en calculant les points d'après l'équation, et il est arrivé que les parties des courbes comprises dans le pentagone étaient chacune si peu différentes d'un arc de cercle, qu'on a pu sans erreur appréciable les tracer avec un compas.

L'artiste intelligent auquel la gravure de la carte a été confiée, M. Charles Avril, a mis beaucoup de soin à exécuter cette projection et l'a rendue presque aussi exacte que la figure pentagonale elle-même, qui est construite avec la plus grande précision.

Une fois la projection gravée, on en a tiré des épreuves, et l'une de ces épreuves a été remise à un habile géographe, employé comme dessinateur par le dépôt de la marine, M. A. Vuillemin, qui a tracé les contours géographiques, d'après les meilleurs documents. Ils ont été reportés ensuite sur la pierre, *après quoi* on a encore ajouté à la figure pentagonale les lignes nécessaires pour représenter les cercles auxiliaires dont il sera question ci-après.

Je crois pouvoir assurer que la figure entière a toute l'exactitude que comporte son échelle. Ayant tracé partiellement sur d'autres cartes, d'après des calculs précis, une partie des constructions qui y sont représentées, j'ai la certitude qu'on peut compter sur l'exactitude des constructions qui sont exécutées sur celle-ci et sur celles qu'on y exécuterait encore, pourvu qu'on procède avec une exactitude proportionnée à la petitesse de l'échelle. Cette petitesse d'échelle est, à vrai dire, plus incommode que réellement nuisible, ou du moins elle n'a pas des inconvénients aussi considérables qu'on pourrait l'imaginer, parce qu'on exécute avec plus de facilité et de précision les petites constructions que les grandes. Dans le milieu du pentagone où l'échelle est la plus réduite, un degré du méridien est représenté par $2^{mm},30$ environ; par conséquent 2 dixièmes de millimètre représentent à peu près 5 minutes, ou environ 9 kilomètres. Or, quand on emploie de bons instruments et un crayon fin, on évite aisément de se tromper dans une construction de 2 dixièmes de millimètre; mais comme la carte elle-même ne peut être parfaite, on peut doubler cette mesure de la chance d'erreur et dire qu'on peut compter sur les indications de la carte à environ 10 minutes ou à environ 18 ou 20 kilomètres près : ce qui est déjà une exactitude tolérable lorsqu'il s'agit de comparer les positions de montagnes ou de masses minérales dont le diamètre surpasse assez ordinairement 20 kilomètres ou 4 lieues. Près des angles du cadre rectangulaire de la carte, les erreurs pourraient être un peu plus grandes, parce que c'est naturellement là qu'ont dû se faire le plus sentir les erreurs de construction des méridiens et surtout des parallèles.

L'inconvénient principal, et peut-être le seul bien réel de la petitesse de l'échelle, est que la structure des diverses contrées ne peut être indiquée sur la carte que *sommairement ;* de sorte que le lecteur qui, la carte à la main, veut s'en rendre un compte complet, est obligé de consulter en même temps des cartes à plus grand point et d'y transporter graphiquement, ou au moins par la pensée, le résultat des constructions que la petite carte lui présente. Mais cet inconvénient ne pourra être évité que par l'emploi d'une échelle beaucoup plus grande, dont il m'était impossible de faire usage dans cet ouvrage ; cette échelle pourra tout au plus être adoptée dans l'atlas dont j'ai indiqué le programme précédemment. Pour l'Europe, elle ne fera que représenter, d'une manière plus saisissable et avec de nombreux détails de plus, ce que la carte pl. V représente déjà, au fond et quant à l'ensemble, d'une manière suffisante.

Je n'entre pour le moment dans aucun autre détail sur cette carte, parce que l'opération qui me reste à exécuter me mettra dans le cas de la parcourir dans toutes ses parties et d'attirer l'attention du lecteur sur ce qui doit principalement la fixer.

Il s'agit maintenant de savoir si dans le réseau pentagonal installé comme nous avons été conduit à le faire sur la surface du globe, nous pourrons trouver des grands cercles qui représentent les 21 systèmes de montagnes qui nous ont occupé depuis le commencement de cet ouvrage, avec une exactitude égale à celle que nous avons attribuée à la détermination de leurs grands cercles de comparaison *provisoires*, c'est-à-dire en ne déplaçant ces grands cercles que d'une petite quantité dans un sens transversal à leur direction, et en n'altérant pas cette direction elle-même de plus de 2 ou 3 degrés, et généralement beaucoup moins.

Une première circonstance qui révèle une harmonie remarquable entre ces grands cercles de comparaison provisoire et le *réseau pentagonal* s'est offerte à moi dans le cours de mon travail, et peut-être sera-t-on surpris que je ne la connusse pas dès le commencement et que par suite je n'en aie fait aucune mention dans le cours de cet ouvrage.

J'avais construit séparément sur des cartes différentes les grands cercles de comparaison des différents systèmes de montagnes dont j'ai parlé. C'est même uniquement par des moyens graphiques que j'ai déterminé la la plupart d'entre eux; mais je n'avais jamais été conduit à les construire tous ensemble sur une même carte. J'ai eu besoin de le faire lorsque, pour donner une complète précision à la détermination des 210 angles que ces 21 grands cercles forment entre eux, et pour abréger cependant la longueur des calculs, j'ai voulu construire approximativement, comme je l'ai dit page 838, les triangles que forment ces grands cercles considérés trois à trois.

J'ai vu alors que les plus petits de ces triangles qui m'étaient les plus utiles, par les motifs qu'on a vus page 839, et que j'avais marqués de couleurs vives pour les apercevoir plus facilement, tombaient principalement dans quelques régions de l'Europe peu étendues : quelques uns dans la mer du Nord, le long des côtes de l'Angleterre et de l'Ecosse ; d'autres sur les côtes de l'Océan, du cap Lizard à Pampelune ; d'autres dans la Méditerranée et l'Algérie, de l'Etna à la frontière du Maroc ; d'autres en plus grand nombre aux environs de Marseille ; d'autres enfin beaucoup plus nombreux encore dans l'est de la France et l'Allemagne, de Langres à Wittemberg. Il était évident que beaucoup de mes grands cercles de comparaison avaient une tendance à converger vers un point situé aux environs du Thüringerwald, et que le réseau formé par eux était plus serré dans cette région que partout ailleurs. En comparant cette circonstance avec le réseau pentagonal que j'avais construit avec des fils sur un globe, j'ai vu que cette région était précisément celle où tombait le centre du pentagone européen.

Et, en effet, en portant, à partir de l'Etna, du côté du Nord, sur le grand cercle de comparaison du *système du Ténare*, un arc de 13° 16' 57'',08, distance du point T'' au point D, j'ai trouvé que le centre du pentagone européen tombait un peu au midi d'Erfurt, vers Remda, et que ce point se trouvait précisément *au centre de la région où le réseau de mes grands cercles de comparaison était le plus serré.*

Cette relation trouvée ainsi à l'improviste confirmait, par une voie indirecte, les remarques que j'avais déjà faites sur les rapports qui devaient exister entre l'ordonnance des grands cercles de comparaison des systèmes de montagnes de l'Europe et celle des cercles du *réseau pentagonal*, et elle tendait à prouver, en même temps, que la position dans laquelle j'avais placé le *réseau pentagonal* sur la surface du globe était la plus convenable. En outre, elle m'apprenait d'avance que ce serait parmi les cercles qui passent au centre du pentagone, c'est-à-dire parmi les grands cercles *primitifs* et parmi les *auxiliaires diamétraux*, que j'aurais à rechercher une grande partie des représentants de mes grands cercles de comparaison.

Profitant de cette indication, je vais en effet chercher d'abord quels sont, parmi les cercles du *réseau pentagonal* qui se croisent au centre D du pentagone européen, ceux qui, d'après leur orientation, peuvent représenter tel ou tel de mes grands cercles de comparaison.

Système du Ténare. L'un de ces grands cercles m'est donné d'avance par l'installation même du réseau, puisque je l'ai installé en plaçant un des grands cercles *primitifs* sur le grand cercle qui passe par l'Etna et par le Mouna-Roa, grand cercle que j'ai adopté définitivement page 817 comme grand cercle de comparaison du *Système du Ténare.*

Système du Thüringerwald. Le grand cercle de comparaison provisoire que nous avons adopté page 384, pour le *Système du Thüringerwald*, passe un peu au midi de Remda. Il s'éloigne plus du méridien que le grand cercle de comparaison du *Système du Ténare*, et d'après le tableau page 842, il fait avec ce dernier un angle de 37° 25′ 20″. Or, l'un des grands cercles *primitifs* du réseau fait avec celui qui représente le *Système du Ténare*, et dans le même sens, un angle de 36° : la différence est de 1° 25′ 20″. Ce grand cercle me paraît devoir être adopté pour représenter le *Système du Thüringerwald.* La différence de 1° 25′ 20″ ne peut être regardée comme très considérable, si l'on observe que l'orientation O. 39° N. que j'ai adoptée page 384, n'est que la représentation de l'orientation *en nombres ronds* O. 40° N. que j'avais adoptée originairement. Ce grand cercle, qui, ainsi qu'on peut le voir sur la carte pl. V, rase le pied septentrional du Thüringerwald et du Bœhmerwald-gebirge, et dont la prolongation, comme je l'ai déjà dit, suit d'une part la côte N.-E. de la mer Rouge et va raser, d'autre part, la côte N.-O. du lac Supérieur, me paraît répondre très complétement à toutes les conditions qu'on peut exiger pour le *Système du Thüringerwald.*

Système du Rhin. Un autre des grands cercles *primitifs* du réseau fait avec le grand cercle de comparaison du *Système du Ténare* un angle de 36°, mais du côté opposé à celui que nous venons d'employer. Or, d'après le tableau page 851, le grand cercle de comparaison provisoire du *Système du Rhin* fait avec celui du *Système du Ténare*, et du même côté, un angle de 36° 51′ 45″. La différence est donc de 0° 51′ 45″. Je crois que ce grand cercle peut être adopté pour représenter le *Système du Rhin*. Il est vrai que nous avons fait passer le grand cercle de comparaison provisoire du *Système du Rhin* par Strasbourg; mais on peut voir page 374, que c'était à titre provisoire et sans motif péremptoire, pour ne pas le déplacer ultérieurement.

La carte pl. V montre que le grand cercle que je suis conduit à lui substituer est très bien installé aux points de vue géographique et géognostique, et beaucoup mieux que celui qui passe par Strasbourg dans la même direction. Il traverse la partie boréale de la Nouvelle-Zemble dans la direction de son axe longitudinal. Il suit les rivages de la mer Baltique en traçant avec une précision remarquable une des grandes lignes de cette mer. Il passe dans le pays de Dessau où ont eu lieu, près de Wettin et de Lœbejun, plusieurs éruptions de porphyres quartzifères; coupe les Alpes au Saint-Gothard, côtoie ensuite la rive occidentale du lac Majeur en passant près des masses granitiques de Baveno, et entre dans la Méditerranée près de l'extrémité orientale des montagnes de l'Esterel, remarquables, comme les bords du lac Majeur, par leurs porphyres quartzifères qui appartiennent à l'époque du grès bigarré, et dont les éruptions ont, par conséquent, suivi de près l'apparition du *Système du Rhin*.

Système des ballons. Nous avons fait passer en dernier lieu le grand cercle de comparaison provisoire du *Système des ballons* par le Brocken, dans le Hartz (page 256), après l'avoir fait passer d'abord par le ballon d'Alsace (page 226). C'est évidemment un des systèmes de montagnes dont nous pouvons chercher le représentant parmi les cercles du *réseau pentagonal* qui se croisent au centre du pentagone près de Remda, point situé entre les deux grands cercles dont je viens de parler, mais beaucoup plus voisin du second que du premier.

Le *diamétral trapézoédrique* DT qui joint le point D à un point T qui tombe en dehors du pentagone européen dans les îles Lucayes, près du canal de Bahama, fait avec le grand cercle de comparaison du *Système du Ténare*, vers l'O., un angle de 58° 23' 10'',26. Or, d'après le tableau page 840, le grand cercle de comparaison du *Système des ballons* fait avec celui du *Système du Ténare*, du même côté, un angle de 57° 35' 54''. La différence, qui est de 0° 47' 16'',26, est inférieure aux incertitudes des observations. Nous pouvons donc employer ce cercle auxiliaire pour représenter le *Système des ballons*.

Outre le point T, le cercle passe aussi par un point *b*, et son poids est exprimé dans notre manière de compter à cet égard par $(5+2)(1+1+1-1)=14$. Il traverse d'un côté le pays de Galles, près des sources de la Saverne, et ensuite le midi de l'Irlande, et va, d'autre part, raser au nord la masse granitique de l'embouchure du Danube et au sud les masses de roches primitives qui bordent la côte méridionale de la mer Noire, près de Sinope. Il me paraît très bien encadré dans l'ordonnance stratigraphique et orographique de l'Europe et de l'Asie. Au delà de l'océan Atlantique il côtoie à une faible distance les côtes des États-Unis. Il peut représenter, je crois, d'une manière satisfaisante le *Système des ballons.*

Système du Finistère. Un cercle auxiliaire DT, exactement *homologue* de celui que nous venons d'adopter pour le *Système des ballons*, joint le point D près de Remda à un point T qui tombe dans l'océan Atlantique, un peu à l'est de l'île de la Trinité. Ce cercle auxiliaire fait, avec le grand cercle de comparaison du *Système du Ténare*, un angle de 85° 36′ 49″,74. Or le grand cercle de comparaison provisoire du *Système du Finistère*, qui passe à une petite distance au nord du point D près de Remda, fait avec le grand cercle de comparaison du *Système du Ténare*, d'après le tableau p. 858, un angle de 86° 32′ 40″. La différence est de 0° 55′ 50″, 26. Cette différence, d'environ 56 minutes, peut être considérée comme négligeable, et par conséquent le *diamétral trapézoédrique* dont nous venons de parler peut être admis comme représentant du grand cercle de comparaison du *Système du Finistère.*

La différence d'orientation de 55′ 50″,26 que nous avons trouvée viendrait en déduction des différences de 3 à 5 degrés que j'ai signalées entre la direction du *Système du Finistère* et certaines directions qui m'ont paru devoir en être rapprochées dans les pointes S.-O. du Cornouailles, du pays de Galles et de l'Irlande (pages 310 à 332).

Ce grand cercle passe à une très petite distance au nord des parties de l'Erzgebirge et des Vosges, où la direction du *Système du Finistère* s'observe dans les roches schisteuses anciennes. Il traverse la presqu'île de Bretagne en passant près des masses granitiques de Vire et du mont Saint-Michel et très près de la pointe de Penmarch, formée de gneiss à gros grains, en coupant des régions où les schistes anciens suivent habituellement sa direction.

Prolongé à travers l'océan Atlantique, il traverse la chaîne des Açores en coupant l'île de Tercère, il atteint les côtes de l'Amérique méridionale dans le delta de l'Orénoque, et il se prolonge dans l'intérieur de la Guyane, au milieu de roches cristallines et schisteuses qui ne sont pas dénuées d'analogie avec celles de la Bretagne.

Du côté opposé, il traverse tout le continent de l'Asie, dont il sort en côtoyant la côte N.-E. du golfe de Siam, traverse ensuite l'île de Bornéo et la Nouvelle-Hollande, et va enfin raser la partie méridionale de la Nouvelle-Zélande.

Au point de vue géographique, ce grand cercle me paraît assez bien appuyé sur les accidents de l'écorce terrestre, et il traverse ou côtoie plusieurs contrées où le sol peu élevé est formé de roches très anciennes. Il me paraît propre à représenter convenablement le *Système du Finistère*.

Système des Pays-Bas. Le grand cercle de comparaison provisoire du *Système des Pays-Bas* passe presque exactement par le point D près de Remda. C'est un de ceux dont il est le plus naturel de chercher le représentant parmi les cercles du réseau théorique qui passent au centre du pentagone.

Ce grand cercle de comparaison fait, avec le grand cercle de comparaison du *Système du Ténare*, d'après le tableau page 860, un angle de 76° 13′ 32″. L'un des cercles *primitifs* du *réseau pentagonal* DH′′′′ forme, avec le grand cercle de comparaison du *Système du Ténare*, du même côté, un angle de 72 degrés. La différence est de 4° 13′ 32″. Quoique cette différence soit assez considérable, j'ai d'abord été tenté d'adopter le cercle dont il s'agit, H′′′′DI″, pour représenter le *Système des Pays-Bas*.

Il me paraît en effet très probable que ce grand cercle *primitif* H′′′′ DI″ doit représenter un des systèmes stratigraphiques de l'Europe. Il passe au nord, mais à une petite distance, 21 minutes environ, de *Lands-end*, du Cornouailles, et de même au nord et à une petite distance de la presqu'île d'Apscheron, qui forme en quelque sorte dans la mer Caspienne le *Lands-end* du Caucase. Dans l'intervalle de ces deux pointes opposées de l'Europe, il reste constamment dans le bord des contrées accidentées du midi, laissant tout entière au nord la vaste étendue des plaines baltiques, sarmates et russes.

Cependant, comme il me paraît peu probable que l'orientation que j'ai adoptée pour le *Système des Pays-Bas* soit en erreur de plus de 4 degrés; j'ai cherché si, parmi les grands cercles auxiliaires qui partent du point D, je n'en trouverais pas un qui, bien appuyé aussi sur les accidents de l'écorce terrestre, représentât plus exactement l'orientation du *Système des Pays-Bas.*

J'ai trouvé alors que le *diamétral* D*a*, qui va du point D près de Remda à un point *a* situé dans la mer des Antilles, un peu au nord du cap Codera, fait, avec le grand cercle de comparaison du *Système du Ténare*, un angle de 78° 38′ 43″,34 qui surpasse l'angle Ténare—Pays-Bas de 2° 25′ 11″,34 seulement. Cette différence, quoique un peu considérable encore, est presque moitié moindre que la précédente.

Examinant ensuite l'installation du cercle D*a*, j'ai vu qu'en Europe il coupe la presqu'île du Cotentin un peu au midi de la pointe granitique de Barfleur et de celle de la Hague, qui est aussi une espèce de *Lands-end;* qu'il suit le bord septentrional de la région schisteuse des bords du Rhin, en côtoyant la bande carbonifère du Hainaut et du pays de Liége; qu'il coupe dans le sens longitudinal la région carbonifère du Donetz dans le midi de la Russie; et que traversant la mer Caspienne, il atteint le cap Tük-Karagan, qui est pour ainsi dire, dans cette mer, le *Lands-end* de l'Asie.

Quoique le cap Tük-Karagan soit couvert de dépôts tertiaires, la coïncidence est toujours à remarquer. Plus loin à l'est, au midi du lac Aral, le grand cercle traverse des régions où se montrent des roches plus anciennes, et depuis le cap de la Hague jusqu'au Don, il suit à quelque distance au sud la terminaison des terrains paléozoïques avec la disposition générale desquelles il est réellement mieux en rapport que le cercle *primitif* H'''DI''.

Sortant du continent européen, près du cap de la Hague, ce cercle traverse d'abord les îles anglaises de la Manche, puis il s'avance au milieu de l'océan Atlantique, en ayant en quelque sorte pour cortége la longue traînée d'écueils que la belle carte, publiée en 1850 par l'*Hydrographical office*, figure dans ces parages, et à laquelle les Açores viennent s'appuyer par les îles de Flores et de Corvo que le cercle laisse un peu au sud. Ce même cercle, prolongé jusqu'aux Antilles, *traverse* les îles d'Antigua et de Mont-Serrat, qui terminent la section septentrionale des petites Antilles. Il laisse un peu au nord la petite île Aves, *traverse* dans les îles sous le Vent le principal îlot de Los Roques, et atteint la côte de la Terre-Ferme, dans le golfe Triste, un peu à l'est de Porto-Cabello. C'est là certainement un cercle d'une installation remarquable et l'un des mieux appuyés géographiquement, qu'on puisse tracer entre l'Europe et l'Amérique. Aussi, en voyant que ce cercle est en rapport de position avec les accidents stratigraphiques si remarquables de la bande carbonifère de la Belgique, je crois que, malgré la faiblesse de son poids, qui est seulement représenté par 5 (1 + 1 — 1) = 5, et, malgré la différence d'orientation de 2° 25′ que j'ai signalée, on ne peut espérer de trouver un représentant plus convenable pour le *Système des Pays-Bas*.

Relativement à cette différence d'orientation de 2° 25′, je dois faire remarquer que, dans tout l'article que j'ai consacré au *Système des Pays-Bas*, p. 291 à 362, j'ai employé, pour grand cercle de comparaison de ce système, la perpendiculaire à la méridienne de Rothenburg sur la Saale, qui est le grand cercle de comparaison que j'ai indiqué le plus anciennement. Ce cercle s'écarte de la ligne E.-O. de 1° 6′ de plus (p. 297) que celui orienté à Mons à l'E. 5° N. que j'avais indiqué plus tard, et que j'ai adopté définitivement. Si j'avais conservé le premier, la différence d'orientation avec le *diamétral* Da n'aurait été que de 1° 19′. Ce qui m'a fait abandonner à la fin de l'article le premier cercle pour adopter le second, c'est que celui-ci me paraissait représenter mieux les observations par cela même qu'il s'écartait moins de la ligne E.-O. Mais parmi les observations que j'avais discutées dans l'article avec le plus d'étendue, se trouvaient celles que sir Henry de la Bèche a consignées sur les belles cartes de l'*Ordnance survey*, qui se rapportent au Devonshire et au Cornouailles, et c'était pour celle-là surtout que la perpendiculaire à la méridienne de Rothenbourg s'écartait trop de la ligne E.-O. Or il n'est pas indispensable de les comprendre dans le *Système des Pays-Bas*.

Maintenant que je me trouve en présence de deux grands cercles voisins l'un de l'autre par leur position et leur orientation, mais bien distincts l'un de l'autre, qui l'un et l'autre sont parfaitement installés au point de vue géographique, et qui semblent réclamer chacun un système stratigraphique à part pour expliquer son existence, je suis très porté à croire que, dans la crainte de trop diviser, j'ai confondu en un seul deux systèmes stratigraphiques d'orientations peu différentes, et qu'une partie des accidents stratigraphiques que j'ai discutés dans le Devonshire pourraient être rapportés au *Système Lands end—Apscheron*. Tracé sur la carte géologique du Cornouailles et du

Devonshire, le grand cercle primitif, qui tombe, comme je l'ai dit, un peu au nord du *Lands-end* et de la presqu'île d'Apscheron, passe un peu au sud de Padstow et de Topsham. Il coupe dans son milieu la masse granitique située entre Liskeard et Camelford et celle du Dartmoor, dans sa partie la plus large. Il est parallèle à une nombreuse série de filons d'*Elvân*.

Le Devonshire mis à part, les motifs qui m'ont fait abandonner la perpendiculaire à la méridienne de Rothenburg cesseraient en grande partie d'exister; et je pourrais dire qu'en adoptant pour représenter le *Système des Pays-Bas* le *diamétral Da*, je n'ai à négliger qu'une différence d'orientation de 1° 19'.

Quant à la condition de perpendicularité par rapport au système du nord de l'Angleterre, que j'ai mentionnée p. 361, je n'ai pu en réduire l'écart à moins de 4° 50'; et comme la suite de mon travail m'a rendu plus difficile pour ce qui concerne les angles, je suis porté maintenant à la regarder comme illusoire. C'est au *Système Lands-end—Apscheron* que le *Système du nord de l'Angleterre* est sensiblement perpendiculaire.

Au reste, ainsi que je l'ai déjà annoncé p. 361 et 362, j'aurai à reprendre ultérieurement la détermination du grand cercle de comparaison du *Système des Pays-Bas.* Je serai d'autant plus obligé de le faire que dans le travail que je viens de rappeler, il s'est glissé, à mon insu, une erreur importante pour toute la partie qui se rapporte aux données empruntées à l'*ordnance-survey*. Les belles feuilles de l'*Ordnance map* sont publiées *sans aucune indication d'orientation*. J'ai cru qu'elles étaient construites sur une projection analogue à celle de Cassini ; et c'est d'après cette supposition que j'ai calculé, p. 300, que pour la feuille 38 (Milford), le nord de la carte de l'ordonnance différait du nord du monde de 2° 15'. Ayant appris depuis que la carte de l'ordonnance est dressée sur une projection particulière dont je ne connais pas encore parfaitement la définition, je me suis adressé à sir Henry de la Bèche, directeur général de l'*Ordnance geological survey*, pour savoir quelle est au juste l'orientation de la feuille de Milford. Ce savant géologue m'a répondu, avec toute la complaisance qui le caractérise, que le côté oriental de la feuille 38 (Milford) s'écarte du méridien astronomique de 36' 25", Ainsi, en admettant un écart de 2° 15', j'ai commis une erreur de 1° 38' 35". Cette erreur s'est glissée dans toutes les données que j'ai empruntées à l'*Ordnance survey* relativement au midi du pays de Galles et au S.-O. de l'Angleterre. Elle n'existe pas relativement aux autres parties de l'Angleterre, ni relativement à l'Irlande, où la direction de la perpendiculaire à la méridienne de Rothenburg s'est trouvée dans un accord remarquable (p. 324) avec les lignes qui sont tracées sur la belle carte de M. Griffith.

Quoi qu'il en soit, ne pouvant reprendre ici cette question, j'admettrai que le *diamétral* Ta représente le *Système des Pays-Bas* en s'écartant *nominalement* de 2° 25′ 11″,34 de l'orientation qui est indiquée par l'état actuel des observations.

Système de la Côte-d'Or. Le grand cercle de comparaison du *Système de la Côte-d'Or* passe extrêmement près de Remda. C'est encore un de ceux dont il est naturel de chercher le représentant parmi les cercles du *réseau pentagonal* qui passent par le centre du pentagone.

Le grand cercle de comparaison du *Système de la Côte-d'Or* fait, avec celui du *Système du Ténare*, d'après le tableau de la page 854, un angle de 67° 49′ 58″. On ne pourrait le rapporter au grand cercle *primitif* H′ DI‴ qu'en admettant une différence de 4° 10' 2''; mais un *diamétral* Da, exactement *homologue* de celui que nous avons adopté pour le *Système des Pays-Bas*, fournit un représentant plus rapproché de l'orientation donnée par l'observation.

Ce cercle auxiliaire va du point D près de Remda, à un point *a* qui tombe en Chine, près du cap montueux Tchhin-Shan, qui resserre l'entrée du golfe de Pe tchy-li aux environs de Pékin. Il fait avec le grand cercle de comparaison du *Système du Ténare* un angle de 65° 21' 16'',66. Il s'écarte, par conséquent, du grand cercle de comparaison du *Système de la Côte-d'Or* de 2° 28' 41'',34.

Dans ce cas-ci, je ne crois pas devoir attacher une grande importance à une différence de 2° $\frac{1}{2}$. J'ai indiqué, p. 204, l'orientation N.-E. S.-O., ou E. 40° N. Dans mes premières publications, j'avais indiqué pour le *Système de la Côte-d'Or* une direction N.-E. Peu de temps après, j'ai trouvé qu'elle s'écartait un peu moins de la ligne E.-O., et je l'ai réduite à E. 40° N. (rapportée à Dijon); mais j'ai peut-être poussé la réduction trop loin; et un grand cercle qui correspond très sensiblement à la moyenne de mes deux indications successives pourrait bien exprimer la direction véritable.

Quant à son installation géographique, le

grand cercle auxiliaire T*a* me paraît se trouver dans de très bonnes conditions. Il constitue en quelque sorte l'axe de la pointe que forme la masse de l'Europe en se détachant de l'Asie pour s'avancer entre la Méditerranée et l'Océan. Partant de la Saxe, il traverse les Vosges, les collines de la Haute-Saône, le département de la Côte-d'Or, le massif central de la France près du Cantal, les Pyrénées près du pic du Midi d'Ossau, le plateau des Castilles près de Madrid. Il sort de l'Espagne au pied oriental du massif montagneux des Algarves ; traverse les îles Canaries en *coupant* l'île de Palma ; puis les îles du cap Vert ; atteint l'Amérique méridionale un peu à l'O. du cap Roque, et suit à peu près la direction générale du littoral du Brésil. Du côté opposé, il passe au pied septentrional de l'Altaï, et sort du continent en traversant le massif montueux du cap Tchhin-Shan, à l'entrée du golfe de Pe-tchy-li. C'est donc un cercle bien appuyé sur les accidents orographiques.

Son cours en Europe est assez bien en rapport avec les accidents stratigraphiques du *Système de la Côte-d'Or*, et avec les saillies du terrain jurassique, qui paraissent avoir été à sec pendant le dépôt des terrains crétacés. Je crois qu'il représente d'une manière satisfaisante le *Système de la Côte-d'Or*

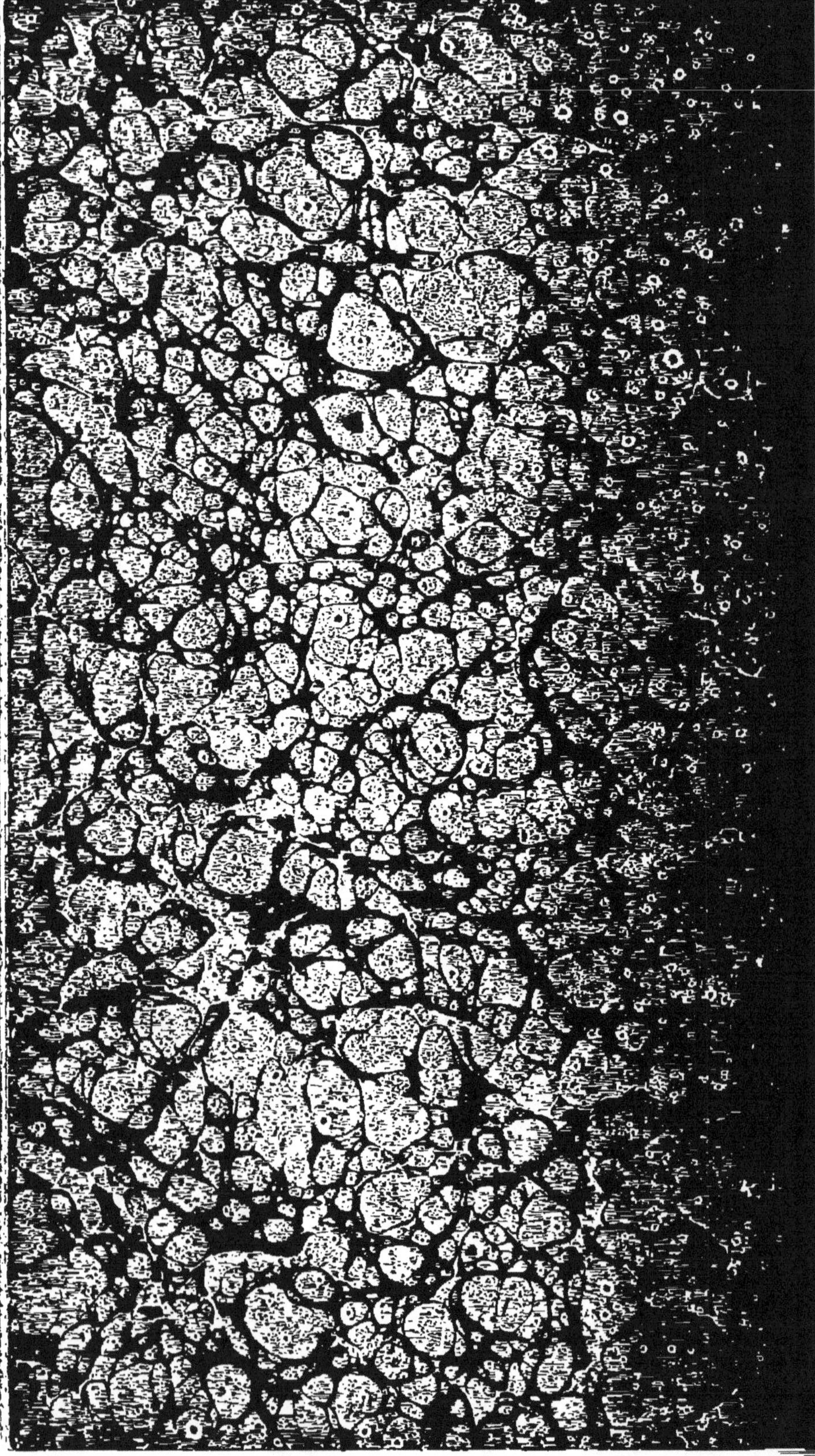

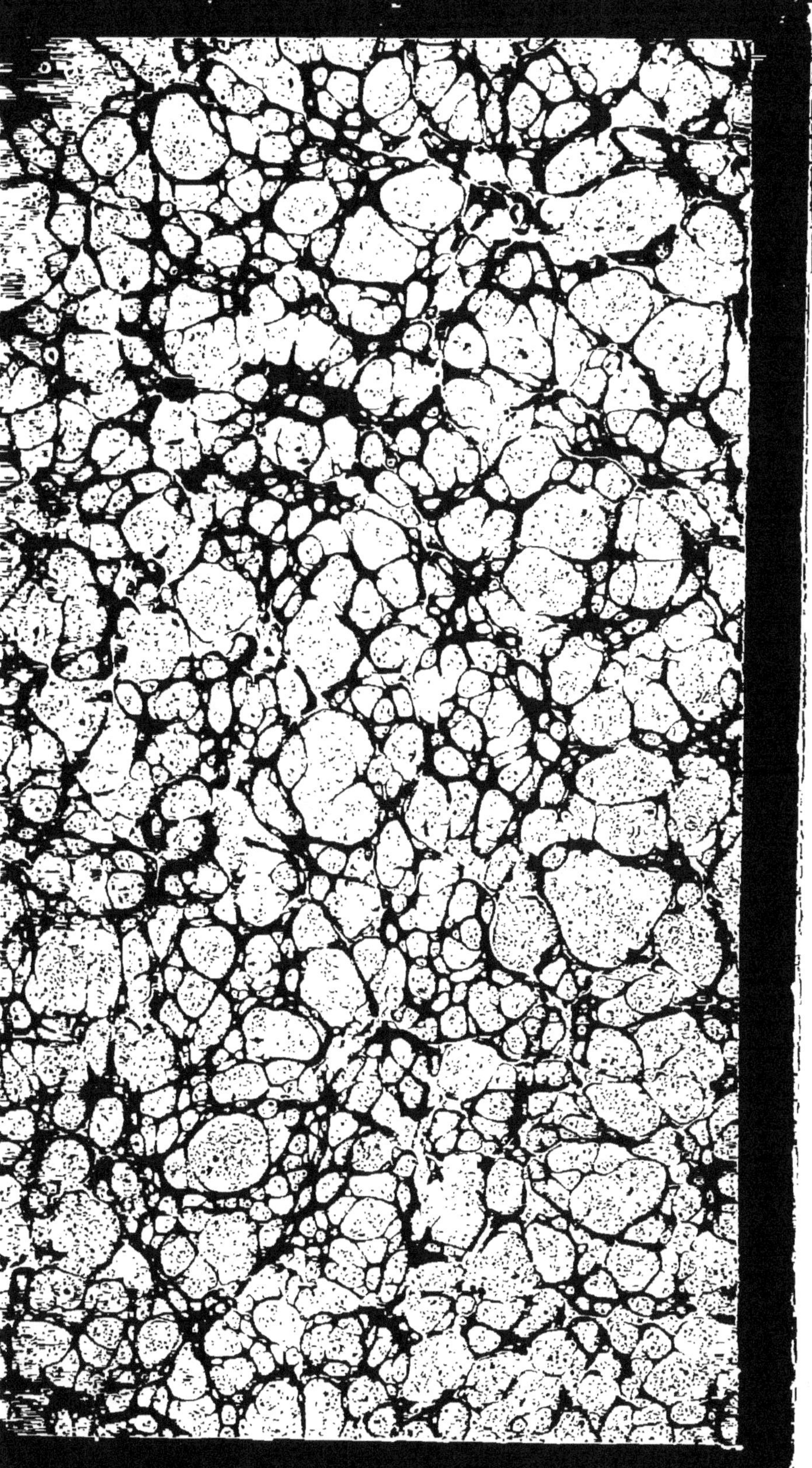

www.ingramcontent.com/pod-product-compliance
Lightning Source LLC
Chambersburg PA
CBHW061955220326
41599CB00019BA/2764